死の終わり

不死の科学的可能性と倫理

ホセ・コルデイロ
José Cordeiro
デイヴィッド・ウッド
David Wood
著

仁木めぐみ
Megumi Niki
訳

The Death of Death
The scientific possibility of physical immortality and its moral defense

化学同人

THE DEATH OF DEATH

The scientific possibility of
physical immortality and its moral defense

by

José Cordeiro and David Wood

死の終わり ✚ 目次

著者略歴　iv
推薦　vi
序文　xv
プロローグ　xx
序論　人類最大の夢　1
第1章　生きるために現れた生命　23
第2章　老化とは何か　47
第3章　世界最大の産業？　81
第4章　線形的な世界から指数関数的な世界へ　111
第5章　かかる費用は？　155

第6章 死の恐怖 201
第7章 良い、悪い、専門家のパラダイム 225
第8章 プランB――冷凍保存 249
第9章 未来は我々にかかっている 273
結論 その時が来た 307
エピローグ 313
付録――地球生命のビッグヒストリー 315
謝辞 330
参考文献 11
出典 1

著者略歴

ホセ・コルデイロ（José Cordeiro, PhD）

世界芸術科学アカデミーの国際フェロー、ヒューマニティ＋（旧世界トランスヒューマニスト協会）の副会長、ミレニアム・プロジェクトのディレクター、シリコンバレーのNASAリサーチパークにあるシンギュラリティ大学の創設時からの教授、ローマクラブ・ベネズエラ支部元支部長、世界トランスヒューマニスト協会エクストロピー研究所総括責任者。東京のJETROアジア経済研究所客員研究員、ロシアのモスクワ物理学技術研究所（MIPT）と国立研究大学高等経済学院（HSE）の客員教授でもある。

ホセはケンブリッジにあるマサチューセッツ工科大学（MIT）で工学の修士号、ワシントンのジョージタウン大学で経済学の修士号、フランス・フォンテーヌブローのINSEAD《インシアード》（欧州経営大学院）で経営学の修士号、ベネズエラ・カラカスのシモン・ボリーバル大学で博士号を取得。技術開発と未来の動向についての第一人者。五カ国語で一〇冊以上の著書があり、BBC、CNN、ディスカバリーチャンネル、ヒストリーチャンネルなどに出演し、そのほかにも複数のメディアからインタビューを受けている。

彼は米国科学名誉協会のシグマ・クサイ（ΣΞ）とタウ・ベータ・パイ（TBΠ）の終身会員であり、長寿と寿命延伸の研究でインスティテュート・ヨーロペオからスペイン健康賞を受賞するなど、数々の賞を受賞している。二〇一九年にはスペイン選出の欧州議会議員の候補になり、ヨーロッパ反老化機関の創立を提案した。

デイヴィッド・ウッド（David Wood, ScD）

スマートフォン業界のパイオニアであり、一九九八年にシンビアンを共同創立し、世界で初めて成功したスマートフォン用オペレーティングシステムを開発した。彼のチームが書いたソフトウェアは、その後数年、ノキア、モトローラ、ソニーエリクソン、サムスン、LG、富士通、パナソニックなどが発売した五億台ものスマートフォンに搭載されていた。

デイヴィッドはアクセンチュア・モビリティのCTOも三年間務めた。アクセンチュア時代は、同社のモビリティ・ヘルスケア事業の国際的イニシアティブの共同責任者だった。現在は未来学についての講演、分析、著作に専念している。執筆と編集をした本は*Anticipating 2025*、*Smartphones and Beyond*、*The Abolition of Aging*、*Sustainable Superabundance*、*Vital Foresight* などで、最新刊は*The Singularity Principles*だ。

彼は、ロンドンの未来学者たちによる会員数が一万人に迫る非営利ネットワークを運営しており、技術進歩主義（テクノプログレッシズム）や未来学についての二五〇以上の公開イベントを主宰している。二〇〇九年の「テクノロジー分野でもっとも影響力のある一〇〇人」のトップ3に入っている。ケンブリッジ大学で数学の修士号を取得し、ウェストミンスター大学から科学の名誉博士号を授与されている。IEET（倫理および最新技術研究所）とLEV（寿命脱出速度）財団の理事であり、かつては国際組織ヒューマニティ＋の幹事も務めていた。

推薦

このすばらしい本には、まさに今までにない寿命延伸についての説得力のある議論が示されている。『死の終わり』は、どのようにして死がついに報いを受ける時がやって来るのかを教えてくれる！

『すばらしい旅――永遠に生きられるまで長生きしよう』共著者　**テリー・グロスマン**

健康な状態で長く生きたいというほとんどの人が持つ夢に、寿命の科学が追いついてきたのは事実だ。この新しい本、『死の終わり』によって鮮やかに述べられていることは、すぐに現実になる。今まさに発展している若返りの科学に興味がある人には必読の書だ。

『若さ――長寿時代の投資』共著者、寿命研究への大投資家　**ジム・メロン**

『死の終わり』は、現在生きていて、そのまま生き続けたいと思っている人すべてにとって必要不可欠の本だ。テクノロジーを用いて病気と死を排除する近い将来の予測の全体像が、明快で、意味深く、楽しく読めるよう述べられている。本書は、テクノロジーが死をどのように排除し、なぜそれがとても良いことなのかを、世界中の人々により深く理解させてくれるだろうと私は期待している。

ヒューマニティ＋会長、シンギュラリティネットＣＥＯ　**ベン・ゲルツェル**

『死の終わり』は、老化研究などの分野で科学的な手段によってヒトの死を排除できた場合のすばらしい未来像と、なぜそれが人類にとって正しい道であるかを示している。

バーミンガム大学分子生物学部長　**ジョアン・ペドロ・デ・マガリャンイス**

著者のふたりは、世界の未来学の動きを照らすふたつの大きな光だ。テクノロジーと倫理の問題について述べられた『死の終わり』は、教育者にとっても、政治家にとっても、ヒトの寿命についてのよい参考書になるだろう。

ユナイテッド・セラピューティクス社創立者、『仮想の人間』著者　**マーティン・ロスブラット**

近年、老化の解明は驚くほど進んだ。これから先には何が起こるのだろうか？　老化を治療することができるようになるのか？　できるようになるなら、いつ？　それを知りたかったら『死の終わり』を読むべきだ。

元アメリカ大統領候補、『トランスヒューマニストの賭け』著者　**ゾルタン・イシュトヴァン**

この本を読むことは、活力とチャンスに満ちた一日を始める最高の方法だ。近い将来に若返りが実現するとしたら、今こそ『死の終わり』で著者たちが示している寿命の延長について考え始めるべきだろう。

国連安全保障理事会議長　**ディエゴ・アリア**

『死の終わり』は、今日の最重要な倫理的トピックを扱っている。それは老化と死を遅らせること、止めることだ。科学的な実現可能性がはっきりしてくるにつれて、その影響を説明することも理解することもさらに重要になってきた。本書は重要な役割を果たすだろう。

オックスフォード大学人類の未来研究所教授　**アンダース・サンドバーグ**

テロメアを長くすることが、老化の治療と健康の衰えを止める重要な鍵になるかもしれない。『死の終わり』を読んで、老化をどう遅らせ、止めることができるのかを知ろう。

シエラ・サイエンス創立者、『ビル・アンドリュース博士の挑戦』著者　**ビル・アンドリュース**

医学も情報テクノロジー化し、遺伝子治療や細胞医療によって細胞を高精度で操作できるようになった。こうしたテクノロジーの指数関数的な加速により、老化、そして死も排除されるだろう。『死の終わり』は、この作戦の詳細を述べ、どのようにして間もなく人類が永遠に生きるために長生きするかを教えてくれる。

バイオ・ビバ創立者、テロメア治療の〝患者ゼロ号〟　**エリザベス・パリッシュ**

老化はほぼすべての病気と死の主原因なので、寿命延伸に関するバイオテクノロジーの進化の加速は、誰にとっても追い求めるべき、もっとも利他的な大義だろう。我々は今、人類史上でもっとも刺激的な時代に生きている。なぜなら、人生における充実した時間を大幅に延ばすことができるからだ。『死の終わり』は、死を排除すべき、わかっている限りの様々な倫理的、経済的な理由を示し、この目標に近づけてくれる科学の最新の動向を分析している。この本を読んで、すべての病気の元凶、老化に対する革命に参加しよう。

インシリコ・メディシン創立者でCEO、『不老世代』著者　**アレックス・ジャーヴォロンコフ**

『死の終わり』は明確なビジョンを持った本だ。人類が死との戦いに勝つ時に重要なこと、そしてすべての戦いに理由と意味が必要なこと、この本はそれを考える元になってくれる。

未来学者、ナショナル・ジオグラフィック・チャンネル『脳トリック』ホスト　**ジェイソン・シルバ**

『死の終わり』には、人類が現在考えているよりもずっと長い寿命を生きる未来に向けての重要な研究と知見がまとめられている。我々は本当に永遠の生を手に入れられるだろうか？　そうだとしたら、それはいつ？

ミレニアム・プロジェクトCEO　**ジェローム・グレン**

ジークムント・フロイトはかつてこう言った。「すべての人生のゴールは死だ」私はこう言おう。「すべての死のゴールは生だ」そして『死の終わり』では、ホセとデイヴィッドがこの移行への準備をしてくれる。

ロンジェビティ・ヴィジョン・ファンド創立者、『若返りの科学と技術』著者　**セルゲイ・ヤング**

デジタルヘルステクノロジー、AI、長寿研究の進歩の時代を迎えた今は、体系的に、共感を持って、死に関連する事柄を議論することが特に重要だ。『死の終わり』は、誰もが尻込みするこのトピックを勇敢にも詳細に検討し、死そのものが時代遅れになるかもしれない未来について分析している。

メディカル・フューチャリスト創立者　**バータラン・メスコ**

若返り医療の分野は非常に学際的で、様々な分野が協力して成り立っており、バイオテクノロジー、ＡＩ、コンピュータサイエンス、生物学、老年科学などが、寿命に関する診断や治療のための臨床解釈のスピードを決める。寿命延伸のための医療は、加齢による併存疾患のリスクと戦い、単に寿命を延ばすことではなく、健康な期間を延ばすことを目的としている。『死の終わり』に示されている未来を知ることは非常に重要だ。

上海健康医学院教授、テルアビブ大学医学部客員教授　**エブリン・ビスチョフ**

人間にとって身体はもっともすばらしい資産であるが、きちんと維持されていないことも多い。ジェロサイエンスによる診断や治療がヘルスケアに革命を起こし、健康寿命を最大に延ばすだろう。この健康な期間がどのくらいの長さであるべきかは『死の終わり』でしっかりと論じられている。寿命を延ばす？　それとも健康を延ばす？

シンガポール国立大学健康長寿センター共同所長、同センター老年期健康医療学教授
アンドレア・Ｂ・マイヤー

老化の研究は盛り上がりを見せているが、一方で最近もっとも注目されているのは、健康寿命を延ばすことと慢性の加齢関連疾患による世界的な高齢化の危機を補正することであり、長寿研究の将来の影響は興味深いと同時に重要な問題だ。この問題の代弁者としてホセとその共著者デイヴィッドはまさに適任だ。この本でふたりは、加齢による死亡が本当に避けられないのかという問題を検証している。人類史上初めて、科学が全力で取り組まねばならない真の難題だ。

シンガポール国立大学健康長寿センター所長、同センター生化学および物理学教授
ブライアン・ケネディ

死はまだ滅ぼされていないが、我々人類はまさに文字通り、我々の生命をかけた戦いのためのツールを急速に発展させているところだ。『死の終わり』は、過去とはまったく違う人類の死の未来について深く調査し、論考している。ヒトの科学的寿命延伸の有望な可能性について興味のある人はぜひ読むべきだ。
ワンシェアード・ワールド創立者、『ダーウィンを乗っ取る——遺伝子工学と人類の未来』著者
ジェイミー・メッツル

人類は力を合わせて老化と戦うべきだ。『死の終わり』は、我々がどうすればこの戦いに勝利することができ、その後には何がやって来るのかについて、徹底的に掘り下げた、楽しく読める重要な本だ。

フューチャーズ・インスティテュートAGアソシエイト、『寿命ハック——死なない細胞、老いない身体』著者　**ニクラス・ブレンボー**

科学的発見と治験により、老化のプロセスを遅らせたり巻き戻したりできることがはっきりと示された。現在の最大の問題は、一般の人々がこの取組みを、〝不自然〟で、〝不可能〟だと感じていることだ。『死の終わり』では、我々のビジョンを一般の人々に理解してもらうために必要な詳細と主張が非常にわかりやすく述べられている。この本を読めば、誰にも疑いは残らないだろう。

ロンジェビティ・テック・ファンド最高運営責任者　**ピーター・スラメク**

過去二〇〇〇年を超える技術革新を、我々は今後二〇年間で目の当たりにし、二〇四五年にはＡＩは人間の知能と同水準に到達すると著者は指摘する。このパラダイムシフトによって、人々が現在、想定していない世の中が待ち受けているのかもしれない。そのひとつが、本書が示唆する人類が老化を克服することである。老化を病気として捉え、治すことまでできれば、我々の世界は激変する。今日、各国で研究が進むアンチエイジングについて解説している本書は、きっと新たな人生観を日本の読者にも提供してくれるだろう。

米州住友商事会社ワシントン事務所調査部長、東洋経済ＯＮＬＩＮＥコラムニスト　**渡辺亮司**

本書では、最新の老化研究の動向や老化ビジネスの動向はもちろんのこと、社会科学、経済学的な側面からも老化産業の重要性を議論している。これまでの人類の歴史を振り返ると、産業革命、インターネットの誕生、スマートフォンの普及など、新しいイノベーションによって私たちの生活が大きく変わってきた。本書を読めば、次なるイノベーションとして、「老化の克服」が大きな可能性を持っていることに気づいていただけるだろう。

On Deck Longevity Biotech フェロー、株式会社ＩＮＣＪベンチャーキャピタリスト　**平野徳士**

老化防止のための科学が指数関数的に進化している現状と、その技術が作る未来を理解するのに、何とすばらしい本なのだろう。本書は、老化研究に関わるサイエンスにとどまらず、長寿によって医療システムがどのように変化し、社会全体が長寿のおかげでどのようなポジティブな影響を受けるのかについて教えてくれる。

エクスポネンシャル・ジャパン株式会社ディレクター　**ジョバン・レボレド・メンデス**

「不老不死」は、「あればいいなぁ」という単純な願い、「絶対需要」であった。本書は「不老不死」が今世紀中に現実になる可能性が高いと言う。「不老不死」は「有効需要」となる。となると、「生きる」時間の価値がずいぶん変わることになる。不老不死の成果を私が享受できるかはわからないが、私がやっている仕事だけは終わらせたい。

千葉商科大学大学院教授　**吉田　寛**

永遠の命、不死の世界、まるで死から蘇ったイエス・キリストやSF映画やドラキュラの世界……しかし本書は、今まさに、すべての人は死ぬという世界から不老不死の世界へ移行していると語る。もちろん、背景には科学技術の貢献がある。しかし一番大事なのは、始皇帝の兵馬俑に見られるような綿々と続く人々の不老不死への強い思い。本書を読んで、もうそこまで来ている不老不死の時代の訪れに興奮せざるを得なかった。

合同会社SARR代表執行社員、株式会社イムノロック（経口がんワクチン開発のスタートアップ）取締役CFO、医学博士　**松田一敬**

本書は、「老化に勝てない」と思っている人へ、「それはただの幻想だ。今、我々は老化に勝てる技術を手に入れた」と宣言する。

京都産業大学名誉教授、NPO日本未来研究センター理事　**水田和生**

ホセとデーヴィッドのふたりは、指数関数的に進歩するテクノロジーと人類の未来に本当に精通しており、とても興味深い書籍だ。最近はＡＩの領域、特に生成ＡＩの領域でものすごい加速が起きており、我々自身が何者で、どこへ行くのかを考え直す時期に来ているのではないか。本書は、我々が将来どのようになるのか、示唆を与えてくれる。

株式会社アキュリアス　代表取締役　**齋藤和紀**

この本は、「生老病死は世の理」という通常の思考回路から抜け出して、違う次元でものを考えてみることを可能にしてくれる。たとえば、不老不死が進むことによって増えた人口を地球は抱えきれないだろうから、宇宙へ行くようになるのだろうか、というように。日頃、枠にはまった考え方をしていることに気づくだけで、見える世界が変わってくる。

ＵＮＩＳＥＣグローバル事務総長　**川島レイ**

序文

すべての真実は三つの段階を経る。
第一　嘲笑される。
第二　ひどく妨害される。
第三　当たり前のことだと受け入れられる。

一八一九年、アルトゥル・ショーペンハウアー

我々は今、歴史的な危機の時代に生きているが、現在の危機とともに未来の可能性も示されている。COVID-19の起源がどこにあったとしても、世界的な問題になり、世界的な解決策が必要になった。この想定外の危機は、共通の敵と戦うには、分断されたままでいるのではなく、この小さな惑星に住む世界中の人々がひとつの家族として、ともに進んでいかねばならないというすばらしい経験になった。COVID-19は一〇〇年前の〝スペイン風邪〟の蔓延以降、最悪のパンデミックになった。スペイン風邪は一九一八年から二〇年までの間に推定五〇〇〇万人の（歴史家によっては一億人にのぼると推測する人もいる）が死亡したのだ。[0]当時の世界の人口二〇億人ほどのうち、一億人が死亡したのは信じられないような悲劇だ。実際、スペイン風邪の死亡者は、第一次世界大戦や第二次世界大戦の犠牲者よりも多い。

幸いなことに、今、科学とテクノロジーの指数関数的進歩のおかげで、こうした世界的危機に対してよりよい準備ができている。コロナウイルスという新たな敵と、出現するであろう変異株との地球規模の戦

いにおいて、公的な機関も民間の人々もそれぞれの立場で数多くの人が取り組んだ。各国政府、大企業、小規模なスタートアップ、大学、さらには個人レベルでも、COVID-19を制御し、治療し、排除する方法を見つけるために困難な努力が続けられた。多くの危機と同じように、最初は莫大なコストがかかるが、そのうちに世界中で最善の治療薬が大量生産されるようになり、経費は安くなる。もうひとつ歴史を振り返ってみると、HIVとAIDSが出現した時、ウイルスのゲノム解読には二年以上かかり、数年の間は治療法がなかった。AIDSは免疫システム自体を破壊するので、対処のしようのない病気だと考えられ、AIDSと診断されることは死刑宣告と同じで、死を免れないものだと思われていた。国際的な研究が何年も続けられた後に、HIVの最初の治療法が開発されたが、この最初の治療法は一回当たり何百万ドルもかかるものだった。しかし現在では、HIVは、富裕な国では数百ドルで、インドなどの貧困状態の国では数十ドルで買える抗ウイルス薬で治療できる慢性疾患となっている。幸いなことに、あと一〇年以内にHIVを治療し、完全に排除するワクチンがついに開発される可能性がかなり高い。

危機に直面している今は信じがたいが、科学とテクノロジーの指数関数的進歩によって、通常、ワクチンの開発には五年から一〇年かかるところを、コロナウイルスの最初の抗ウイルス薬と最初のワクチンはほんの数カ月で開発された。これによってコロナウイルスの恐ろしいパンデミックは、かつてないスピードで抑え込まれたと、将来、振り返られるだろう。COVID-19は人類にとって大きな教訓になった。世界規模の問題には世界規模の対策が必要であり、我々人類は連携して解決に当たらねばならないことが示されたのだ。この先、また新たなパンデミックがあるかもしれないが、指数関数的に進歩するテクノロジーにより、我々はこれまでより万全な体制で備えられている。次に蔓延するウイルスは、わずか二日でゲノムが解読され、その次のウイルスは二時間で解読されるかもしれない。COVID-19の時は二週間、二〇年前のSARSの時は二カ月、四〇年前のAIDSの時は二年以上かかっていた。

こうした病気との戦いにかかる時間が指数関数的に短くなったというばかりでなく、コストも急激に減少した。この先の世界は、新たなパンデミックだけでなく、気候変動や戦争やテロや地震や津波や、隕石をはじめとする宇宙からの脅威といった地球規模の新たな難題など、未来に訪れる困難により対処できるようになっているだろう。そして願わくは、人類がこれほどのパンデミックに見舞われるのはこれが最後であるといい。

COVID-19は人類にとっての最近の脅威だが、人類最大の敵は老化と死である。長寿は人生の最大の恵みのひとつと考えられてきて、今は人類史上初めて、老化と死を打ち負かせる可能性が出てきたのだ。実際、老化をついに病気とみなすことができるか、それも治療可能な病気とみなすことができるかという議論がいくつかの国で始まっている。寿命延伸の擁護は、オーストラリア、ベルギー、ブラジル、ドイツ、イスラエル、ロシア、シンガポール、スペイン、イギリス、アメリカなどの国々で始まっている。老化は病気であると最初に宣言する国はどこになるだろう？　二〇一八年、世界保健機関（WHO）は加齢関連疾患を認識し始め、加齢に付随する病的な過程に対するサブコードのXT9Tと、生物学的な老化によって悪化する病気に対するサブコードのMG2Aを新設した。[1]これからどの国が先陣を切って、老化を治療可能な病気として扱うようになるだろうか。

老化の治療は、道徳的、倫理的に重要であるばかりでなく、これから先の世界において最大のビジネスチャンスでもある。アンチエイジングと若返りの業界はまだ始まったばかりで、高齢化社会の医療費は上がり続けている。ある調査では、健康関係のコストは二〇五〇年までに二倍になると示されているが、その主な要因は高齢者の数が増えるからだ。[2]これは先進国では特に劇的な傾向があり、人口の高齢化ばかりでなく、出生数が減っているために、人口減少が始まっている。これからより多くの高齢者をより少ない若者で支えなければならなくなるので、経済面でも非常に問題だ。

世界規模では、すでに六五歳以上の人口が五歳以下の人口よりも多くなっていて[3]、この傾向は続くだろう。さらに、すでに起こっている日本やロシアを例とするように、多くの国で人口は減り始めるだろう。イギリスの権威ある医学系学術誌『ランセット』に発表された最近の研究では、中国の人口は二一〇〇年までに半分の七億三二〇〇万人まで減り、ドイツ、イタリア、日本、ロシア、スペインなどの国でも劇的な人口減少が予想されている[4]。さらに、経済的に裕福な国の多くでは歳を取る前に資産を築いているが、そうでない国では資産を得る前に歳を取ってしまう。その結果、こうした国々が現在の人口減少と高齢化に対処しない限り、社会の激変が起こるだろう。

COVID-19によって人類全体にかかるコストを、この危機の間のGDPから考えると、アメリカドルで一一兆ドルを超えると推算されているが、権威あるアメリカの学術誌『サイエンス』は、今後一〇年間、毎年二六〇〇万米ドルを投資すれば、将来に同様のパンデミックを避けることができると試算している[5]。世界中の医療費は世界のGDPの一〇パーセントをすでに超えていて、さらに急速に増え続けているが、社会の高齢化もその一因だ。ここで老化がどれほど社会に経済的負担をもたらしているのか、老化を防ぐことでどれだけそれを減らせるかを考えてみよう。これも本書で説明されている「長寿配当」というアイデアの中に含まれている考えだ[6]。その結果、我々人類は何兆ドルものコストを減らせるばかりでなく、高齢の人々やその家族や社会全体のために、信じられないような苦しみと痛みを防ぐことができるのだ。

COVID-19は、健康よりも大切なものなどないということ、それにもっとも重要な人権は生きる権利であるということを気づかせてくれた。世界はこの地球規模のパンデミックに対抗するためにひとつになり、それによって九〇億本のワクチンをたった一年で製造し、その後ＣＯＶＩＤ-19を抑え込むために史上最大のワクチンキャンペーンを行った。新しく開発されたｍＲＮＡワクチンは、今ではまったく医学的関連性のない症状である多くのがんやマラリアやＨＩＶに対しても作られている。これまでは不可能だと思われていたことが、今は可能になったのだ。今回の危機が、さらなるリソースをすべての病気の元、老化そのものの治療に注ぐ、最終的なきっかけになるといいのだが。我々は〝不死〟という人類の長年の夢をついに叶えることができるのだろうか？

今こそ行動に出る最大のチャンスである。今、ここから始めるのだ。先頭に立つのは誰だろうか？

ホセ・コルデイロ、PhD
デイヴィッド・ウッド、ScD

プロローグ

老化は天気と同じように、国境や民族の違いを考えてはくれない。老化は人類のどんな集団も小集団もだいたい同じように襲う。ただ、影響の大きさの差についての議論はたくさんある。たとえば、アメリカは一人当たりの医療費をもっとも多く使っている国だが、それでも平均寿命ランキングの上位三〇カ国にも入れない。しかし、こうした統計に惑わされてはいけない。この差は非常に小さいからだ。アメリカの平均寿命は日本と五歳しか違わない。老化を撲滅する戦いには基本的に国境はない。全世界が一致団結して、この問題の解決のために最大の努力をしなければならない。なぜなら、これは人類にとって最大の問題だからだ。

歳を取ることは、ほかのどんな原因よりも多くの人を死なせている。死亡者全体の七〇パーセント以上の死因が老化によるものであり、そのほとんどが死の前に、高齢者自身にも、その家族にも、言葉に表せないほどの苦しみをもたらしている。残念ながら、〝老化との戦い〟に世界が立ち上がっているとは言えない。英語圏の国ではかなりの勢いがあり、シリコンバレーではもっとも力が注がれていて、アメリカのほかの地域やイギリス、カナダ、オーストラリアなどでも中心的な人物が現れている。ドイツでも注目されてきて、ロシア、シンガポール、韓国、イスラエルなども同様だ。しかしそのほかの地域では、この分野の受け入れが進んでいない。アジアは特に深刻で、より人口の多い国のほうが老化が医学的な問題だという認識を持ちづらく、治療して解決できる問題であるという認識はさらに持ちづらいようだ。

『死の終わり』は未来を見据えた本であり、老化の恐ろしい実態をリアルに見せてくれる。そして著者たちは、この分野に非常に精通している。近年ホセ・コルデイロは、世界の様々な地域で老化との戦いへの注目度を上げる働きをしているものの、その本来の活動の中心は当然と言えば当然だが、スペイン語圏とポルトガル語圏の国々だ。ホセがそうした地域で注目を集められている理由は、自身がスペイン人であり、ラテンアメリカ人である（ベネズエラでスペイン人の両親から生まれた）からだけでなく、スペインとラテンアメリカでは、老化を打ち負かすということへの関心のレベルが、私が見る限り、上がってきているからだろう。

共著者であるイギリスの科学技術者デイヴィッド・ウッドもまた、著名なアンチエイジングの戦士で、ホセとは違う、ホセと補い合うような視点を持っている。デイヴィッドはロンドンでいくつかの組織を率いていた時に、イギリスの先進的なテクノロジーの世界を一変させた。老化とその撲滅（それがすぐだといいが！）についての本に必要な権威を与えるのに、これ以上強力なコンビはほかに考えられない。

寿命延伸という大切な目標を世界に広めるうえで、国際的な経験が豊富なホセとデイヴィッドはまさに適任だ。ふたりはアンチエイジングというミッションに長年精力的に取り組んできたので、アンチエイジング研究の科学的な側面や最新の進歩の情報ばかりでなく、このミッションを攻撃しがちな、非論理的な不安や批判についても非常に詳しい。ホセとデイヴィッドは、批判へのもっともよい反論の言葉や、大幅な寿命延伸のメリットを人々に納得させる方法を知っている。

本書の最初の版はスペイン語版 *La Muerte de la Muerte*, Editorial Planeta（2018）で、刊行されるとすぐに、最初はスペインで、やがてラテンアメリカの国々でベストセラーになった。次に刊行されたのはポルトガル語版 *A Morte de Morte*, LVM Editora（2019）で、こちらもすぐに、最初はブラジルで、その後ポルトガルでもベストセラーになった。三番めに刊行されたのはフランス語版*La mort de la mort*, Éditions, Luc Pire（2020）で、四番めはロシア語版Смерть должна умереть, Альпина（2021）、五番めはトルコ語版*Ölümsüz insan*, Nemesis Kitap（2022）、六番めはドイツ語版*Der sieg über den Tod*, Munchener Velagsgruppe（2022）、七番めは英語版*The Death of Death*, Springer Nature（2023）、八番めは中国簡体字版『永世』、人民出版社（2023）だ。現実に合わせてアップデートされた『死の終わり』は、さらに多くの言語で出版され、今回は日本語版、次は韓国語版、さらにその次はアラビア語、ブルガリア語、チェコ語、ギリシャ語、ヒンディー語、イタリア語、ペルシア語、ポーランド語、セルビア語、スロベニア語、タガログ語、ウルドゥー語に翻訳される。これまでの成功を見れば、この本がさらに世界に革命を起こしていくことは間違いない。

この先一〇年の戦いに、この国際的ベストセラーが重要な役割を果たすことを、私は確信している。この大いなる戦いについて信頼できる情報を徹底的に網羅して述べたホセとデイヴィッドの本は、このプロセスを加速することも私は確信している。前進！

ＬＥＶ（寿命脱出速度）財団創立者、『老化を止める七つの科学』共著者

オーブリー・デ・グレイ、PhD

序論　人類最大の夢

死は悪いものであり、神々もそれには同意するはずだ。そうでなければ、なぜ神々は不死なのか？

紀元前六〇〇年頃、サッフォー

千里の道も一歩から。

紀元前五五〇年頃、老子

生きるべきか、死ぬべきか、それが問題だ。

一六〇〇年、ウィリアム・シェイクスピア

永遠の生命は、有史以前からの人類最大の夢だ。人類はほかの生物ほぼすべてとは違い、生を意識し、結果として死も意識している。アフリカにホモ・サピエンス・サピエンス（新人）が出現して以来、我々の祖先たちは生と死にまつわる様々な儀式を作り出した。さらに祖先たちは何千年もの間、この儀式を実行し、さらに多くの儀式を作りながら、地球上をくまなく広がっていった。古代世界の大規模な文明は、人が死んだ時のための洗練された儀式を作り上げていた。そうした儀式は、生きている者たちの生活の中で何よりも重要に扱われることも多かった。たとえば我々の多くの社会で一生喪に服する習慣がある。

不死の探究

イギリスの哲学者であるケンブリッジ大学のスティーヴン・ケイヴは、ベストセラーになった著書『ケンブリッジ大学・人気哲学者の「不死」の講義』[7]でこう述べている。

あらゆる生き物が先々まで生き延びようとするが、人間は永遠の生を求める。この探究、この不死への意志こそが、人類の業績の基盤であり、宗教の源泉、哲学の着想の起源、都市の創造者、芸術の背後にある衝動だ。

それは私たちの本性そのものに埋め込まれており、その成果が、文明として知られているものにほかならない。(柴田裕之訳)

エジプトの葬送の儀式は、とても洗練されていた。もっとも重要な儀式は、ファラオに捧げられた専用の巨大ピラミッドと石棺を使って行われる。最古のピラミッド・テキストは、エジプト古王国のピラミッド内の通路や控えの間、埋葬の間に彫られている呪文やまじないや祈願文などの目録であり、それらはすべて、死後の世界に行ったファラオを助け、復活と永遠の生を確実にするためのものだった。葬祭の儀に使われた紀元前二四〇〇年以降の墓の内部の壁にヒエログリフで描かれた文書を集めたものであり、非常に古い宗教観や宇宙観が述べられている。

その何百年も後になって、エジプトでは『死者の書』が作られた。これは紀元前一五五〇年から同五〇年頃の新王国で使われた葬祭文書で、書名は後世につけられたものだ。この文書はファラオ専用のものでなく、死者が死と再生の神オシリスの審問を無事に通過して、死後の世界から来世へと辿り着けるようにするためのガイドブックだ。現在では神話として語られているが、不死を約束する宗教とエジプトの儀式は三〇〇〇年近く実際に行われてきた。これは今のところキリスト教やイスラム教の歴史より何百年も長い[8]。

古代メソポタミアには、さらに古い文書がある。紀元前二五〇〇年頃に粘土板に楔《くさび》形文字で描かれた文書だ。『ギルガメッシュ叙事詩』あるいは『ギルガメッシュ詩』と呼ばれるシュメール語の韻文で語られるウルク（エレク）の王ギルガメッシュの冒険譚《だん》で、わかっている限り人類史上最古の叙事詩だ。ギルガメッシュ王が、最初は敵だったが、後に大切な友になったエンキドゥの死を悼む場面では、哲学的な思考の存在が見られる。この叙事詩は人間の生命が有限であることを、不死である神と比較して強調した文学史上初の作品だ。この詩で語られているメソポタミア神話の洪水は、後にほかの様々な文化や宗教にも登場している[9]。

中国の皇帝も不死に執着していたようだ。紀元前二二一年に最後の独立国を平定した秦の始皇帝は、中国全土を支配した最初の王になった。これは、それまでの歴史にはないことだった。もうただの王でないことを示したいと強く思っていた始皇帝は、果てしなく広がる中国の王国の統一を成し遂げたことを表す称号を作りたいと考えた（古代中国の人々は古代ローマの人々と同じように、自分たちの帝国が世界のすべてだと思っていた[10]）。

始皇帝は死について語るのを拒み、遺言書も作ろうとせず、紀元前二一二年には自分は不死の存在であると言い始めた。永遠の生に執着し、不老不死の妙薬を探すための調査隊を東方の島国（おそらく日本）に派遣している。調査隊は二度と戻ってくることはなかった。不老不死の妙薬を見つけられなかったので、〝不死の皇帝〟の怒りを買うのを恐れて戻らなかったのだろう。始皇帝は、不死になる効果があると信じて水銀を飲んだ後に亡くなったと考えられている。死後は有名な兵馬俑《へいばよう》という八〇〇〇人を超える兵士と五二〇頭の馬の素焼きの像とともに巨大な墳墓に埋葬された。この墓は一九七四年に西安で発見されたが、埋葬室はまだ開けられていない。

永遠の生命を約束する伝説の薬、不老不死の妙薬は、多くの文化に繰り返し登場するテーマだ。多くの錬金術師たちがすべての病を治し（万人のための万能薬）、永遠に寿命を延ばしてくれる薬を作り出そうとした。そのなかのひとり、スイスの医師で占い師のパラケルススは、この探求の結果、製薬分野を大きく進歩させた。不老不死の魔法の薬は、すべての物質を黄金に変え、強力な不老不死の妙薬のもとになるとされていた賢者の石にも関連している。

不老不死の魔法の薬があると考えたのは、古代エジプトや古代中国の人々だけではない。ほぼすべての文化で、自然発生的にこの考えが出現している。インドのヴェーダ〔訳注：バラモン教とヒンドゥー教の聖典〕を信じる人々は、黄金が永遠の生命に関連していると信じていた。この考えは、おそらく紀元前三二五年のアレクサンダー大王の侵略時にギリシャから伝わったものだろう。こうした信仰から考えると、インドから中国へ伝わったか、あるいはその逆も考えられる。しかし不死の妙薬という考えは、インド初の固有の宗教、ヒンドゥー教が不死に関する別の教義を唱えるようになって以降のインドでは、あまり重要視されなくなった。

若返りの泉も、永遠に生きたいという願いを抱かせる伝説だ。この伝説の泉は不死と長寿の象徴であり、泉の水を飲んだり、泉で水浴びをした者は、怪我や病気が治ったり、若さを取り戻したりするという。この若返りの泉の神話についての最古の言及は、わかっている限りでは紀元前四世紀のヘロドトスの『歴史』だ。『ヨハネの福音書』には、エルサレムのベセスダの泉で、キリストが足の不自由な男を治すという奇跡を行ったという記述がある。東方に伝えられたアレクサンドロス・ロマンスには、アレクサンダー大王が従者を連れて命の水を探し求めたというエピソードがある。この従者は中東のアル・ヒドゥルの出身であると書かれている。『コーラン』にも登場するエピソードだ。このバージョンはスペインではムスリム統治時代以降によく知られていたので、アメリカを発見した探検家たちも知っていただろう。

ネイティブアメリカンの治癒の泉に関するストーリーは、神話に登場するどこか北のほう、おそらく現在のバハマの位置にある富と繁栄の島、ビミニ島が関連している。伝説によると、イスパニオラ、キューバ、プエルトリコに住んでいるアラワク族を通してスペイン人はビミニ島を知った。ビミニ島の若返りの泉の伝説は、カリブ海でも広く語られていた。スペインの探検家フアン・ポンセ・デ・レオンはプエルトリコ島を征服した際に、先住民から若返りの泉の話を聞いた。物質的な富に満足していなかったポンセ・デ・レオンは一五一三年にその泉を求めて遠征を行った。彼は現在のフロリダ州を発見したが、永遠の若さを与えてくれる泉を見つけることはできなかった[11]。

今日のいわゆる西洋の宗教、たとえばユダヤ教やキリスト教やイスラム教やバハーイー教〔訳注：一九世紀にイランで創始された宗教〕などのアブラハムを父祖とする一神教では、永遠の生は主に復活によって成し遂げられる。一方で、今日では東洋の宗教と呼ばれるヒンドゥー教、仏教、ジャイナ教など、インドのヴェーダの流れをくむ宗教においては、不死は輪廻転生を経て実現される。伝統的に西洋の宗教では遺体は死後の復活のために土葬されるが、東洋の宗教では輪廻転生を果たすため火葬して灰にする。しかし復活と輪廻転生のどちらも科学的に証明されたわけではなく、明らかに科学が存在する前の、古い神話的な信仰だ。

イスラエルの歴史家で、エルサレムのヘブライ大学のユヴァル・ノア・ハラリは主な著書二作、二〇一一年の『サピエンス全史――文明の構造と人類の幸福』と二〇一六年の『ホモ・デウス――テクノロジーとサピエンスの未来』で不死について深く掘り下げている。一作め『サピエンス全史』は、ホモ・サピエンスへの進化の始まりから二一世紀の政治改革までの人類の歴史について書かれている。宗教と死生観は、この間に起こったすべての歴史的大事件の基本的な要素だ。

二作め『ホモ・デウス』でハラリは、これから先の世界がどうなっていくかを考えている。人類はいくつもの新たな困難に直面するだろう。そして彼は科学と技術の大きな進歩をもって、我々がどのようにそれと対峙するかを分析している。ハラリは死の克服からAIの構築まで、二一世紀を形作る様々なプロジェクトと夢と悪夢について考察する。特に不死については「死の末日のこと」でこう述べている[12]。

二一世紀には、人間は不死を目指して真剣に努力する見込みが高い。老齢や死との戦いは、飢饉や疾病との昔からの戦いを継続し、現代文化の至高の価値観、すなわち人命の重要性を明示するものにすぎない。私たちは、人間の命こそこの世界で最も神聖なものである、と事あるごとに教えられる。誰もがそう言う――学校の教師も、議会の政治家も、法廷の弁護士も、舞台の俳優も。第二次世界大戦後に国連で採択された世界人権宣言（これは今のところ、世界憲法に最も近いものかもしれない）は、「生命に対する権利」が人類にとって最も根本的な価値である、ときっぱり言い切っている。死はこの権利を明らかに侵害するので、死は人道に反する犯罪であり、私たちは総力を挙げてそれと戦うべきなのだ。

歴史を通して、宗教とイデオロギーは生命そのものは神聖視しなかった。両者はつねに、この世での存在以上のものを神聖視し、その結果、死に対して非常に寛容だった。それどころか、死神が大好きな宗教やイデオロギーさえあった。キリスト教とイスラム教とヒンドゥー教は、私たちの人生の意味はあの世でどのような運命を迎えるかで決まると断言していたので、これらの宗教は死を、世界の不可欠で好ましい部分と見ていた。人間が死ぬのは神がそう定めたからであり、死の瞬間は、その人が生きてきた意味がどっとあふれ出てくる神聖な霊的経験だった。人が息を引き取る間際は、司祭やラビ（ユダヤ教の指導者）、シャーマン（呪術師）を呼ぶべき時であり、人生の総決算をする時であり、この世界で自分が果たした真の役割を受け容れるべき時だった。死のない世界でキリスト教やイスラム教やヒンドゥー教がどうなるか、想像してほしい。それは天国も地獄も再生もない世界でもあるのだから。

現代の科学と文化は、生と死を完全に違う形で捉える。両者は死を超自然的な神秘とは考えず、死が世の意味の源泉であると見なすことは断じてない。現代人にとって死は、私たちが解決でき、また解決するべき技術的問題なのだ。（柴田裕之訳）

神話から科学へ

この数十年の間に科学は、どの分野もすばらしい進化を遂げた。生理学や医学もその例外ではない。一九五三年にＤＮＡの構造が発見されたのは生物学上のもっとも重要な発見のひとつだ。その進歩はその後、胚性幹細胞とテロメアの発見によってさらに加速した。医学では一九六七年に最初の心臓移植手術が行われ、一九八〇年には天然痘が撲滅され、現在は再生医療やＣＲＩＳＰＲ《クリスパー》の編集のような遺伝子治療や治療的クローニングや臓器のバイオプリンティングなどが飛躍的な進化を続けている。

これから先の未来、新たなセンサーや膨大な量のデータの分析（「ビッグ・データ」と呼ばれているもの）が広く使われることと、医学的な検査の結果のさらに進んだ分析や解釈にAIを使うことによって、我々はさらに大きく速い進歩を目撃するだろう。その進歩は直線的に進んでいくわけではなく、指数関数的に進んでいく。ヒトゲノムの配列が解明された速さが、その指数関数的な勢いのわかりやすい例だ。

ヒトゲノムプロジェクトは一九九〇年に開始されたが、一九九七年では全体の一パーセントのゲノム配列しかわかっていなかった。そのため〝専門家〟のなかには、残りの九九パーセントを解明するには何百年もかかるだろうと予想している者たちもいた。しかし幸いなことに、テクノロジーの急激な進歩により二〇〇三年に完了した。アメリカの未来学者レイ・カーツワイルは、ヒトゲノムプロジェクトは一九九七年以来、毎年解読されるパーセンテージがほぼ二倍になっていったのだと説明している。具体的には一九九八年には二パーセント、一九九九年には四パーセント、二〇〇〇年には八パーセント、二〇〇一年には一六パーセント、二〇〇二年には三二パーセント、二〇〇三年には六四パーセント、そして二〇〇四年に入って数週間というところですべての解読が完了した[13]。

生物学と医学は急速にデジタル化されたので、これからは指数関数的な発展を遂げることができる。AIは生物学や医学も含むすべての分野で継続して現実にフィードバックを返すことによって、さらに大きな助けになるだろう。一方で、酵母や線虫や蚊やマウスなどモデル生物を使った延命、若返りの実験はすでに行われている。

アメリカから日本、中国からインド、さらにはドイツからロシアまで、すでに世界中で老化のメカニズムとそれを巻き戻す方法についての研究が行われている。イベリア半島のスペインからコロンビア、メキシコからアルゼンチン、ポルトガルからブラジルまでのあちこちから研究グループも現れている。たとえば、スペインの生理学者でマドリッドのCNIO（スペイン国立がん研究センター）の所長であるマリア・ブラスコ率いるマドリッドの研究者グループは、三倍マウスと呼ばれる、通常のマウスより寿命が四〇パーセント長いマウスを作り出した。[14]カリフォルニア州ラ・ホヤのソーク生物学研究所の上級研究員であるスペイン人フアン・カルロス・イズピスア・ベルモンテは、それとはまったく違う技術を用いてマウスを四〇パーセント若返らせることに成功した。[15]こうした実験は継続中であり、マウスの寿命と若返り率は今後も延ばしていけそうだ。

そのほかにもケンブリッジ、ハーバード、MIT、オックスフォード、スタンフォードなど世界各地のトップクラスの大学を含む多くの科学者たちのグループが、アメリカに本拠地を置くメトセラ財団が主宰するメトセラ・マウス賞の獲得競争に参加している。[16]受賞者のなかにはすでに人間の年齢にして一八〇歳までマウスの寿命を延ばしたグループがいるが、[17]この賞の最終的な目標は『旧約聖書』に登場する伝説のメトセラのように人間の年齢にして一〇〇〇歳近くのマウスを生み出すことだ。

マウスでの実験には様々な利点がある。マウスの寿命は人間に比べて短い（自然界では一年、実験室の環境では二年から三年）が、そのゲノムがヒトのゲノムと非常に近いことだ（ヒトとマウスのゲノムは九〇パーセントが同じだと推測されている）。現在、カロリー制限、テロメアの注入、幹細胞治療、遺伝子治療など様々なタイプの治療の実験が行われているので、この先、そこから発見される結果が見られることだろう。こうした研究が行われている理由は、我々がマウスが好きで、いつまでも若く長生きするマウスがいればいいと思っているからではない。研究者たちは公に認めることはないものの、マウスでの発見を人間に応用して、ずっと若々しい状態で生きられる長寿を実現させたいのだ。科学者たちも一般人の多くと同じように、資金を失うことを恐れるなどの理由で本心を言えないことがある。この研究がどこに使うためのものなのかは明らかだ。

様々な実験動物で老化を止めたり若返りをさせたりする研究をしている科学者たちは、たくさんいる。そのなかで北米の著名な科学者たちの例をふたつ挙げると、カリフォルニア大学アーバイン校のマイケル・ローズはショウジョウバエの寿命を四倍にし[18]、アーカンソー医科大学のロバート・J・S・レイスは線虫の*C. elegans*の寿命を一〇倍にまで延ばした[19]。そしてまた、この科学者たちの最終目標は寿命の長いハエや線虫を生み出すことではなく、実験動物で得られた発見をその後、人間に応用することだ。

近年の科学の重要な進歩のおかげで、人間の若返りの科学的な研究に、大小様々な企業が巨額の出資を始めた。人々は若返りの実現が本当にあり得ることであり、しかもその時がどんどん近づいているとわかり始めたのだ。現在では問題は若返りが可能であるかどうかではなく、可能になるのはいつなのかになっている。しかしペイパルを立ち上げたことで有名なピーター・ティール、アマゾンのジェフ・ベゾス、アルファベット／グーグルのセルゲイ・ブリンとラリー・ペイジ、フェイスブック（現メタ・プラットフォームズ）のマーク・ザッカーバーグ、オラクルのラリー・エリソンら、数多くの超富裕層の人々が続々とアンチエイジングのバイオテクノロジーに出資している。グーグルは二〇一三年に「死を解決する」ことを目的としたCalico（カリフォルニア・ライフ・カンパニー）社を設立し[20]、マイクロソフトは二〇一六年に一〇年以内にがんの治療を実現すると宣言し[21]、マーク・ザッカーバーグとプリシラ・チャンの夫妻は三〇年の間にすべての病気の治療と予防の研究にほぼ全資産を寄付すると発表した[22]。ジェフ・ベゾスはほかの超富裕層の人々とともに二〇二一年、若返り治療を可能にするためのアルトス・ラボを創立した[23]。アルトス・ラボを実際に立ち上げたのはロシア生まれの超富裕層ユーリ・ミルナーで、そのほかの数億円を出資した人々はヨーロッパや富裕なアラブ諸国などの人々だったが、今では東アジアにも出資者がいる。ここに述べた以外にもたくさんの実例があり、進歩は続いているので、さらに日々それは増えていく。世界有数の科学者たちも若返り技術の研究に公式に携わっている。よく知られている例だけを挙げるとしたら、アメリカの遺伝学者で（進化）分子工学者と化学者でもあるジョージ・チャーチだろう。チャーチはハーバード大学医学部の遺伝学の教授、ハーバード大学・マサチューセッツ工科大学共同プログラム健康科学技術部など、学術界とビジネス界での多くのポジションに加えて（生と死に関する情報を学術界から実業界に伝えることが必要なので）、ヒトゲノム配列の研究の草分けのひとりであり、パーソナルゲノミクスと合成生物学の先駆者でもあるのだが、その彼が最近こう発言している。[24]

おそらくこの一、二年のうちにイヌでの実験が行われるだろう。それがうまくいけば、さらに二年後ぐらいに人間での治験などが行われ、八年ぐらいかけて完了するだろう。治験が始まり、少数でも成功例が出れば、よいフィードバックの循環に入れるだろう。

現実には、ヒトの若返りを禁止したり、必ず死を迎えさせねばならないような科学的な原則などはない。生物学にも、化学にも、物理学にもだ。その結果、アメリカの傑出した物理学者でノーベル物理学賞受賞者であるリチャード・ファインマンは「現代社会における科学的文化の役割」と題された一九六四年の講義でこう解説している。[25]

もっともはっきりしていることのひとつは、生物学のどこにも死の必要性を示唆するものは何もないということだ。永久運動を実現させたいという発言には、物理学を学んだ我々はそれが完全に不可能であるという法則をよく知っているし、そうでなければ物理学のほうが間違っている。しかし生物学ではいまだに、死は不可避であることを示すものは何も見つかっていない。このことから私は、死はまったく不可避ではなく、我々を悩ませている原因を発見し、誰もがかかっている恐ろしい疾患、つまり人間の体の一時性が治療できるようになるのは時間の問題だと思っている。

近年、若返りやアンチエイジングなど新しい分野での進歩がいくつか発表された。そのうちのひとつは二〇〇九年に創刊された『エイジング』誌であり、最初の号に掲載された、同誌の三人の編集者であるロシア系アメリカ人の科学者ミハイル・V・ブラゴスクロン、アメリカ人のジュディス・チャンピシ、オーストラリア人のデイヴィッド・A・シンクレアによる最初の記事「老化──過去、現在、未来」はこういうものだ。(26)

アイザック・アシモフは一九五〇年代のSF小説「ファウンデーション・シリーズ」の中で、宇宙全体を植民地化できる文明を描いた。アシモフは七〇歳の男性を、もう長くは生きられそうにない老人として登場させている。このように、文学の中でもっとも大胆に空想を働かせている作品であっても、老化の速度を遅くすることはできなかった。しかし今日の老化学分野の進歩のスピードを考えると、科学はSFを超え、この偉業は我々が生きている間に実現するかもしれない。

過去

アウグスト・ワイスマンが生命を死にゆく体細胞と不死の生殖細胞に分けて以来、体細胞は使い捨てのものだと考えられてきた。ワイスマンは一八八九年に「体細胞のいずれ壊れゆく脆い性質こそが、自然が個人のこの部分に無限の寿命を与えなかった理由だ」と書いている。

現在

初めて成功した老化を遅らせる遺伝子のスクリーニングは、一九八〇年代の半ばに始められた。当時は老化をコントロールする遺伝子が存在するとは思えないという意見が一般的だったが、クラスは長寿の線虫の突然変異体を使って、老化を遅らせていると考えられる遺伝子を突然変異誘発スクリーニングによって発見し、そのうちのひとつ、age-1がジョンソンらによって特徴を確認された。一九九三年にケニヨンらも長寿の線虫でスクリーニングを行い、daf-2遺伝子中の変異が雌雄同体の線虫の寿命を野生の線虫の二倍以上に延ばすことを発見した。daf-2はすでに、密集や飢餓の条件下で成長を停止し、耐性幼虫になる現象を制御していることが知られていた。ケニヨンらは、耐性幼虫が長寿であるのは、寿命を延ばすメカニズムが制御されている結果であると示唆した。この発見は寿命を延ばす方法への理解の入口になった。

編集者たちは老化分野の初期の研究をざっと振り返り、一九世紀の終わりに科学的な研究の始まりがあったこと、そして二〇世紀を通して、特に一九八〇年代以降に多大なる進歩があったことを示した。実際、細胞の老化に直接的に関係する遺伝子が *C. elegans* という小さな線虫から発見されたのは一九八〇年代になってからなのだ。それ以来、老化のプロセスや老化が起こるメカニズム、さらには若返りをする方法までがより詳細にわかるようになった。

しかし、この考えの証拠がすでにあったとしても、やり方までわかるわけではない。実際、まだそれはわかっていないし、だからその仕組みを解明するために、様々な治療法について様々な生物で数多くの実験が行われている。これは現在では非常に困難だし、将来的にも容易になるわけではない。しかし可能であることはわかっている。実際、すでに問題は、それが可能かどうかではなく、人間に対する老化の最初の科学的治療が開発され、商業化できるのがいつになるのかだけなのだ。我々は虫ではないしマウスでもないから、虫やマウスで発見されたことをそのまま人間に応用できないケースがたくさんあるだろう。しかしそうした発見は、いくつかの可能性を示してくれる。進歩したビッグデータやAIなどの利用のおかげで、人間の治療法を見つける過程は加速するだろう。

ブラゴスクロンとチャンピシとシンクレアは、過去と現在から語り始め、未来に何が起こるかを示している。そして老化や加齢に関連した疾患の治療法として可能性のあるものをいくつか紹介している。今のところ、そして本書は一般向けの入門書であるので、詳しいところまで深く知る必要はない（DNA、AMPK、RNA、FOXO、IGF、mTOR、NAD、PI-3K、CR、TORや、もっと複雑なものもある略称も知らなくてもいいだろう）。しかし我々は、彼らがその記事で示唆している通りに、現在と近い未来の偉大なる発見の概略を本書で説明する。

未来

非常に興味深く、期待できることに、現在では老化は、少なくとも部分的にはシグナル伝達経路によってコントロールされていて、そのシグナル伝達経路は薬によって操作できると考えられている。今では、加齢に関連する疾患を治療するためのアンチエイジング薬のプロトタイプはすでに存在し、老化のプロセスを遅らせると考えられている。サーチュイン遺伝子のモジュレーターがCR（カロリー制限）を模倣し、ある種の加齢関連疾患を緩和することがわかっている。TORシグナル経路はもうひとつのターゲットだ。皮肉なことに、TORタンパク質そのものは酵母におけるラパマイシン（シロリムスあるいはラパミューン）の標的として発見された。ラパマイシンは臨床で使われている薬で、数年にわたる高容量での投与が可能である。ラパマイシンは加齢関連ではないほとんどの病気の治療に使える可能性がある。糖尿病の治療薬であり、AMPK（AMP活性化プロテインキナーゼ）を活性化するメトホルミンは、マウスのTORのシグナル伝達経路で作用し、老化を遅らせ、寿命を延ばす。

このように、老化の研究における最近のパラダイムシフトによって、シグナル伝達経路（成長を促進する経路、DNA損傷応答経路、サーチュイン）が脚光を浴び、老化は制御でき、薬によって遅らせることができると立証された。

この好機に、老化や老化への影響に関する影響力のあるジャーナル『エイジング』が創刊された。新たな老年学を扱う学術誌だ。老年学の最近の飛躍的な進歩は、異なる分野の融合によってもたらされた。遺伝学とモデル生物の開発、シグナル伝達と細胞周期の制御、がん細胞生物学とDNA損傷応答、薬理学と加齢関連疾患の発症機序などだ。『エイジング』誌では、健康な状態と疾病時の、シグナル伝達経路（IGF（インスリン様成長因子）経路、インスリン活性化経路、分裂促進因子活性化経路、ストレス活性化経路、DNA損傷応答、FOXO（フォークヘッドボックスO転写因子）、サーチュイン、PI3キナーゼ、AMPK、mTOR）に注目する。細胞生物学と分子生物学、細胞代謝、細胞老化、オートファジー、がん遺伝子、がん抑制遺伝子、発がん、幹細胞、薬理学と抗老化薬、動物モデル。そしてもちろん、がんやパーキンソン病やⅡ型糖尿病、アテローム性動脈硬化症、加齢黄斑変性などの加齢関連疾患は、加齢のきわめて有害な現れだ。本誌では新たな老化学の可能性と限界の両方についての記事を扱っていく。もちろん、加齢性の疾患を治療したり進行を遅らせたりする薬が加齢全体の進行に影響を与えられる可能性があり、それによって健康寿命を延ばすのは人類の長年の夢だ。

この先見的な記事が発表された二〇〇九年当時はまだ、今日のもっとも強力な遺伝子工学技術はほぼ何もわかっていなかった。有名なＣＲＩＳＰＲ（一九八〇年代の終わりに発見され、最初に使用されたのは二〇一〇年代になってから）、ヒトゲノム解析が完了したと発表されたのは二〇〇三年で、クローン羊のドリーが誕生したのは二〇〇六年だ。多能性幹細胞（通常はｉＰＳ細胞と略称で呼ばれる）が作られたのは二〇〇六年だが、それを用いた治療が行われたのは二〇一〇年になってからだ。『エイジング』誌は二〇〇九年の創刊から一〇年足らずの間に急激な進歩を目撃し、この先の一〇年でさらに大きな変化を見ることになるだろう。進歩のペースの猛烈さを理解するには、このことを考慮に入れるべきだし、この先の一〇年、あるいは加速する勢いを考えたらもっと短い四年か五年ほどの間に同じだけの進歩があるかもしれない。これから二年か三年の間に、この本の一部を書き換えねばならないような進歩が見られるだろうと、我々は確信している。

一九九八年には同様のトピックスを扱うすばらしい学術誌『リジュベネーション・リサーチ』も創刊され、後に、イギリスの生物老年学の研究者オーブリー・デ・グレイが編集長に就任した。創刊から二〇年の間に、同誌にはすばらしい進歩が報告されていて、この先もさらに指数関数的に進歩していくことを我々は願っている(27)。

この本の付録には、地球上の生命の理解が急速に進歩していった流れを理解してもらうため、わかりやすく時系列順に並べた年表が掲載されている。さらには、もうすぐやってくるであろう指数関数的な変化のすばらしい可能性を先にお見せするために、この先一〇年ほどの予想年表も収められている。著者である我々の意見だけでなく、先ほど述べたアメリカの著名な未来学者レイ・カーツワイルらについての詳しい情報もある。

科学から倫理へ

ここまで、虫やマウスなどの動物の寿命を延ばすことに成功してきたことを書いてきた。しかし、なぜこうした動物で実験をするのだろう？　科学者たちは、より若く、より寿命の長い線虫やマウスを求めているのだろうか？　もちろんそうではない。目的のひとつは、いつか将来に人間への治験を始めるため、老化や若返りの仕組みを解明することだ。このことはすでに述べたが、本書ではこの後も繰り返し述べていく。

この先科学が進歩して、人類の寿命を延ばすことが可能であるのがわかったら、次はそれが倫理的に正しいかどうかを議論せねばならない。我々の答えは、倫理的であるばかりでなく、そうすべき道徳的な責任もある、というものだ。しかし大きな影響力を持つ人々（いわゆる〝インフルエンサー〟）のなかには、アメリカの起業家で慈善家でもあるビル・ゲイツのように、老化の治療の重要性に納得していない様子の人々もいる。Reddit のウェブサイト上のイベントで、寿命を延ばすことや不死の研究のモラル上の問題をどう考えるかと訊かれたゲイツは、こう答えている[28]。

マラリアや結核はまだ撲滅されていないのに、富裕層の人々が自分たちが長生きするために老化の研究に投資をしているのは、非常に利己的に思える。ただし、長く生きられるのはいいことだとは認める。

同様の批判は、がんや心臓疾患の治療を目指して行われている数多くの医学研究プログラムにも向けられてきた。こうした病気を治すことは寿命を延ばすことにつながる。しかし、現在もマラリアや結核のように比較的少額で治療できる病気で亡くなる人がいるという状況を考えると、がんや心臓疾患の治療の研究に莫大な資金が充てられるのは優先順位が間違っているように見えるかもしれない。ある金額の資金を使う目的を、実際にどれだけの人の生命を救えるかを基準に考えるのだとしたら、我々は自らにこう問わねばならない。がんの新規の研究をとりやめて、蚊よけネットを買ったり、それがマラリアに苦しむ人々のいる地域すべてに行き渡るように配布することに使うべきなのだろうか、と。明らかにそれは違う。それを考えると、単純な問題ではないことがわかる。

実際、地球上で亡くなる人の死因でもっとも多いのは、マラリアでも結核でもない。老化なのだ。若返りのプロジェクトが成功すれば、先ほど挙げた疾患はすべて治療できるようになる。その目標を追求することは利己的でも自己中心的でもない。恩恵をこうむるのは研究者（それにその家族）たちだけではない。その恩恵は地球全体に行き渡り、今もマラリアや結核の蔓延に苦しむ貧困地域の人々にまで届くだろう。それに、こうした地域の人たちだって老化には苦しんでいる。

世界中でもっとも多くの人々を苦しめているのは、死に至る加齢関連疾患だ。世界中では毎日およそ一五万人の人々が亡くなっている。[29] その三分の二の死因は加齢関連疾患なのだ。先進国に限ると、その確率はさらに上がり、九〇パーセント近くが加齢や神経変性疾患や循環器疾患やがんなど、加齢関連疾患で亡くなっている。

老化は、ほかに比べようのない悲劇だ。世界中で毎日、他の死因すべてを合わせた数より多くの人が、老化により亡くなっている。正確には、マラリア、ＡＩＤＳ、結核、事故、戦争、テロリズム、飢餓などのほかの死因すべてを合わせた数の二倍以上だ。オーブリー・デ・グレイは非常に明確かつストレートに、こう説明している。[30]

老化は残酷だ。許されるべきではない。倫理的な議論など必要はない。どんな議論も必要ない。これは本能だ。人々が死ぬのを放置するのは悪いことだ。私は老化の治療を目指して動いているし、みなそうするべきだと思う。なぜなら人の生命を救うのは人間にできるもっとも価値のある行動だと思うし、毎日一〇万人以上の人々が、若い人なら死ぬことがない原因で亡くなっているのだから、老化を治療すれば、ほかのやり方よりたくさんの人たちを救えるだろう。

人類最大の敵は老化による死だ。死はいつも最強の敵だった。幸いなことに今日では、戦争や飢餓、それからポリオや天然痘のような感染症による死はかなり減っている。全人類共通の最大の敵は、宗教でも、民族や文化による違いでも、戦争でも、テロリズムでも、環境問題でも、環境汚染でも、地震でも、水や食料の分配をめぐる争いでもない。こうした問題が引き起こす苦しみを否定するわけではないが、現在の我々人類にとってははるかに大きな敵は、老化とそれに伴う疾患だ。[31]

老化が、それぞれの個人とその家族、さらには社会全体にどれだけの苦しみをもたらしているかはとうてい測りきれないが、現在あるほかの問題よりずっと大きいことをここで強調したい。生命はほとんどの宗教で〝神聖〟だとされ、人に与えられる最初の権利であり、生命がなければ、ほかの権利や義務はすべて無意味だ。生命はすべての人に与えられる権利であり、他者からそれを奪われないよう守られる権利もすべての人にある。この権利は通常生きているという事実だけで認められ、すべての人が持つ基本的な権利であり、世界人権宣言だけでなく、圧倒的多数の先進国の法に明記されている。

法的な人権においても、生きる権利がもっとも重要な権利であることは疑いの余地がない。ほかの権利が存在するのは生きる権利があるからであり、財産、宗教や文化などの保証といっても、それを享受すべき人が死んでいたら何の意味もない。市民権と第一世代の人権に分類され、非常に多くの国際条約でも認められている。市民的及び政治的権利に関する国際規約、児童の権利に関する条約、集団殺害の防止及び処罰に関する条約（ジェノサイド条約）、あらゆる形態の人種差別撤廃に関する条約、拷問及び他の残虐な、非人道的な又は品位を傷つける取り扱い又は、刑罰に関する条約などだ。生きる権利は世界人権宣言の第三条に正式に明記されている。[32]

すべての人には、生命、自由、身体の安全に対する権利がある。

『ドラゴン暴君の寓話』というすばらしい小説では、人間の老化を毎日何千人もの生命を食らってきた竜の暴君に喩えている。我々の社会制度は、この死というものに莫大な額の金を費やすことにも、この悲劇への精神的なつらさにも慣らされてきた。この寓話は、科学哲学者であり、オックスフォード大学哲学科の人類の未来研究所の所長であり、世界トランスヒューマニスト協会（現在は「ヒューマニティ＋《プラス》」に名称を変更している）の設立者のひとりであるニック・ボストロムが二〇〇五年に発表した短編小説が元になっている。(33)

すべての人のための改革――子供から老人まで

ここまで述べてきて、これから先の章でも議論していくが、身体的な不死の可能性とその倫理的な問題をクリアすることは、人類にとって最大の難関だ。最初のホモ・サピエンス・サピエンスの出現以来、不死はつねにもっとも熱望された夢であったが、今日までそれを実現する技術がなかった。

歳を取るのは良くないことであり、死はその本人とその家族にとってもっとも恐ろしい喪失であることは、子供でもわかっている。ベラルーシ系アメリカ人の作家で、アメリカのトランスヒューマニスト党の党首であるゲンナジー・ストリャロフⅡ世は、二〇一三年に子供向けの本『死は間違っている』を書いて説明している。(34)

この本は、私が子供の頃にこういう本がほしいと思ったけれど、なかった本です。今この本を手にしているみなさんは、私が何年もかけて少しずつ発見してきたことを、一時間もかからずに知ることができます。その分の時間をみなさんは、我々みなの最大の敵、死との戦いに費やすことができるのです。

ストリャロフは子供の頃、母と話をしているうちに、人間はみな最後には〝死ぬ〟ことを教えられた。幼い彼は驚いて母に尋ねた。

「死ぬって？　それはどういう意味？」私は訊いた。「その人はもういなくなるっていうことよ。もうそこにはいないってこと」母は答えた。

「けれど、その人たちはどうして死んじゃうの？　何か悪いことをしたから？」私は訊いた。「いいえ。みんなに起こることなのよ。人は誰でも歳を取って、死ぬ」母は言った。「そんなのおかしいよ！」私は叫んだ。「人が死ぬなんて間違ってるよ」

幸い今の子供たちは、不死（あるいはアモータル＝非死）の人類の最初の世代に入れる。このまま指数関数的進歩を続けていくことができれば、すぐにヒトの若返り治療が開始されるだろう。そしてそれは早ければ早いほうがいい。アメリカの女優、歌手、コメディアン、脚本家、戯曲家であるメイ・ウェストは「若返るのに遅すぎるなんてことはない！」と言っている。

我々は不死ではない最後の世代と不死の最初の世代の間にいることを自覚せねばならない。どこに向かっていきたいだろうか？　今あなたが何歳だとしても、老化と死と戦う革命に加わることをお勧めする。『聖書』の「コリント人への手紙」第一五章二六節にもこう書いてある。

最後に滅ぼされる敵が死だ。

第1章 生きるために現れた生命

すべての者は生まれながらに知恵を求める。

紀元前三五〇年頃、アリストテレス

汝の生命は奇跡だ。

一六〇八年、シェイクスピア(『リア王』第4幕第6場)

あらゆる真実は、一度発見されれば理解するのは簡単だ。重要なのは、その真実を発見することだ。

一六三二年、ガリレオ・ガリレイ

原初の文化によって作られた最初の宇宙創造の物語から、世界は長い道のりを歩んできた。科学以前の神話の物語から実験によって裏づけることができる科学的理論まで、我々は進んできた。どちらにおいても、生命の起源は今なお、いつかもっとよく理解したいと願う謎だ。(35)

一九二四年、ロシアの科学者アレクサンドル・オパーリンは『地球の生命の起源』という著書で、彼の研究の理論を初めて発表した。確固とした進化論者であるオパーリンは、地球の原初の海の中で最初の有機物が自然選択によって徐々に姿を変えていき、生物になったのだという一連の流れを示した。

それから何年も経った一九五二年、シカゴ大学の化学専攻の大学院生だった若きスタンリー・ミラーが、教授のハロルド・ユーリーとともにこの理論を、水蒸気とメタンとアンモニアと水素が混ざった状態を作り出した簡単な装置で検証した。これらの気体が原初の地球の大気を構成していると考えられていた。つまり電極を使って、原初の嵐の電流（エネルギーの注入）を再現したのだ。この実験で生命誕生以前の状況を再現し、電極によってエネルギーを与えたことにより、アミノ酸、糖、核酸が合成されたが、生物体を構成する要素が合成されただけで、有機体そのものは生まれなかった。

一九五三年、イギリスの科学者フランシス・クリックとロザリンド・フランクリン、それにアメリカの科学者ジェームズ・ワトソンはDNAの構造を解明した。これは生命の起源に関する後の研究や理論すべての方向を決める発見だった。その後スペインの科学者ジュアン・ウローが、同国人のセヴェロ・オチョアが一九五五年にRNAを合成する酵素を分離した後に重要性を増していたDNA研究に、進歩した化学を取り入れた。一九五九年に彼は、原初の地球を再現した環境内でアデニン（DNAやRNAの材料となる物質のうちの一つ）の合成に成功した。著書『生命の起源』の中でウローはこう書いている[36]。

生命発生に至るプロセスの一部は実験室でおおまかには再現することができるし、発達には水溶媒質、液状媒質がもっとも適していることがわかっていた。だから原初の海と呼ばれるものから生命が誕生したのは、ほぼ確実だった。

細菌が世界を住処にする

地球上でどのように生命が生まれたか、正確なことは永遠にわからないかもしれないが、それがどんな様子であったにしても、最初に発生した有機体は非常に小さな、増殖できる単細胞生物だったというのが真実だろう。原初の微生物は、おそらく細菌か、現在知られているもっともシンプルな細菌に似た何らかの生物だ[37]。

細菌は地球上にもっともたくさんいる生物だ。陸上にも水中にも、どこにでもいる。酸性の熱水噴出孔、放射性廃棄物の中、深海や地殻の奥深くのような厳しい環境でも生きている。さらには大気圏外でも生きられる細菌もいることが、ESA（欧州宇宙機関）やNASAの実験により証明されている。

細菌は非常にたくさんいるので、一グラムの土には四〇〇〇万もの細菌細胞が生息し、淡水一ミリリットルには一〇〇万もの細菌細胞がいると推定されている。世界中では合計で5×10^{30}の細菌が存在している。これはものすごい数字であり、細菌が何十億年もの間に地球全体を生息地とすることに成功した証だ[38]。しかし、確認されている細菌の種のうち、実験室で培養できるものは半数以下だ。さらに、現存する細菌種のうちの大部分、おそらく九〇パーセントほどが未記載種だ。

人間の体の中には人間自身の細胞のおよそ一〇倍の細菌細胞がいる。特に皮膚や消化管には多く生息している。大きさは人間の細胞のほうがずっと大きいが、数は細菌細胞のほうがずっと多い。幸い、人体に棲む細菌のほとんどは無害であるか、有益である（コレラやジフテリア、ハンセン病、梅毒、結核などを引き起こす病原性の細菌もいるが）。

細菌は非常に単純な微生物であり、核を持たないので、原核生物（prokaryote、ギリシャ語のproは〝前に〟、karyonは〝核心〟あるいは〝核〟の意味）と呼ばれている。細菌は一般に環状染色体をひとつしか持たず、膜に包まれた核のようなものも持たない。環状染色体には始まりも終わりもないため、テロメア（telomere、ギリシャ語のtelosは〝終わり〟、mereは〝部分〟の意味）もない。それに対して真核細胞（eukaryotic cell、ギリシャ語のeuは〝真実〟、karyonは〝核心〟あるいは〝核〟の意味）は環状ではないので、〝終わりの部分〟、つまりテロメアがある。細菌（bacteria、ギリシャ語で〝棒〟の意味）は、一八二八年にドイツの科学者クリスチャン・エーレンベルクによって作られた新語で、フランスの生物学者エドゥアール・シャットンは一九二五年に、細菌のような真核を持たない生物と植物や動物などのような核を持つ生物を区別するために、「原核生物」および「真核細胞」という言葉を作った。

細菌は進化に成功したため地球全体に生息域を広げ、無数の種を生み出すことができたが、その多くの種はどんなものであったかまだ知られていない。実際、細菌たちの進化は他の生物の進化と同様に、今も続いているのだ。当初、細菌は環状染色体をひとつしか持っていないと考えられていたが、その後複数の染色体を持つ細菌が発見され、そのなかには線状染色体を持つものや、環状染色体と線状染色体が組み合わさったものを持っている細菌も発見された。生命がつねに複数の可能性を試し続けていることは本当に興味深い[39]。

進化上は、（核がない）原核細胞は（核がある）真核細胞よりも前に発生していた。核がない生物のうち細菌以外は古細菌と呼ばれ、それほどたくさんはおらず、細菌よりも後に発生したと考えられている。細菌と古細菌を合わせて原核生物と呼ぶ。進化レベルでは、およそ四〇億年前にはＬＵＣＡ（Last Universal Common Ancestor、最終普遍共通祖先）という略称で知られる細胞が存在し、そこから現在の生命体が、つまり初めに原核生物（細菌と古細菌）、やがて真核生物（現在の動植物を含む）という順序で派生していったと考えられている。すべての生物は、元々のＬＵＣＡというご先祖様のＤＮＡとして受け継いだ基本的な遺伝物質を共通して持っていて、アデニン（Ａ）、シトシン（Ｃ）、グアニン（Ｇ）、チミン（Ｔ）という四種類のヌクレオチドの組合せからできたＬＵＣＡと同じ遺伝子を三五五個以上持っている[40]。

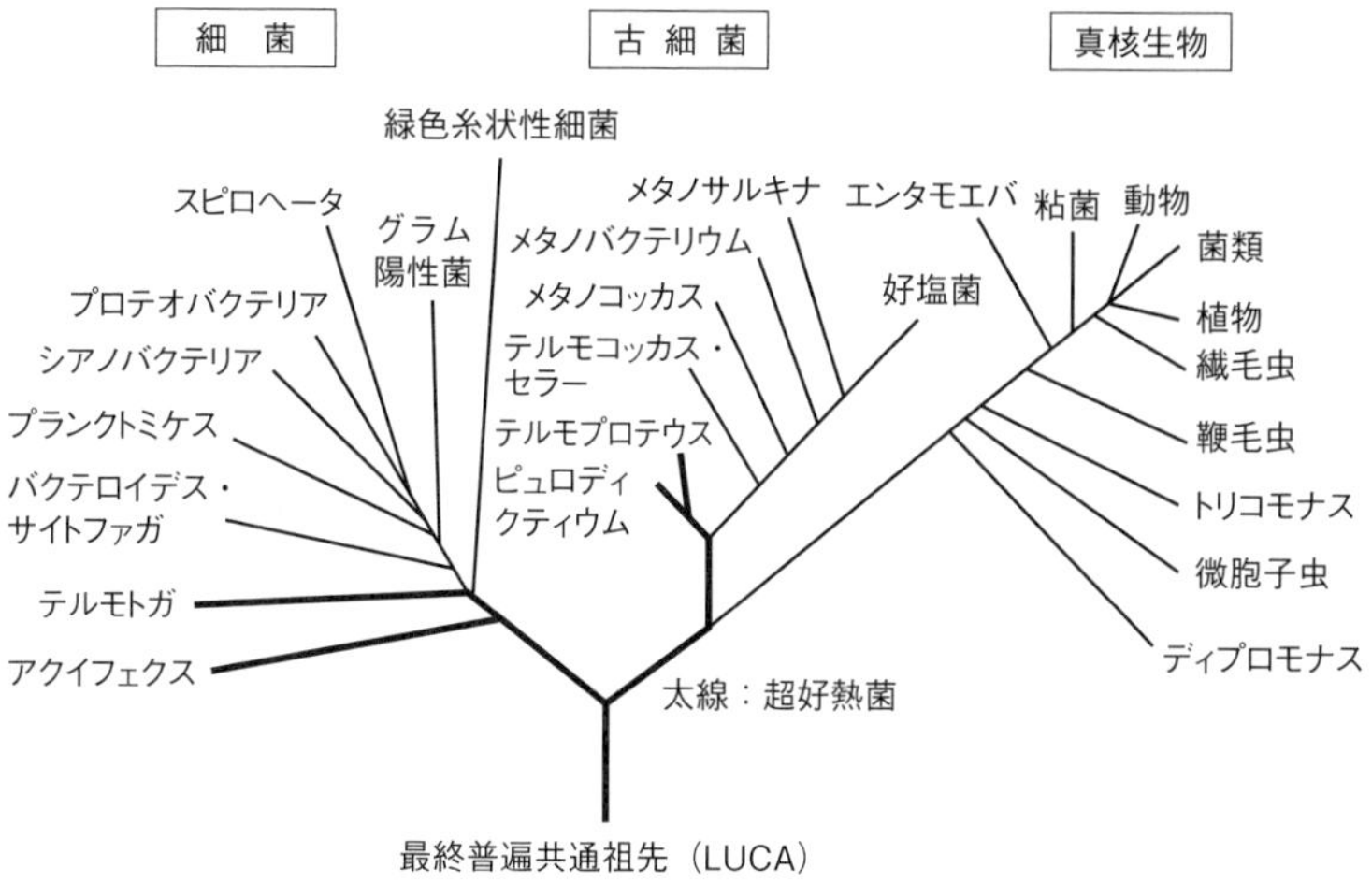

図 1-1　系統樹

図1－1は生命の樹、あるいは系統樹と呼ばれるもので、原核生物（主に単細胞生物である細菌と古細菌）と真核生物（主に多細胞生物である菌類、動物、植物）からなるふたつの大きなグループ（ドメイン、キングダム、エンパイアと呼ばれることもある）に分かれているのが、はっきりわかる。生物学は非常に複雑であり、進化は膨大な時間がかかる現象であるが、多細胞の真核生物が片側に、単細胞の原核生物がもう片側にあることに注目せねばならない。そして、LUCAの共通祖先から始まる巨大な系統樹の中で、大型の真核生物のほとんどは多細胞で、テロメアが端についている線状染色体を備えている。

生殖の面から言うと、細菌は理想的な生育環境に置けば生物学的に〝不滅＝不死〟である。最適な環境下では、細胞は中心から対称に分裂してふたつの娘細胞ができ、この細胞分裂のプロセスにより、それぞれの細胞が若い状態のまま保たれる。つまり、このタイプの対称分裂による無性生殖では、生まれた子細胞は親細胞と同じだが（細胞分裂の際に突然変異が起こる可能性はある）、若いのだ。つまり、この方法で生殖をする細菌は生物学的には永遠に生き続ける。詳しくは後ほど述べるが、同様に、多細胞生物の幹細胞と配偶子嚢も〝不死〟とみなすことができる。

スペインのバルセロナ大学の微生物学者リカルド・ゲレーロとメルセデス・ベルランガは、原核生物の〝不死〟についてこう説明している。[41]

奇妙なことに、老化と死は人間が最後に辿り着くものであるが、生命の夜明けの頃には必要なものではなく、その後も長年、必須ではなかった。生物とは「生まれ、成長し、繁殖し、死ぬものである」という古典的な定義は、真核生物とは違って原核生物には当てはまらない。

原核細胞の分裂の際、ＤＮＡは成長する時に付着していた膜とともに運ばれ、親細胞と同じふたつの子細胞ができあがる。原核生物は環境が許しさえすれば、成長し、老いずに分裂することを繰り返す。例外的なパターンもあるが、細菌の典型的な細胞分裂では「二分裂」で行われ、等しいふたつの細胞ができる。しかしすべての細菌が、「介在成長」と呼ばれる、等しい細胞をふたつ生み出す、老化をしない対称分裂を行うわけではない。ゲレーロとベルランガはこう解説している。

介在成長をする細胞は理論上死なない。しかし当然、細菌もすべての生物体と同じように飢餓（栄養分がない状態）や暑さ（高温な状態）、高い塩分濃度、乾燥や脱水などの原因では死ぬ。

すべての細菌が介在成長をするわけではないことに注目するべきだ。「極性成長」によって非対称に分裂する細菌は、差異のある子を生み出し、その子は最終的に老化し、死ぬ。

生命の起源と進化についてはまだわかっていない部分がたくさんあるが、ある観点からこう言うことができる。生命は生きるために発生したのであり、死ぬために発生したわけではない。理想的な環境で対称に分裂し、老いない細菌にとってはその通りであり、非対称に分裂し、老いる細菌にとってはそうではないのだ。

死は間違いなくいつも存在していたのだが、最初の生命体は生きるために進化したのであり、おそらく理想的な環境にあれば無期限に若くい続けただろう。しかし現実の生活は過酷であり、老いる生物も老いない生物も、食物がなかったり病気になったりして死に至ったのだ。

単細胞の原核生物から多細胞の真核生物へ

科学者たちは、真の細胞核を持つ生物、つまり真核生物が最初に現れたのは二億年前であり、その後の地球上の生物みなと同じタイプのＤＮＡを持つ共通祖先ＬＵＣＡの子孫も、この頃に出現したと推測している。最初の真核生物は単細胞であり、そのなかには菌類、特に最初の酵母が含まれていた。この酵母もまた生物学的に〝不死〟だと考えられている。

二〇一三年に学術誌『セル』に発表された研究では、アメリカとイギリスの研究グループが、いわゆる分裂酵母の増殖の実験結果を次のように報告している。[42]

多くの単細胞生物は老化する。時間の経過とともに分裂の速度が遅くなり、最終的には死ぬ。出芽酵母では、細胞に非対称な分裂のダメージが起こると母細胞は老化し、娘細胞は若返った。我々は、この非対称性を欠いている、あるいは調整して起こらないようにした出芽酵母には老化が起きないのではないかという仮説を立てた。

寿命の延長は、ストレスによるダメージへの対処能力が増大している突然変異体や、より効率的なストレス反応システムを獲得している種にも起こる。老化しない生物では、ストレスによってダメージを生む率が上がったり、ダメージが分離の方法を変えてしまったりすると、老化が起こるのかもしれない。

これまでの老化学においては、すべての有機物が老化すると考えられている。我々は、適した環境で育った分裂酵母細胞に老化が見られないことから、この見方に異議を唱える。老化をしなかった分裂酵母は、ダメージの大きな非対称の分裂をすることによって、老化するようになる。さらなる研究で、老化するようになる変化の仕組みと、それが環境要因に影響されることを解明していく。

ヒトの体細胞は老化し、実験環境においては分裂回数が限られているが、がん細胞、生殖細胞、自己再生能力を持つ幹細胞は、不死の性質を持ったまま複製されていると考えられる。……単細胞生物における老化する種と老化しない種の戦略を比較することで、もっと高等な真核生物の複製能力や細胞の老化を決定づけるものが何かを解明できるかもしれない。

この著者たちは次の発見を強調している。

・分裂酵母は成長に適した環境では老化しない。
・対称分裂をするからといって老化をしないとは限らない。
・老化は、非対称分裂のダメージによってもたらされるストレスの後に起こる。
・ストレスの後には、老化や死に関連する複数の形質が遺伝している。

最初の真核生物のひとつだった単細胞の酵母が、理想的な環境下では老化をせずに増殖をしていた可能性は今も消えていない。進化は続き、一・五億年前頃に最初の多細胞の真核生物が現れた。その後、一・二億年前頃に多細胞の真核生物の生殖細胞と体細胞とともに有性生殖が現れた（生物学におけるほかのほぼすべてのことと同じように、例外は必ずある。すべての多細胞の真核生物が有性生殖をするわけではない）。

一九世紀の終わりには、科学者たちは生殖細胞を体細胞（somatic cell、ギリシャ語のsomaは〝体〟の意味）とはまったく違うもののように扱って調べ始めた。基本的に多細胞生物はたくさんの体細胞でできているが、生殖細胞は数は少ないものの種の保存や連続性のためには欠かせないものだ。生殖細胞は有性生殖に必要な生殖体（卵子と精子）を作り出す。加えて、生殖細胞は生物学的に不死と考えられている。これは体細胞のようには老化しないということだ。しかし体は主に体細胞からできていて、体細胞は老化するので、体のほかの部分が死ねば生殖細胞も死ぬ。

一般的に体細胞は「有糸分裂」（遺伝物質の数は変わらない）をし、体の細胞のほとんどを作り出す。生殖細胞は「減数分裂」をする（有性生殖をする生物は遺伝物質が半数の精子と卵子を作り、受精の際に組み合わせる）。

有性生殖には進化を早めるなどの多くのメリットがあるが、デメリットもあり、不死の生殖細胞しか使えないというのもそのうちのひとつだ。生物学的に見ると、体細胞は有性生殖で捨てることができるが、生殖細胞は不死（つまりその世代では老いない）であるばかりでなく、有性生殖によって世代を超えてその遺伝物質を伝達することになる。

真核細胞生物の性選択は自然淘汰（イギリスの生物学者チャールズ・ダーウィンが提唱した説）の一部であり、異性間の選択を経ることにより、ある個体がほかの個体よりも繁殖に成功しやすくなる。有性生殖は、無性生殖を行う生物の間には見られない進化の推進力にもなる。一方で、原核細胞生物の細胞には時を経る間に物質が追加されたり、突然変異によって形を変えたりすることもありながら、対称分裂や非対称分裂による無性生殖を繰り返して増殖していく（遺伝子の水平伝播のような特殊なケースでは、有性生殖とどこか似た接合、形質転換、形質導入などが起こる）。

不死あるいは〝無視できる〟老化をする生物

生物学と生命の進化は非常に魅力的で、驚きに満ちている。今日では、ここまで述べてきたように、最適な条件下では対称分裂をする細菌が示すように、生物が繁殖する目的は生きるためだ。細菌などの原核生物に加えて、酵母のように生物学的に不死な真核生物もいる。老化する生物も進化の鍵となる細胞でこの特徴を示している。真核生物の生殖細胞や幹細胞などは老化せず、つまり生物学的に不死なのだ。残念ながら体細胞は老化し、死ぬ時は体内の生殖細胞や多能性幹細胞も道連れにする。

科学が進歩し続けているおかげで、今日では生殖細胞だけでなく、体細胞も生物学的に不死な多細胞真核生物が存在することがわかっている。ヒドラは老化することなく再生できる能力のすばらしい例であり、神話上の有名なおそろしい怪物ヒュドラの話をしていた古代ギリシャの人々は、おそらくこのことを知っていたのだろう。ヒドラの名前は、頭をひとつ切り落とすとふたつ生えてくる怪物ヒュドラから取られている。

ヒドラは淡水に生息する刺胞《しほう》動物の一種だ。体長は数ミリメートルで、肉食性であり、刺胞のある触手で小さな獲物を捕える。驚くべき再生能力を持っていて、無性生殖も有性生殖も行い、両性具有だ。ヒドラはすべての個体が再生能力を持っている。つまり細胞が分裂し続けているので、損傷しても再生することができる。アメリカの生物学者ダニエル・マルティネズが一九九八年に学術誌『実験老年学』に発表した先駆的な論文にはこう書いてある(43)。

老年期とは、年齢を重ねたことによって死の可能性が高まる衰退期であり、研究されたすべての後生生物に存在することが確認されている。しかし刺胞動物の唯一の淡水種であり、最初に分岐した後生生物のひとつであるヒドラが不死かもしれないという可能性には、様々な議論がある。研究者らはヒドラが身体の組織をつねに入れ替え続けることによって老化を免れているのではないかと示唆する。しかし、この説を裏づけるデータは発表されていない。ヒドラの老化の有無を調べるために、三群のヒドラの不死率と繁殖率を四年間に渡り分析した。その結果、ヒドラが老化していることを示すデータは得られなかった。不死率は変わらず非常に低く、繁殖率にも明らかな減少の兆候は何も見られなかった。ヒドラは本当に老年期にならずに済んでいるかもしれないし、不死である可能性もある。

いくつかのタイプのクラゲも生物学的に不死かもしれないと考えられている。たとえば、小型のクラゲの種であるベニクラゲは、有性生殖の後に分化転換によって細胞を補充する。このサイクルを永遠に続けていけば、生物学的に不死になることができる。ヤワラクラゲやミズクラゲ属のクラゲたちも同様だ。二〇一五年の科学的研究ではこう示されている[44]。

沿岸で起こるクラゲの大発生のかなりの部分をミズクラゲ科が占めている。その原因は、水中の環境や人為的な原因とともに、彼らが繁殖において非常に適応力が高い傾向があるせいでもある。刺胞動物のライフサイクルが非常に適応性に富んでいるにもかかわらず、特にヒドロ虫綱では、ミズクラゲ属の一生がほぼポリプの段階に固定されていることが知られている。この研究で我々は、クラゲの幼体の退化した外胚葉から直接ポリプが形成されるのを記録した。……これは、性的に成熟したクラゲがポリプに逆戻りした初めての証拠だ。ミズクラゲのライフサイクルの概要が組み立て直されたことにより、ミズクラゲのライフサイクルを逆戻りさせる力が予想以上であることがわかり、生物学的、環境学的研究にも関係してくる可能性がある。

このクラゲたちが驚くべき変身を遂げる間に体内で起こっている分子過程は、ヒトの治療への応用を可能にする鍵となるかもしれない。日本の研究者で「不老不死のクラゲ」研究の第一人者である久保田信はクラゲで詳細な研究を行っていて、新たな研究で得られる結果に大いに期待している。久保田は『ニューヨーク・タイムズ』紙にこのようにビジョンを語っている[45]。

ベニクラゲをヒトに応用するのは人類のもっともすばらしい夢だ。クラゲが若返る仕組みを解明したら、偉業を成し遂げたことになる。人類は進化し、我々も不死になると、私は考えている。

プラナリアという虫はバラバラに切り刻んでも、完全な身体に再生することができる。プラナリアは有性生殖も無性生殖も行う。ある研究によれば、プラナリアは無限に再生することができる（つまり治る）。成体の幹細胞の増殖能力が非常に高く、しかも数が多いので、何度でも再生できる（テロメアが成長し続けるため）という。二〇一二年のある学術記事にはこう述べられている。(46)

不老不死の可能性を持っていたり、非常に長生きができたりする動物も存在するかもしれない。その動物たちが不死になった進化のメカニズムを解明することができれば、老化を軽減できるかどうかや、ヒトの細胞内の加齢に関する表現型についても、もっと詳しくわかるかもしれない。こうした動物たちは、老化したり、損傷が起きたり、病気になったりした組織や細胞を入れ替えられるのであろう。だから増殖機能のある幹細胞群を使えば、それが可能になるはずだ。

プラナリアは「刃物の下では不死身」と言われていて、不死のプラナリアの材料となる生体の幹細胞のプールの中から、分化した組織を何度でも再生することができる。

ほかの研究では、ロブスターは加齢によって弱ったり繁殖能力を失ったりすることがなく、年を取ったロブスターの繁殖能力は若いロブスターに劣らないかもしれないと示唆されている。ロブスターの長寿は、染色体末端のＤＮＡの長い反復部分であるテロメアを修復する酵素テロメラーゼのおかげかもしれない。

ほとんどの脊椎動物は胚形成期にテロメラーゼを発現するが、成体になってからはテロメラーゼを発現しない。ロブスターは脊椎動物とは違って、成体期にほとんどの組織でテロメラーゼを発現するので、それが長寿に関連しているのではないかと示唆されている。[47] しかしロブスターは脱皮しながら成長するので、不死ではない。脱皮にはより多くのエネルギーが必要であるし、殻が大きくなれば必要なエネルギーも増える。そのうちにロブスターは脱皮中に消耗して死ぬだろう。ロブスターは年を取ると脱皮をしなくなることも知られている。そうなると殻が新しくならないので、損傷したり感染したり砕けたりして死ぬ。

アメリカの生物老年学者で南カリフォルニア大学名誉教授のケイレブ・フィンチは、老化についての異なる種の比較では世界でも指折りの研究者だ。フィンチは「無視できる老化」という新語を造った。それは次のような種のことを指している。[48]

加齢が原因で起こる生理的な機能不全が存在するとか、成人の間に死にやすさが加速していくという証拠はないし、寿命の限界の特徴は何も見つかっていない。

無視できる老化とは、完全に不死というわけではなく、たとえばロブスターが脱皮中に殻が壊れて死ぬような、怪我や事故、エネルギーや身体的な限界に見舞われて死ぬ可能性はつねにあるということだ。これまでに見てきたように、細菌は非常にもろい組織を持った生物であるが、理想的な条件下であれば、その個体としてもコロニーとしても無限に生き続ける。

植物、菌類、細菌などには、一定の場所で育ち、全個体が同一の祖先から植物的な無性生殖をして生まれた、遺伝的に同一な個体によるクローンコロニーやグループが存在する。こうしたクローンコロニーのなかには何万年も生きているものもある。現在わかっている限り最大のものは、二〇〇六年にスペインのフォルメンテラ島とイビサ島との間の海中で発見された海藻のコロニーだ[49]。

一〇万歳の海藻ポシドニアの草原は、我々の最初の祖先たちが南アフリカに最初の〝アトリエ〟を作ったのとほぼ同じ頃に海底に根を下ろした。イビサ島とフォルメンテラ島との間のユネスコの保護水域内で発見された。

最長寿クローン生物のもうひとつの候補はパンド、あるいは「震える巨人」とも呼ばれる森で、アメリカのユタ州に生えている一本の雄の「震えるポプラ（アメリカヤマナラシ）」からなっている。遺伝子マーカーを調べた結果、コロニー全体が地中に巨大な根を張るひとつの生命体であることが確認された。パンドの根はおよそ八万歳であり、世界最古の生きた生命体だと考えられている。パンド全体の重さは六六〇〇トンを超えていると推定され、世界でもっとも重い生物でもある[50]。

そのほかの一万歳以上のクローン生物も、植物や菌類などの複数のコロニーが成長し、有性生殖をしたものだと確認されている。個体として最長寿なのはおそらく「岩石内微生物」（古細菌、細菌、菌類、地衣類、藻類、アメーバ）という岩や珊瑚や甲殻類の殻、岩石中の鉱物粒子間の孔に棲んでいる微生物だ。どんな生物にとっても生存に適していないと考えられていた場所に棲んでいるので、極限環境微生物であることが多い。岩石内微生物（endolith、ギリシャ語で〝石の中〟の意）は宇宙生物学者たちが特に研究してきたが、これは岩石内の環境に似た火星などの微生物群が生息できそうにない極限環境の惑星についての研究に役立てるためだ。二〇一三年、国際的なグループの科学者たちが海中の岩石内微生物についての科学的大発見を発表した[51]。

彼らは、水深二四〇〇メートルの海底に生息する細菌、菌類、ウイルスを発見したと発表した。発見されたサンプルはすでに数百万年生きていて、一万年に一度繁殖するようだという。

陸生生物にも水生生物にも長寿の動物はいるが、珊瑚や海綿もそこに含まれる。樹木の長寿な個体については、もっとも正確な推定年齢は一九六四年に切り倒して調査が行われた「プロメテウス」と名づけられた木で、樹齢およそ五〇〇〇年だった。現存している木ではプロメテウスの親類である「メトシェラ」が樹齢四八四五年と推定されている。さらに、損害を加えられないように生えている場所を明かされていない名前のない木もある（二〇一二年時点の公開情報では推定樹齢五〇六二年[52]）。これらの樹木はみなマツ科のイガゴヨウという種で、今日わかっている限り、最長寿の生物だ。わかりやすく言うと、この木はエジプトにピラミッドが建設されるよりもずっと前から生えているのだ[53]。

ウェールズのコンウィのスランゲルナウという町の教会の庭に生えている「スランゲルナウ・イチイ」という木の推定樹齢は四〇〇〇年から五〇〇〇年の間だ。この木は種としてはヨーロッパイチイである[54]。世界のほかの地域では、チリから日本に至るまで、針葉樹やオリーブなど、推定樹齢が二〇〇〇年から三〇〇〇年、あるいは四〇〇〇年のものも存在する。

スリランカのアヌラーダプラの「シュリー・マハー菩提樹」という名の神聖なるイチジクの木、インドボダイジュは紀元前二八八年に植えられたので、樹齢二三〇〇年以上だ。この木は現在わかっている限り、人間に植えられた世界最古の木であり、ゴータマ・シッタールダ、すなわちブッダがその木陰に座って瞑想し、悟りを得たというあのインドの菩提樹の直系の子孫でもある。[55]

リバプール大学の教授であるポルトガル出身の微生物学者ジョアン・ペドロ・デ・マガリャンイスは、動物の老化と長寿に関するデータベースを運営している。その中に、無視できる老化を備えた動物の興味深いリスト（野生の状態での推定寿命も併記されている）があり、現時点で確認されている最長寿も書かれている。[56]

・アイスランドガイ（*Arctica islandica*）　五〇七歳
・アラメヌケ（*Sebastes aleutianus*）　二〇五歳
・オオキタムラサキウニ（*Strongylocentrotus franciscanus*）　二〇〇歳
・トウブハコガメ（*Terrapene carlina*）　一三八歳
・ホライモリ（*Proteus anguinus*）　一〇二歳
・ブランディングガメ（*Emydoidea blandingii*）　七七歳
・ニシキガメ（*Chrysemys picta*）　六一歳

我々はこのリストに、理想的な環境下のヒドラ、クラゲ、プラナリア、細菌、酵母を加えることができる。さらに最近の発見では、ニシオンデンザメ（*Somniosus microcephalus*）は現在わかっている限り、四〇〇歳まで生きられるという。これらはみな無視できる老化を備えている種で、研究を続けると、これから非常に多くのことがわかるだろう。[57]

ヒトにも老化しない多能性幹細胞があるのだから、条件は同じだ。ただし、ヒトの身体の大部分を占める体細胞は老化する。ヒトの長寿の記録は、一八七五年二月二一日に生まれて一九九七年八月四日に死亡したジャンヌ・カルマンだ。カルマンはフランスのスーパー百寿者（百寿者は一〇〇歳以上まで、スーパー百寿者は一一〇歳以上まで生きている人を指す）であり、一二二年と一六四日生きたとして、史上最長寿の人として認められた。彼女は生涯を南フランスのアルルの街で過ごし、フィンセント・ファン・ゴッホに会ったことがあり、一二〇歳、一二一歳、一二二歳を迎えたことが確認された歴史上で唯一の人である。カルマンは年齢にしては非常に活動的な生活を送り、八五歳までフェンシングの練習を続け、一〇〇歳まで自転車に乗っていた[58]。

ヒトの老化について解明するために、百寿者やスーパー百寿者の遺伝的要因、環境要因から栄養までを調査している研究グループがある。しかしヒトは今も年を取り、老化によってつらい思いをしているので、無視できる老化を備えた生物の研究が欠かせない。

ヘンリエッタ・ラックスの〝不死〟細胞

ヘンリエッタ・ラックスは一九二〇年八月一日にヴァージニア州で生まれ、一九五一年一〇月四日にメリーランド州で死亡した女性で、タバコ農園で働いていた。結婚する前はロレッタ・プリーザントという名前で、貧しいアフリカ系アメリカ人の家庭に生まれ、ヴァージニア州ハリファックスに住むいとこのデイヴィッド・ラックスと結婚し、その後メリーランド州ボルティモア近郊に引っ越した。そしてボルティモアで、がんのため亡くなった。

ヘンリエッタ・ラックスの物語はサイエンスライターのレベッカ・スクルートのベストセラー『ヒーラ

細胞の数奇な運命――医学の革命と忘れ去られた黒人女性』で詳しく語られている。この本は二〇一〇年に出版されたが、それから二年間ベストセラーリストに載り続けた[59]。

ヘンリエッタ・ラックスはアフリカ系アメリカ人の女性で、五人の子供がいたが、三一歳だった一九五一年に子宮頸がんで亡くなった。医師たちは本人に知らせることなく、彼女の子宮頸部の組織のサンプルを検査のためにジョンズ・ホプキンス大学病院に送っていた。そのサンプルを培養した医師たちは、最初の生きていて、驚異的なスピードで増殖する不死の細胞系を得た。ＨｅＬａ《ヒーラ》細胞と名づけられたこの細胞系は、ポリオワクチンやＡＩＤＳ治療など医学の発展に貢献した。

一九五一年二月一日、ラックスは膣からの出血と子宮頸部に痛みを伴うしこりがあることを訴えて、ジョンズ・ホプキンス大学病院を受診した。その日、彼女は子宮頸がんと診断されたが、その腫瘍は診察した婦人科医が今までに見たことのないタイプのもののようだった。医師らは腫瘍の治療を始める前に、ヘンリエッタに知らせず、同意も取らずに研究のためにがん腫から細胞を採取した（当時はそれが普通だった）。八日後、ヘンリエッタが再び来院すると、ジョージ・オットー・ゲイ医師はまた腫瘍のサンプルを取り、その一部を取っておいた。この二度めに取ったサンプルがいわゆるＨｅＬａ細胞（患者の名前ヘンリエッタ・ラックスから取って名づけられた）の元となった。

ラックスは、一九五一年当時にはがんの標準的な治療法だった放射線治療を数日に渡って受けたが、病状は悪化し、八月八日にはまたジョンズ・ホプキンス大学病院にやって来て、そのまま自宅に帰ることはなかった。治療や輸血を受けたものの、一九五一年一〇月四日に肝不全で亡くなった。部分的な解剖が行われた結果、がんは体のほかの部分にも転移していた。

ゲイ医師はヘンリエッタのがん細胞を入念に調べ、ＨｅＬａ細胞が今までに見たことのないような働きをしていることを発見した。細胞培養をしている間も生き続け、成長していたのだ。研究室の環境でも成長し、生物学的に〝不死〟（何度か細胞分裂をした後にも死なない）であり、様々な実験に使うことができた。医学と生物学の研究に多大なる進歩をもたらした。

医師でウイルス学者のジョナス・ソークはＨｅＬａ細胞を用いてポリオワクチンを開発した。ソークの新たなワクチンをテストするために、短時間に大量に培養されたが、これはヒトの細胞の最初の〝工業的な〟培養だったと考えられている。大量に増殖させられたＨｅＬａ細胞は世界中の科学者のもとに行き渡り、がん、ＡＩＤＳ、放射線や有害物質の影響、遺伝子マッピングなど数知れぬ科学的な研究に使われた。ＨｅＬａ細胞は絆創膏や接着剤、化粧品など、我々が日常的に使っている製品に対する人間のアレルギー反応を調べるのにも使われた。

一九五〇年代以降、科学者たちは二〇トン以上のＨｅＬａ細胞を作ってきた。一九五五年に最初にクローン化されたのもＨｅＬａ細胞だった。ＨｅＬａ細胞に関連する特許は一万一〇〇〇件以上あり、ＨｅＬａ細胞を使った学術的な実験が世界中で七万件以上行われている。パーキンソン病や白血病、乳がんなどのがんの遺伝子治療や遺伝子治療薬があるのもＨｅＬａ細胞のおかげだ。[60]

ＨｅＬａ細胞は現在では試験管内で培養された最古のヒトの細胞系統であり、もっともよく使われている細胞でもある。がん細胞であるＨｅＬａ細胞は通常の細胞とは違い、実験室内でコンスタントに培養することができるので、「不死細胞」と呼ばれている。現在我々はＨｅＬａ細胞のおかげで、ほかのタイプの不死のがんもあること、つまりがん細胞は老化しないということを知っている。

ＨｅＬａ細胞はがん研究にも非常に役立ってきた。ほかのがん細胞と比べても異常に速く増殖するのだ。テロメアが徐々に短くなることは老化や死を引き起こすが、ＨｅＬａ細胞では細胞分裂の際にそれを防ぐ酵素テロメラーゼが活性化している。だから次の章で詳しく述べるように、通常の細胞のほとんどは細胞分裂のせいで死ぬが、ＨｅＬａ細胞は、ヘイフリック限界と呼ばれる細胞が分裂できる回数の限界には関係なく無限に分裂できる。

がんの大きな悲劇は、ほかの病気とは違い、がん細胞は老化せず増殖し続けることだ。だからがんは、できる限り早くに殺してしまわなければならない。がんはひとりでに死なない。それどころか成長と増殖を続け、体中に広がっていく。がんは体を食べていくことによって「転移」し、やがてその生物そのものが死ぬ。

生物学的な不死は可能か？

ここまで、無視できる老化をする生物、つまり実質的に老化しない生物種が複数いることを見てきた。我々の体の中で〝もっともよくできた〟細胞（生殖細胞）は老化しないとも考えられる。さらに体の中で〝もっともよくない〟細胞（がん細胞）も老化をしないことがわかっている。だから、生物学的な不死は可能かという質問自体が間違っている。可能だと、すでにわかっているからだ。

ここまで述べてきたように、問題はヒトの老化をいつ止めることができるかなのだ。

アメリカの生物学者でカリフォルニア大学アーヴァイン校のマイケル・ローズは老化学説の専門家であり、『死を科学的に打ち負かす』に収録されているエッセイで「生物学的な不死」がどのようにして可能

かを説明している。(61)

老化は全生物に必ず訪れるのだろうか？　明らかにそうではない。すべてのものが老化していくなら、精子と卵子（生殖細胞系）を何百年万年もの間、作り続けてこれなかったはずだ。あなたが一生の間に食べるバナナはほとんど、プランテーションで作り出された不死のクローンから獲れたものだ。哺乳類のように生殖細胞系が早い段階で体のほかの部分と分かれている生物でも、卵子や精子（生殖細胞）を作る細胞の生存と複製は何億年もの間続けられている。生命は無限に続いていくのだ。

しかし、もしも生命が自己を無限に増殖することができたとしても、老化せず、生物学的に不死の状態で生きている生物はいるだろうか？　死について、はっきりさせておかねばならないことがある。研究室で飼われている生命体は老化がなくても死んでいく。研究室で生物が死んだからといって、その種が不死になるのは不可能だということを示すわけではない。軟らかい体の植物、動物、微生物は研究室での機械的な事故によって死んでしまうだろう。致死性の変異がいつ、何歳で起こって、死んでしまうかわからない。生きているものをすべての病気からずっと完全に守り続けるのは不可能だ。老化の影響を受けなくなるからといって、絶対に死ななくなるわけではない。生物学的に〝不死〟の生物も死ぬことはまれではない。ただ、死がそもそもの成り立ちから内在する不可避のプロセスではないだけだ。死は老化とイコールではない。生物学的な不死で死と無縁になれるわけではないのだ。

不死を示すには、生存率と生殖に老化が関連しないことを示さねばならない。こうしたパターンを示す散発的な例は、植物やイソギンチャクのような単純な構造の動物でたくさんある。しかし、私が知る限り最良の定量的データはマルティネズによるもので、彼はかつては高校の生物で定番だった水生生物ヒドラが死ぬ確率を調べた。その結果、彼が調べたヒドラは非常に長い期間、生存率が大きく落ちることがなかった。それでもまったく死なないわけではないが、老化が原因と見られるような状況では死んでいない。ほかにも小動物で比較可能なデータを集めた研究者もいる。生物によって、不死である場合と、そうではない場合があった。不死の種は無性生殖をしている。

さらに、熱力学の法則にのっとって生物の不死の進化を考えてみると、寿命に制限があるのは間違っている。ここで熱力学の法則を持ち出すのは、専門外ではある。この法則は閉鎖系にしか適用できないからだ。地球上の環境は閉鎖系ではない。地球は太陽から多大なエネルギーを投入されている。

それでも専門の生物学者のなかには、不死は絶対にあり得ないものだという非常に強い予断を持っている者もいる。老化はすべての生物に必ず備わっているわけではない。生物学的に不死の生物は存在する。

ローズは長寿研究のパイオニアであり、キイロショウジョウバエの寿命を四倍に延ばすことに成功した。一九九一年、ローズは著書『老化の進化論――小さなメトセラが寿命観を変える』の中で、老化は人生の早い時期とずっと後になってからの二度影響を及ぼすある遺伝子によって引き起こされるという仮説を唱えた。遺伝子は若い時に利点があるおかげで自然淘汰に際して有利であるが、ずっと後になって現れる副作用が老化である。人生の後の段階で止めることができるとローズは主張し、モデル動物のキイロショウジョウバエの寿命を四倍に延ばしたことをその裏づけとしている。

我々もローズと同じように、老化を遅くしたり、止めたり、確実に逆行させることができると考えている。「概念実証《プルーフ・オブ・コンセプト》」［訳注：新しい技術や理論の実現可能性を検証するために簡易的なテストや実験を行うこと］

はほかの生物では存在しているので、今の問題はそれをヒトでも成功させることだ。理論から実践へ移る時なのだ。

第2章 老化とは何か

ある動物が長生きで、ある動物は短命である理由、つまり寿命の長さや短さの理由を調べる必要がある。

紀元前三五〇年、アリストテレス

老化は病気であり、ほかの病気と同じように治療するべきだ。

一九〇三年、イリヤ・メチニコフ

老化は自然ではない。

二〇一六年、マリア・ブラスコ

老化は可塑性のあるものであり、操作することができる。

二〇一六年、フアン・カルロス・イズピスア・ベルモンテ

老化は病気であり、もっともありふれた病気であるので、積極的に治療するべきだ。

二〇一九年、デイヴィッド・シンクレア

老化の科学的な研究は比較的最近のものであり、若返りの科学的研究はさらに最近始まったものだ。少し誇張して言うと、現代の老化についての科学的研究はまだ数十年の歴史しかなく、さらに若返りについての現代の科学的研究の歴史はまだ数年しかないと言える。どちらの研究者たちも研究室での実験の段階

から始めたばかりで、最初はモデル動物で、そのうちにヒトに応用できるようにしようとしている。幸い、科学界の内外の人たちが続々と、ヒトの老化を遅らせたり、逆行させたり、若返らせたりする科学的な治療がもうすぐ実現することを理解し始めている。

紀元前四世紀、古代ギリシャの哲学者アリストテレスは、世界で初めて植物と動物の両方で老化の科学的な研究をした人物のひとりだ。二世紀にはギリシャ人の医学者ガレノスが、老化は若い年齢のうちから体の変化や衰えという形で始まっていると主張した。一三世紀のイギリスの哲学者であり聖職者であるロジャー・ベーコンは〝消耗〟説を唱えた。一九世紀にはイギリスの博物学者チャールズ・ダーウィンが、進化論を踏まえた老化研究とともに、プログラムされた老化とプログラムされていない老化という大きな議論の扉を開いた。[62]

老化する生命体、より老化する生命体、老化しない生命体

第1章で述べたように、老化しない生物が存在するとともに、老化しない細胞も存在し、それはヒトの体の中にもある。脳を含む体のどこでも完全に若返らせることができる生物もいる。[63] つまり、老化はひとつのまとまったプロセスではなく、老化しない生命体もいれば、ほとんど老化を示さない生命体もいる。

今日では同じ種のなかでも、老化する生物と老化しない生物がいることがわかっている。これは繁殖のタイプによる違いだ。概して、無性生殖をする生物は老化しない傾向があり、一方で有性生殖をする生物は老化し、同じ種の雌雄同体の個体も老化する。

さらに同じ種のなかでも、雌、雄、雌雄同体の各個体間では老化する率が違う。雌と雄の寿命が違う種

や、雌雄同体の種でもどちらの働きをするかで寿命が異なるものがある。社会性昆虫のコロニーでは個体間で老化に非常に差がある。たとえば雄バチと女王バチと働きバチでは大きく違う。

変温動物である昆虫や無脊椎動物では、環境も寿命に大きな影響をもたらす。たとえば体温のレベルと餌の総量は蠕虫やハエの寿命を大きく変える。気温を下げ、カロリーを制限すると寿命が延びる種もある。

老化のプロセスの一部をコントロールする遺伝子は、いくつか特定されている。線虫のage-1、daf-2、ショウジョウバエのＦＯＸＯなどだ。これらの遺伝子と、さらに後に発見された遺伝子は哺乳類にも共通のものがあるので、その仕組みを調べることは、ヒトの老化のコントロールでどのように働くかを知るために非常に重要だ（現在では老化を遺伝的に緩和できることもわかっている）。

時間とは相対的な概念だが、生物のなかには短命なものも長命なものもいるのは、みな知っている。短命なほうのトップクラスの生物にはカゲロウと呼ばれる原始的な昆虫がいて、成体になってから一日ほどしか生きない。一方で長命な生物のトップはヒトで、（無視できるほど老化が少ない生物と同様に）一〇〇年以上生きられる。今日では何百年あるいは何千年も生きる個体もあって、その潜在的な寿命の限界がわかっていない生物もいる。

二〇〇〇年以上も前にアリストテレスが述べたように、植物と動物も老化の仕方が異なる。動物細胞と植物細胞には大きな違いが見られるが、それが結果として老化の仕方に影響を及ぼし、老化をしない種や、「多年生植物」（たとえばセコイア）のような老化が無視できるほど少ない種にも影響を与えている。たとえば細菌や菌類は、生殖の仕方や対称分裂率、細胞と染色体のタイプによって老化するかしないかが決まる。

同じ生物の中の細胞でも寿命が長いものと短いものがある。たとえば、ヒトの精子の寿命は三日（生殖細胞は老化しないにもかかわらず)、腸管の細胞の寿命は通常四日、皮膚細胞は二、三週間、赤血球の細胞は四カ月、白血球の細胞は一年以上であり、大脳新皮質のニューロンはヒトの一生の間、生き続ける。今日では、脳のいくつかの領域のニューロンは再生できることがわかっている。最近まで脳のそれぞれの領域にも幹細胞があると考えられていたのとは異なっている。(64)

ほとんどの細菌の細胞のように環状染色体を持つ細胞は通常、理想的な環境にあれば生物学的に不死だ。一方で、多細胞生物の体細胞のほとんどを占める線状染色体は通常、がん化して老化が止まらない限り、不死ではない。

今日がん細胞は、老化する通常の体細胞に転移することによって生物学的に不死になることがわかっている。がん幹細胞は現在、通常の体細胞の生物学的な不死化についての鍵を得るために研究されている。つまり、がん細胞はヒトにとって有害なものであるにもかかわらず、老化の謎を解明する助けになっているのだ。

がん細胞はテロメラーゼという酵素を作って、体細胞の末端にあるテロメアの長さを延ばす。多くの種の体細胞は成体ではテロメラーゼが発現しないが、発現する場合もあり、その場合はプラナリアや両生類などに見られるように、細胞レベルではつねに再生を続ける。

この例でわかるのは、生物はこれまで何十億年もの間、実験を続けて生きているということだ。違う生命体、違う種、違う方法の生殖、違うタイプの性別、違う形の細胞、違う成長パターン、老化しないことも含めた違う老化モデルで。

ルーマニアの老年病専門医アンカ・イオヴィタは二〇一五年に著書『生物種の間の老化のギャップ』を刊行した。イオヴィタは「木を見て森を知る」から始めたと書いている。(65)

老化は解明すべきパズルだ。

このプロセスは伝統的に、ショウジョウバエとか線虫とかマウスなどの限られた種類の実験動物で研究されてきた。この動物たちに共通するのは老化のスピードが速いということだ。これは研究室の予算にとってすばらしい利点だ。短期の戦略としてはすばらしい。何十年も生きる種の研究をする時間がある者がいるだろうか？

しかし、種による寿命の違いは研究室で実験できるものよりもはるかに大きい。だから私は無数の情報源を当たって、非常に専門的な研究を調べ、わかりやすい本を書くことにした。森を知るために木々を見ることにしたのだ。私は種による寿命の違いをわかりやすく、論理的に順を追って示したいと思ったのだ。本書はまさにその試みだ。

老化は避けられないものだ。あるいは、私はそう教えられた。私は誰か権威のある人の言葉だからといって、その内容を額面通りには受け取らない性質《たち》だ。だから私は、まずすべての種の老化はみな同じなのかどうかを調べることにした。その答えを探しているうちに、私は老年学で使われている「モデル生物」に多様性がないことを知り、驚いた。私には何の制限もなかったので、非常にマイナーな論文にまで目を通し、ほかの種がどのように老化するのか、その違いを引き起こすのは何なのかを探った。

ペットを飼ったことがある人なら、種によって寿命は大きく違うことを知っているだろう。飼い主は一〇年経ってもあまり変わらないかもしれないが、犬や猫はすでに加齢に関連する病気にかかっている。寿命の大きな差異は、同じ種の個体間にも、違う種の間にも存在する。種によって老化が大きく異なるのは、どういう仕組みが引き起こしているのだろう？

この本の中でイオヴィタは、老化について現在の科学で解明されていることをうまくまとめている。（細菌からクジラまで）種によって老化に大きな違いがあること、老化やネオテニー（成熟した個体でありながら、幼体の性質が残る現象で、成体における若返りなども指す。ギリシャ語の〝延長された若さ〟という言葉からきた名前）や早老症《プロジェリア》（ギリシャ語の〝老いること〟に由来）に関する異なる学説などと、幹細胞、がん、テロメラーゼ、テロメアなどの基本的な項目についても説明されている。イオヴィタはこう締めくくっている。

老化は可塑《かそ》的な現象だ。しかし種による寿命の違いは、実験室で作り出されてきた様々な長さの寿命よりもずっと大きい。だから私は数えきれないほどの情報源に当たって高度に専門的な研究の情報を集め、わかりやすい本にまとめることにした。私はあえてその答えを平易な英語で書くことにした。老化の研究は、堅苦しい科学の専門用語という閉ざされた扉の向こうに隠しておくには、あまりに重要だからだ。

老年学が科学として発展していくには、マウスや線虫のような短命の種を調べるだけでなく、海綿やハダカデバネズミやウニやホライモリや多くの一〇〇〇年以上の樹齢を持つ木々のような、非常にわずかながら徐々に老化を示す種を調べることが必要だ。老化によって死亡率が上がり、繁殖率が下がるなら、無視できるほどしか老化をしない種では、死が自然の偶発的な出来事であることを間接的に示している。

長寿の種では成体の体細胞でもテロメラーゼが発現し続けていて、その結果少なくともその組織の一部は再生されている。こうした種は、成体でテロメラーゼが発現しているにもかかわらず、がん罹患率は高くならない。おそらく細胞をコントロールする一方で、がんを防ぐ新たなメカニズムを発達させているのだろう。ハダカデバネズミは体細胞にテロメラーゼが多量に分泌されているが、がんに罹らないと考えられている。

このプロジェクトの重大さが、私にこの本を書かせている。これから発見すべき種は数えきれないほどある。やってみるべき老化に関する実験も、立てるべき仮説もたくさんある。老化は自然の偶発的な出来事だ。そして老年学は老化を研究する科学であり、老化という難問を解くために生まれた分野なのだ。

老化の科学的研究の起源

一九世紀の終わり、ダーウィンが提唱した進化論という革命的な学説がまだ科学界で定着せずに苦戦していた頃、ドイツの生物学者アウグスト・ワイスマンが一八九二年に遺伝資源の不死を元にした遺伝の学説を立てた。その学説によると、遺伝資源は新たな細胞が発生するために必要な物質だ。この物質は精子と卵子の結合によってできていて、世代が変わることによって途切れない基本的な連続性を形作っている[66]。

この説は当時ワイスマニズム（ネオダーウィニズム）と呼ばれ、遺伝情報は生殖腺（卵巣と睾丸）の生殖細胞を通してしか伝達されず、体細胞によっては伝達されないことが定説となった。フランスの生物学者ジャン＝バティスト・ラマルクの説には反し、体細胞から生殖細胞に情報は伝えられないという考えは〝ワイスマンの壁〟と呼ばれた。ワイスマンの新たな説は近代の遺伝学の発展を予感させた。

ワイスマンは、体細胞が不死ではないのに対し、遺伝資源は不死であると主張した。ワイスマンはさらに、死はすべての生命に内在しているものではなく、進化上の発達に必要だったため（適応していない、優れていない生物を排除するため）に後から獲得されたものだと仮定した。[67]

死は偶然に発生したその種にとって有利な外的条件だと考えるべきで、生命そのものに組み込まれた欠かすことのできない必要な要素ではないと考えるべきだ。死は生命の終わりであり、通常考えられているようなすべての生命が必ず迎えるはずのものでは決してない。

死ぬのかどうかと寿命の長さは、短い場合も長い場合も、完全に適応によって決まる。死は生きているものすべてが必ず辿り着く運命ではない。生殖に関連するとは限らないし、生殖に必要な結果でもない。

そのすぐ後に、ロシア系フランス人の生物学者で一九〇八年にノーベル生理学医学賞を受賞したイリヤ・メチニコフも、進化と不死について同様の主張をした。彼は、不死なのは生殖細胞だけではないと述べた。多細胞生物も不死になることが可能だというのだ。当時、単細胞生物には不死の可能性があるが、多細胞生物にはあり得ないと考えられていた。そこへワイスマンが、生殖細胞は生物学的に不死だが、体細胞は不死ではなく、死は進化上に必要な役割を果たしているだけで、もともと必要なわけではないと示したのだ。

メチニコフはフランス人の生物学者ルイ・パスツールと共同で研究し、「老年学」（gerontology、ギリシャ語で〝老年を研究する〟の意）という新語を造ったので、一般に老年学の父として知られている。メチニコフは、死は生物みなにあらかじめプログラムされている必要なものではない、その理由は単細胞生物と生殖細胞は不死になれるからだ、というワイスマンの主張に同意した。しかしメチニコフは自然死が進化上有利であるという点には賛成していなかった。本人の言葉によると〝通常の老化〟と〝自然死〟は自然界ではほとんど起こらないからだ。弱った生物は外的な要因（捕食、病気、事故、競争）によって排除され、〝自然に老化〟したり、老衰によって自然死するまで生きていられる可能性がほとんどないのだ。老化と老衰が自然界でほとんど起きないのだとしたら、それによる自然淘汰はできないし、ましてや競争上有利になることなどない(68)。

数年後、フランス系アメリカ人の生物学者で一九一二年にノーベル生理学医学賞を受賞したアレクシス・カレルが、体細胞が無限に生きられる可能性を示す実験を行った。カレルはその後も一九四四年に亡くなるまで、長寿や不死の細胞、組織培養や臓器移植の研究を続けた。カレルの没後からしばらく経った一九六一年に、アメリカの微生物学者レナード・ヘイフリックが、多細胞生物の体細胞は死ぬまでに一定の回数しか分裂できないことを発見した。ヘイフリックは、生殖細胞（とがんにかかった細胞、ＨｅＬａ細胞でも実験した）は生物学的に不死であるが、体細胞は不死ではなく、ある一定の数の分裂をした後に死ぬことを発見した。その回数はその細胞や生物のタイプによるが、細胞ひとつあたり一〇〇回を超えるものはないということを確認した。この発見は今日ではヘイフリック限界と呼ばれている(69)。

二〇世紀における老化研究の歴史は本当に活気に満ちていた。主に頭の中で考えていた学説を実際に実験するようになった。そのなかには間違っていたり、結果が出なかったりするものもあった。二〇世紀の老化研究では、ドイツ、ロシア、フランス、アメリカのトップクラスの科学者たちが先頭に立って牽引していた。ロシア系イスラエル人の研究者イリヤ・スタンブラーは著書『二〇世紀における寿命延伸研究の歴史』にこうした物語をすべて詳しく書いている。スタンブラーは二〇一四年に刊行された四つの章からなるこの大作の最初に、こう書いている。[70]

本書では二〇世紀の寿命延伸研究の歴史を探る。「寿命延伸」という言葉は、寿命の大幅な延伸（現在の予想寿命よりはるかに長い延伸）をうたった理論上のシステムが倫理的に望ましいものであるか、そして意図的な科学的努力によって実現することが可能であるかを意味している。本書では、二〇世紀の寿命延伸主義者の考えの主な流れを時系列に沿って振り返りながら、イリヤ・メチニコフ、バーナード・ショー、アレクシス・カレル、アレクサンドル・ボゴモーレッツなどによる、それぞれの時代や傾向を代表する中心的な研究を紹介する。彼らの研究は社会的、文化的な文脈の中で、政治の大変動や社会や経済のパターンと関連づけて、もっと大きな現代の社会的、イデオロギー的な論説としてとらえられている。次の各国の経過を振り返っている。フランス（第1章）、ドイツ、オーストリア、ルーマニア、スイス（第2章）、ロシア（第3章）、アメリカとイギリス（第4章）。

本書には三つの大きなテーマがある。第一は、寿命を延ばしたいという非常に強い目的から二〇世紀の間に行われた生物医学全般のいくつかの方法を確認し、その詳細を述べたい。単なる希望でない、ヒトの寿命を大きく延ばしたいという願いは、生物医学の研究や発見の非常に大きな動機になっていたが、それはあまり認識されていなかったことも本書では述べていく。生物医学という科学の新たな分野の起源を辿ると、寿命の大幅な延伸の追求に行き当たることがしばしばある。要素還元的な方法と全体論的な方法との間の大きな意見の対立についても強調したい。

二つめのテーマは、大幅な寿命延長を提唱している人たちの思想的、社会経済的背景を調べることだ。これは、寿命の延長を望むことにイデオロギーや経済状況がどのように影響しているか、また推進している研究にどんな影響を与えているかを判断するためだ。そのために、著名な長寿推進論者数人の経歴を調べている。彼に前提となるイデオロギーが特にあるか（宗教や進歩に対する態度、人類の進歩の可能性に対して悲観的か楽観的か、倫理的な規範）とともに、社会経済的な状況（研究を行い、特定の社会的、経済的環境に広めることができるかどうか）も調査した。これは、どういう状況が寿命を延長したいという考えを促進したり減退させたりするのかを知るためだ。

三つめのテーマはもっと一般的で、寿命延伸主義者の研究のおおまかなリストを作ることだ。このリストに基づいて、方法や公言されているイデオロギーは非常に違っていても、生命や不変性の評価のような、寿命延伸主義者に共通する傾向と最終目的を確認することができる。本書は、生物医学の歴史の中でもほとんど調査されてこなかった、生物医学の進歩に寄せられてきた過激な期待を理解することに貢献できるだろう。

二一世紀の老化学説

二〇世紀に大きな進歩を遂げたにもかかわらず、普遍的に受け入れられている老化の学説はまだない。実際、現在のところたくさんの学説が競い合っている状態で、それらは様々に分類できる。たとえば、カリフォルニア大学バークレー校のあるコースでは四つの主なタイプが検討されている。分子説系、細胞説系、プログラム説系、進化説系で、それぞれに三つ以上の説がある。合計で十数個の説を四つの主なグループに分類しているのだ。コドン制限説、エラーカタストロフィー説、体細胞変異説、脱分化説、遺伝子調節説、消耗説、フリーラジカル説、アポトーシス（プログラム細胞死）説、細胞老化説、生存率説、神経内分泌説、免疫説、体細胞廃棄説、拮抗的多面発現説、有害突然変異蓄積説だ。[71]

先ほど述べたポルトガルの微生物学者ジョアン・ペドロ・デ・マガリャンイスは、ダメージ理論とプログラム老化説を研究しているが、これは一般的な分類でもある。[72]生物学者のなかには、遺伝によるものとよらないものというように大きくふたつに分類する者もいる。進化論的な説や生理学的な説（さらにプログラム説と確率説あるいは非プログラム説に分けられる）で分けるという者もいる。共通しているのは、ますます多くの科学者たちが老化は体系的に研究しなければならないと考えるようになっていることだ。それは、次に示す世界中の高名な科学者数人の署名がある二〇〇五年の「老化研究に関する科学者たちの公開状」が証明している。[73]

すでにいくつかの異種の動物実験（線虫、ショウジョウバエ、エイムズ・ドワーフ・マウスなど）で老化を遅くし、健康寿命を延ばすことに成功していることを我々は知っている。だから共通のメカニズムがあると推測されるとともに、ヒトの老化も遅くできるのではないかとも考えられている。

老化の仕組みを解明すればそれだけ、がん、心疾患、Ⅱ型糖尿病、アルツハイマーなど加齢に伴って衰えていく病気を、よりうまく制御できるだろう。老化の基本的なメカニズムを標的にした治療が行うことができれば、こうした加齢関連疾患に対抗するために役立つだろう。

しかしこの手紙は、老化のメカニズムとそれを遅らせる方法について、さらに大規模な出資と研究のためのアクションを呼びかけるものだ。こうした研究は、加齢関連疾患との戦いそのものよりも、はるかに大きな恩恵をもたらすかもしれない。老化のメカニズムは近年非常に詳しく解明されてきて、非常に多くの人々の健康で生産的な寿命を延ばすのに効果的な治療も開発されるだろう。

老化に関する議論は活発化し、ロシアから中国、アメリカまで世界に広がっている。たとえばロシアの科学者グループは二〇一五年、学術誌『アクタ・ナチュラエ』に「老化学説――発展し続ける分野」という論文を発表した[74]。

老化は何百年もの間、研究の中心になってきた。ヒトの平均寿命を延ばすことに関しては大きな進歩はあったが、老化のメカニズムについてはその大部分が解明されておらず、残念ながらみな避けられない。この記事では、現在ある老化学説の数々と老化解明への取組みを紹介する。

遠く離れたアメリカでは、ノーステキサス大学医科学センターの中国系の科学者クンリン・チン博士が二〇一〇年に「現代生物学における老化学説」という論文を学術誌『老化と疫病』に発表した[75]。

分子生物学と遺伝学の最近の進歩にもかかわらず、ヒトの寿命のコントロールに関する謎はまだ解明されていない。多くの学説があるが、それは大きくふたつに分けられる。プログラム説とエラー説であり、どちらも老化のプロセスを説明しようとしているが、どちらもすべてを説明できているとは言えない。こうした説は互いに複雑に影響し合っている。現在ある説と新たな説を理解し、検証することで、うまく老化できるようになるかもしれない。

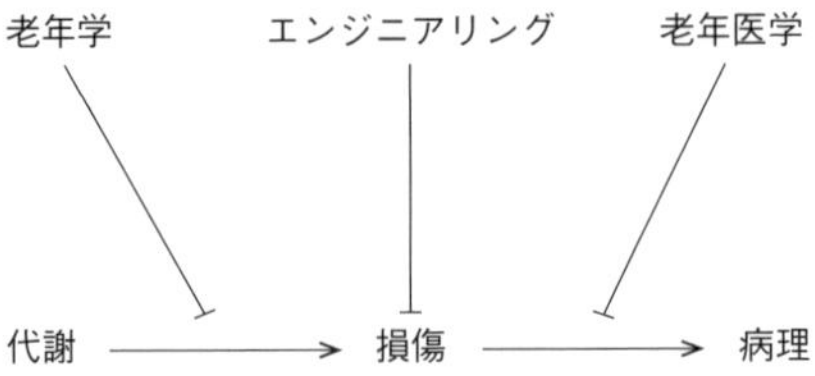

図 2-1　若返りバイオテクノロジー研究戦略
出典：オーブリー・デ・グレイ。

古いものから新しいものまで、この学説の洪水に直面したオーブリー・デ・グレイは、二〇世紀の終わりに、老化についてのすべての情報を体系的に収めるシステムを構築する作業を始めた。デ・グレイはまずケンブリッジ大学でコンピュータサイエンスと情報処理を学び、生物学者や医師というよりもエンジニアや技術者としてビジョンを立てた。彼の寿命延伸を目指すアプローチはＳＥＮＳ（Strategies for Engineered Negligible Senescence、加齢を取るに足りないものにするための工学的な戦略）と呼ばれている。二〇〇二年、彼はブルース・エイムス、ジュリー・アンダーセン、アンジェイ・バートケ、ジュディス・カンピシ、クリストファー・ヒュワード、オルガー・マッカーター、グレゴリー・ストックら著名な医師や生物学者とともに、初めてこの考えを論文で発表した[76]。

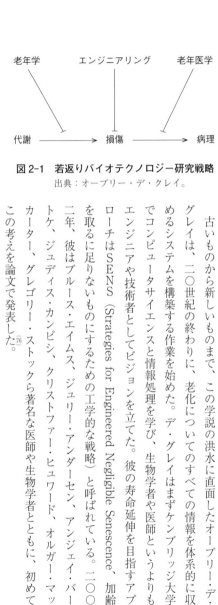

この言葉で重要なのは、ヒトの老化を医学的な治療で巻き戻せるようになることは、我々は生物学的に若い状態のまま過ごせる時間を延ばせるということだ。そのために、デ・グレイは現在までに行われている研究をすべて詳細に調べ、老化のプロセスに関連する主要な七種類のダメージがあることに気づいた。彼はその七種のダメージが、数十年前である一九八二年にはすべて知られていたことも発見した。

それ以降、生物学は非常に進歩しているが、まだ新たな種類のダメージは誰にも発見されていない、とデ・グレイは述べる。これは、今日組み合わさって老齢に関連して起こる衰弱や病気などへのかかりやすさをもたらす重要な原因を、我々はすでに知っていることを示唆している。ダメージへの生物工学的な新たな対処法には、代謝に対する老年学と疾病に対する老年医学の両方を用いる。図２－１はＳＥＮＳの戦略を示している。

老化の七つの原因とはどんなものだろうか？　死を招く七つのダメージだろうか？　七つとも通常は細胞の内外の顕微鏡レベルの世界で起こる。ちょっとしたダメージなら普通はそのヒトに害はない。しかし長年の間に蓄積していき、しかもそれが加速していったら、ヒトが衰弱して死ぬ原因になる。デ・グレイは著書『老化を止める７つの科学――エンド・エイジング宣言』で、この七つの原因を説明している。(77)

（一）細胞内蓄積物
（二）細胞外蓄積物
（三）核ＤＮＡの突然変異
（四）ミトコンドリアの突然変異
（五）幹細胞の枯渇
（六）老化する細胞の増加
（七）細胞外における架橋形成

デ・グレイが最初に自分の考えを述べた時、多くの人々が彼を食わせ者だとか正気ではないと言った。多くの〝専門家〟が彼を攻撃し、彼の考えには科学的な根拠がないと断言した。この議論は二〇〇五年、ついに権威ある学術誌『ＭＩＴテクノロジーレビュー』にまで波及し、同誌の編集長がＳＥＮＳ計画が「間違っていて、学問的な議論に値しない」ことを最初に証明した者に二万ドルの賞金を出す、と発表した。(78)そのために権威ある科学者と医師合わせて五人からなる審査員団が結成され（メンバーはロドニー・ブルックス、アニタ・ゴエル、ヴィクラム・クマール、ネイサン・ミルボルド、クレイグ・ヴェンター）、オーブリー・デ・グレイの説に対する批判を検討した。大々的に行われ、大金がかかっていたにもかかわらず、批判はみなSENS計画に対する一貫した主張というよりは個人攻撃のようだった。数カ月の間に何度か議論された結果、デ・グレイの考えが誤っていると証明できた者はいなかったので、受賞該当者なしと発表された。しかしそれでも〝専門家〟のなかには個人的な偏見から攻撃をやめない者もいた[79]。

二〇〇五年以降、世界は変わった。近年の科学の大きな進歩によって、オーブリー・デ・グレイの元のアイデアは否定されるどころか強化されてきた。学術誌『スミソニアン』に二〇一七年に掲載された記事では、『MITテクノロジー・レビュー』誌掲載の「寿命延伸の疑似科学とSENS計画」というデ・グレイを非難する記事について触れている[80]。

古参の老年学研究者ばかりである九人の共著者たちは、デ・グレイのポジションについて厳しい意見を言っている。「彼は優秀だが、老化の研究においては経験がない」共著者のひとりで、マサチューセッツ大学医学部の分子生物学、細胞生物学、がん生物学教授のハイディ・ティッセンバウムはそう書いている。「我々は驚いた。彼は老化を防ぐ方法を知っていると主張しているが、その根拠が厳密な科学実験に基づいているとは言えないアイデアだからだ」

一〇年以上経った現在、ティッセンバウムはSENSをもっと肯定的に見ている。「オーブリーに称賛を」と彼女は如才なく言う。「老化学について語る人が多ければ多いほどいい。彼はこの分野に興味と資金をもたらしてくれたと私は思う。あの論文を書いた時にはまだ彼にはアイデアしかなくて、研究実績は何もなかった。しかし今は、彼らはほかの研究機関と同じように必要な基礎研究をたくさん行っている」

デ・グレイは変わり者だとか正気ではないと言う人は今でもいるが、彼が最初に主張した内容を裏づける結果がどんどん出ている。デ・グレイは二〇〇三年にメトセラ財団の共同創設者となり、老化を大きく遅らせたり巻き戻したりする研究を奨励するためのメトセラ・マウス賞を創設した。メトセラ・マウス賞、略してＭ賞の名前は『旧約聖書』に登場する一〇〇〇年近く生きた長老メトセラから取られている。この賞などの奨励策のおかげで、マウスの寿命は大きく延ばされた。たとえば、寿命が野生の状態では一年、研究室の環境でも二年か三年のマウスが、様々な治療を施すと五年近く生きる。

様々な治療を施したマウスの平均寿命は四〇パーセントから五〇パーセント、あるいはそれ以上延びている。この賞が続けられて、通常の平均寿命の二倍や三倍生きるマウスについて語れる日がやがて来るといい。

デ・グレイは二〇〇九年にＳＥＮＳ研究財団も共同で設立していて、この財団の目的は「加齢関連の健康障害の研究と治療を世界的に再定義する」というものだ。このＳＥＮＳの新たなアプローチは「自然な状態での、生きた細胞や細胞外マトリックスの修復」を推進していて、これは特定の疾患や疾病を治療するという従来の老年医学とは対照的であり、この生物老年学は代謝のプロセスに介入する。ＳＥＮＳ財団は研究に出資し、さらに再生医療の様々なプログラムをスピードアップするための広報活動や教育を推進している。ＳＥＮＳの方針によると、七つのダメージのそれぞれを、対応する個々の戦略で治療する。それぞれRepleniSENS、OncoSENS、MitoSENS、ApotoSENS、GlykoSENS、AmyloSENS、LysoSENSという名前だ。こうした治療のなかには、すでに適用されているものもあり、アンチエイジングや若返りの治療のためのスタートアップの推進力として使われているものもある。[81]

デ・グレイは、二〇一七年にBBVA Open Mindによって刊行された『次のステップ——指数関数的な生命』に収録された「分子、細胞レベルのダメージ修復によって老化を巻き戻す」という記事で、こう説明している。[82]

SENSは、生物医学老年学の以前のテーマから大きく離れ、老化をただ遅らせるだけではなく、本当に巻き戻すことを追求する。生物老年学と再生医療というふたつの分野が相互に学び合ったことに基づいて、老化を医学によってコントロールするという最終目的のための、実行可能な選択肢として認められるところまで到達した。これを支える再生医療の技術的進歩によって、信頼度はさらに増していくだろう。

マドリッドのスペイン高等学術研究院（CSIC）で我々が開催した第一回国際長寿・凍結保存サミットの期間中に、マドリッドで行われたインタビューでデ・グレイはSENS計画の発展についてこうまとめている。インタビュアーはこの一〇年間に起こった多大なる変化を見た後に、この結論を支持するようになっている。[83]

楽観的になるべき材料がたくさんある。一〇年以上前にSENSが提唱したアイデアは、各方面から批判されたこともあったが、老化のプロセスは介入できるものであることが明らかになってきた現在では、研究者たちによって熱心に研究されている。つい一〇年前には笑われたことが、老化の損傷修復アプローチへの裏づけが蓄積された結果、加齢関連疾患の治療へのアプローチとして受け入れられている。

しかしまだヒトへの臨床治験に進むには、いくつかの加齢関連疾患についてさらなる解明が必要だ。だからこそ、老化の主なメカニズムについての基礎研究を我々のコミュニティの最優先の課題として、これからも支援していかねばならない。

老化の原因と柱

オーブリー・デ・グレイの研究の先見性と革新性に加えて、老化について現在解明されていることと、その治療法を体系化しようとした科学者はほかにもいる。二〇〇〇年、アメリカの腫瘍学者であるダグラス・ハナハンとロバート・ワインバーグのふたりは、権威ある学術誌『セル』に、がんについての知識を体系的に理解する助けとなる刺激的な論文を発表した。題名は「がんの原因」で、著者らは、正常な細胞ががん細胞（悪性細胞あるいは腫瘍細胞）に変わる際に、共通した六つの傾向（〝原因〟あるいは〝特徴〟）があると主張した。二〇一一年になるまでにこの論文は『セル』誌史上もっとも多く引用され、著者らは四つの原因を追加する論文も発表した。

二〇一三年、前回の成功に基づいて、ヨーロッパの研究者五人が「老化の特徴」と題する論文を同じ『セル』誌に発表した。その五人とは、スペイン人のカルロス・ロペス＝オーチン（オビエド大学）、マリア・ブラスコとマヌエル・セラーノ（マドリッドにあるスペイン国立腫瘍学研究センター（ＣＮＩＯ））、イギリス人のリンダ・パートリッジ（ドイツのマックス・プランク老化生物学研究所）、オーストリア人のグイド・クローマー（フランスのパリ第五大学）だ(84)。

老化の特徴としては、生理学的な完全性が失われていくことにより、機能不全が起こったり病気などにかかりやすくなり、死につながる。この衰退は、ヒトの主な疾患である、がん、糖尿病、心血管疾患、神経変性疾患などの一番のリスク要因である。近年、老化の研究は、かつてない発展を遂げている。特に、進化の過程で維持されてきた遺伝経路と生化学的過程によって、加齢の割合が少なくともある程度はコントロールされているという発見に伴って発展している。このレビューでは、様々な生物、特に哺乳類で共通する老化の特徴を仮に九つ列挙している。それはゲノム不安定性、テロメア短縮、エピジェネティック異常、タンパク質恒常性の喪失、栄養感知の制御不全、ミトコンドリアの機能不全、細胞老化、幹細胞の枯渇、細胞間コミュニケーションの変化だ。一番の課題は、それぞれの特徴がどのように関係し合い、老化に影響を与えているかを解明することで、最終的にはヒトが老化している時期の健康を改善するために投薬すべき対象を見つけ、副作用も最小にしなければならない。

老化をおおまかに定義すると、時間の経過による機能衰退であり、ほとんどの生物に影響を及ぼすものだ。老化は人類の歴史を通じてずっと興味を引きつけ、想像をかき立ててきた。しかし、線虫の*C. elegans*の長寿な系統が分離されたことから始まった、老化研究の新時代の幕開けから、まだ三〇年しか経っていない。今日では、生命や病気についての分子または細胞レベルで進んだ理解に基づいて、老化の科学的な精査が行われている。老化研究の現状は、過去数十年間のがん研究と同じような

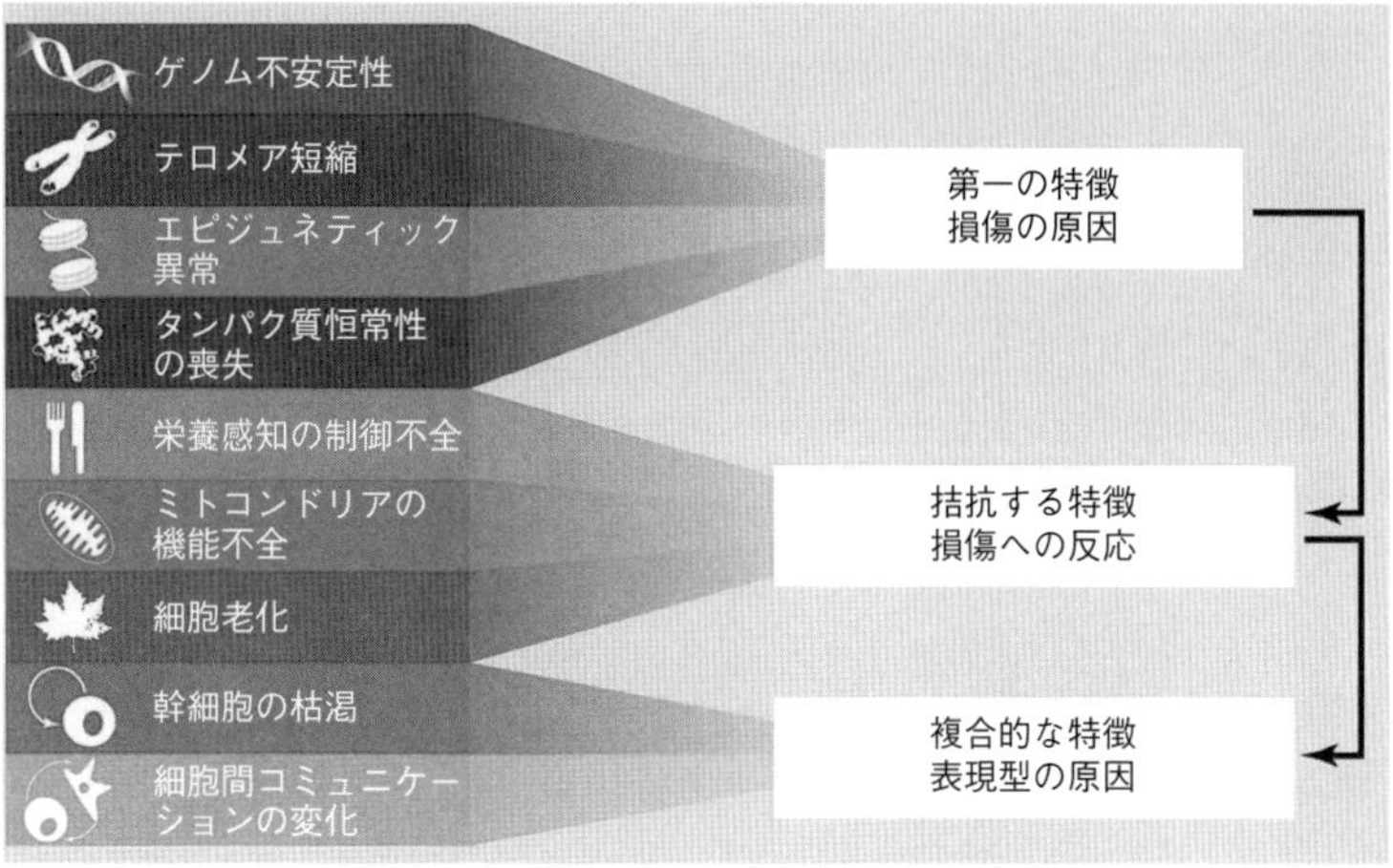

図 2-2　老化の特徴の相互の関係と影響

出典：カルロス・ロペス＝オーティンら（2013）。

状態を示している。

彼らは図２－２に示した通り、老化の九つの原因を三つの大きなカテゴリーに分類した。上段にあるのが第一の特徴（ゲノム不安定性、テロメア短縮、エピジェネティック異常、タンパク質恒常性の喪失）で、細胞損傷の根本的な原因となると考えられているものだ。中段は拮抗する特徴（栄養感知の制御不全、ミトコンドリアの機能不全、細胞老化）で、損傷に対して補償する、あるいは拮抗する反応の一部だと考えられている。こうした反応は、最初は損傷を緩和するが、慢性化したり悪化したりすると、害になることもある。下段は複合的な特徴（幹細胞の枯渇、細胞間コミュニケーションの変化）で、上段と中段の原因の最終的な結果であり、老化に伴う機能衰退の最終的な原因だ。

記事の最後は次の結論と展望で締めくくられている。

老化の特徴を定義することは、これから老化の分子メカニズムを研究し、ヒトの健康長寿の期間を改善するための介入を設計していく枠組みを作るのに役立つだろう。……現在ある問題も、最終的にはもっと高度な方法で解決できるだろうと我々は考えている。この多方面からのアプローチにより、前述の特徴が老化を引き起こすメカニズムが詳細に解明され、将来、健康寿命をよりよく過ごせるようにするため、また寿命を延ばすための治療が促進されることを願っている。

この論文から一年後、アメリカの科学者グループがアメリカ国立衛生研究所の支援のもと、「老化——慢性疾患の共通原因と新規介入法の標的」という論文をまた『セル』誌に発表した。著者たちは、それぞれの病気を〝攻撃〟するのではなく、すべての加齢関連疾患の原因である老化そのものを直接〝攻撃〟するのだと説明している。[85]

哺乳類の老化は、遺伝子治療や食事療法や投薬治療で遅らせることができる。老年人口が急激に増加していること、罹病率や死亡率を劇的に上げる慢性疾患の大半のリスク要因は老化であることを考えると、ヒトの健康寿命を延ばすことを目標としたジェロサイエンスを発展させていくことが必要だ。老化を遅らせるという目標は何千年も人類を引きつけてきたが、信頼されるようになったのはほんの最近だ。哺乳類の老化を遅らせることができるという発見が、ヒトの健康寿命を延ばせる可能性を広げたのだ。老化学研究者たちの間には、これは可能だが、基礎生物学から展開医療まで幅広い分野で目標に到達するためには、資金や環境が十分にそろっていなければ不可能だという共通認識ができつつある。

慢性疾患の現在の治療法は不十分で断片的だ。慢性疾患と診断された時には、すでに大きなダメージを受けていて、元に戻すのが難しい。ひとつひとつの疾患のそれぞれの特徴を解明するのは称賛に値するし、治療的価値があるかもしれないが、共通の原因である老化を解明することは何よりも重要だ。老化がどのようにして病気の原因となるのかを解明できたら、この病気の共通の構成要素を標的にすることができる（しかもそのほうが簡単）かもしれない。老化を狙い撃ちできれば、早期に介入し、ダメージを予防し、元気で活動的な生活を維持しながら、複数の慢性疾患で不自由な思いをするたくさんの老年期の人々の経済的な負担を減らすことができる。

著者たちは老化の七つの〝柱〟と呼ぶものについても述べている。チリ系アメリカ人科学者でアメリカ国立老科学研究所の老化生物学部長フェリペ・シエラによると、七つの柱は次の通りだ[86]。

（一）炎症
（二）ストレスへの適応
（三）エピジェネティクスと調節ＲＮＡ
（四）代謝
（五）高分子の損傷
（六）タンパク質恒常性
（七）幹細胞と再生

別の著者である、アメリカの生物学者でカリフォルニア州にあるバック老化研究所代表だったブライアン・ケネディは、こう締めくくっている[87]。

我々の研究から得られたものは、老化は複数の要因がからみ合って引き起こされているので、健康寿命を延ばすには加齢に伴う生物学的変化を解明し、健康と疾病の両面から連携し合って進めていかねばならないという理解だ。

マドリッド自治大学セベロ・オチョア分子生物学センターのキイロショウジョウバエの専門家であるスペイン人の生物学者ヒネス・モラタは、別の視点からこう説明する[88]。

死は避けられないものではない。細菌は死なない。ポリプも死なない。成長し、新しい個体を生み出す。我々の生殖細胞の一部は、子供やその子供たちの中で永遠に生き続ける。我々の一部は不死であるというのは、そのためだ。

ある種の蠕虫や線虫は、老化に関係する遺伝子を操作して寿命を七倍にまで延ばすことができた。この技術をヒトに応用すれば、三五〇年から四〇〇年は生きられることになる。もちろんヒトのサンプルで実験するわけにはいかないが、いつの日かそんな長寿を実現できるかもしれないというのは考えられないことではない。五〇年、あるいは一〇〇年か二〇〇年のうちに実現する可能性は非常に高く、何が起こるのか想像もつかない。我々は翼を得て飛べるようになるかもしれない。あるいは身長が四メートルになっているかも……人類の未来を決めるのは人類だ。

アメリカの生物老年学者で幹細胞とテロメアの専門家であり、老化と若返りの可能性についての本を書いているマイケル・ウェストも同意している(89)。

それでもヒトの体で生きる者は不死の部分を受け継いでいる。それは死んだ祖先を持たないかもしれない細胞、つまり生殖細胞系列の細胞だ。こうした細胞は永遠に再生する能力がある。それは、赤ん坊は若い状態で生まれ、いつか自分の赤ん坊を作ることができて……と永遠に続けられるという事実からもわかる。

ここまで老化についてこんなにもいろいろな説や計画や原因や柱を検討したが、改めて考えると、老化とは何なのだろうか？　権威ある『ブリタニカ百科事典』を見てみよう。老化の定義の冒頭はこうだ(90)。

老化とは、生物の体内で連続的に進んでいき、衰弱や病気や死のリスクの増大につながるものである。老化は時間の経過に伴って細胞内、組織内、あるいは生物の体全体で進む。すべての生物において成体になってからずっと続く。……

定義がどうであろうと、鍵となる言葉とアイデアは同じだ。共通認識が進んできたと思うので、あとふたつ重要なポイントを考えるべきだろう。

・老化は徐々に起こる。体が生きている間のかなりの部分は、老化が進行している。しかし老化は本質的に動的で連続したプロセスであり、いくらでもステージごとに分割して扱うことができるので、そのダメージも連続的に治療することができる。

・老化は今日では生物学的に〝避けられない〟とは考えられていないし、〝巻き戻せない〟とさえみなされておらず、今では〝可塑性〟があり、〝フレキシブルな〟プロセスで、人の手で操作できると考えられている。この意味で『老化の生物学ハンドブック』も、老化は〝避けられない〟プロセスだとは述べておらず、老化しない細胞や生物が存在する可能性についてもわざわざ言及し、認めている。それに〝巻き戻せない〟プロセスだとも述べておらず、『ハンドブック』は損傷が修復できる可能性についても言及している。(91)

老化のプロセスについてはまだわからないことがたくさんあるが、それは治療の実現への動きを妨げない。信じられないように見える時もあるかもしれないが、問題の解決には全体を理解する必要はない。たとえば、イギリスの医学者エドワード・ジェンナーは一七九六年に最初の天然痘ワクチンを開発した。これは、オランダの科学者マルティヌス・ベイエリンクがウイルスを初めて発見し、ウイルス学の創始者となった一八九八年よりも一〇〇年以上前だ。

有名な例をもうひとつ挙げると、アメリカのライト兄弟は高校の三年間しか教育を受けていないにもかかわらず、一九〇三年に世界で初めての有人飛行に成功した。これは当時の〝専門家〟の多くに不可能だと思われていたばかりでなく、空気力学の法則もまだよく知られていなかった。高学歴の科学者たちが理解していないのであれば、正式な知識をほとんど持たないライト兄弟はなおさらだった。しかし、ガリレオ・ガリレイも言ったように「それでも地球は動いている」。

疾病としての老化

近年、老化について我々の見方は大きく変わり、老化は病気であると認め始めた科学者もいる。幸いその場合、老化は治せる病気であり、近い将来に治療法が確立されることを願っている。ただし、その研究を加速させるには公的、政治的な支援を得ることにかかっている。

一八九三年、フランスの医学者ジャック・ベルティヨンは、シカゴの国際統計協会で国際的な病気の分類リストを初めて発表した。最初の「死因の分類」リストはパリで使われたもので、四四の原因が挙げられていたが、後に一九〇〇年に行われた初めての国際死因分類会議では二〇〇近くに増えていた。こうした初期の分類の試みは、最初は第一次世界大戦後に国際連盟に、第二次世界大戦後には世界保健機関（ＷＨＯ）に採用された。[92]

ＷＨＯは一九四八年の分類を引き継いで第六版を作り、原因となる疾病の項目を初めて加えた。このリストは今では「疾病及び関連保健問題の国際統計分類」と呼ばれていて、略称は「国際疾病分類（ＩＣＤ）」だ。ＩＣＤでは、疾病とその様々な兆候、症状、社会状況、その疾病の外的要因を分類してコード番号が振られた。このシステムは、収集したデータを国際的に比較し、処理し、分類し、その統計を示すために作られている。

ＩＣＤは現在、二〇一八年一一月に発表された第一一版が最新だ。[93]その前の二〇年間、ＩＣＤ－10が世界の多くの国で認められたリストであったが、いくつかの国では多少修正を加えて使われていた。二〇一七年のＷＨＯの公開提案期間に、本書の著者のひとりを含む数人の活動家が老化を疾患のひとつとして加えることを訴え、少なくともそのための科学的研究を始めるべきだと主張した。我々の主張を歓迎してくれた人々のおかげで、WHOは〝健康な老化〟を二〇一九〜二三年の六年間の全体プログラムに入れることに同意した。ただし、老化は疾病としてはまだ正式に採択されていない[94]。

この一〇〇年の間に病気とされていたものが病気ではなくなり、逆にほかの病気ではなかったものが病気とみなされるようになった。国際的な研究者グループ(ベルギーのスヴェン・ブルテリス、スウェーデンのヴィクトル・C・E・ビョーク、イギリスのラファエラ・S・ハルとアヴィ・G・ロイ)が二〇一五年に学術誌『フロンティアズ・イン・ジェネティクス』に発表した論文「生物学的な老化を病気と分類すべき時だ」ではこう説明されている[95]。

何が正常で何が病気であるとみなすかは、歴史的な流れに大きく影響される。かつて病気だとみなされていたものが、そうとは分類されなくなることがある。たとえば黒人の奴隷がプランテーションから逃げ出すと、ドラペトマニア(逃亡奴隷精神病)と診断され、それを〝治す〟ために医学的な治療が行われていた。同様に、マスターベーションも病気であるとされ、クリトリスの切除や焼灼《しょうしゃく》などという処置が行われていた。さらに同性愛は、一九七四年という最近まで病気とみなされていた。病気の定義に対する社会的、文化的な影響に加えて、科学的、医学的な新発見により、何が病気で何が病気でないのかが見直された。たとえば発熱はかつてそのもの自体が病気だとされていたが、様々な原因で発熱が起こることがわかり、病気から症状へとステータスが変えられた。その反対に、骨粗鬆症や収縮期高血圧や老年期のアルツハイマー病は現在は病気とされているが、かつては通常の老化現象と分類されていた。骨粗鬆症がWHOによって公式に病気だと認められたのは一九九四年になってからだ。

伝統的に、老化は自然なプロセスである、つまり病気ではないと考えられてきた。そう考えられてきた原因の一部は、老化を独立した研究テーマとして扱ってきたことにあるかもしれない。著者のなかには内因性老化のプロセス（一次老化という）と老年病（二次老化という）を分ける分類を作り出す者さえいる。たとえば光老化とは、生きている間に受ける紫外線によって皮膚の劣化が加速することだが、皮膚科学では病変に至るプロセスだと考えられている。対照的に、加齢による皮膚の老化は正常なことであるとみなされてきた。同様に、老化は病気ではなく、病気になるリスクを上げる要因とされてきた。興味深いことに、ハッチソン・ギルフォード症候群やウェルナー症候群や先天性角化不全症のような、いわゆる「早老症」と呼ばれるものは病気とみなされてきた。早老症は病気とみなされるが、八〇歳の人に同じ変化が現れたら、正常で治療の必要はないとみなされるのだ。

この著者らは早老症の個別の例について述べている。小児に起こる非常に珍しい遺伝性の疾患で、特徴は早熟と一歳から二歳の間に起こる早期の老化だ。この非常に珍しい症状は七〇〇万人に一人の新生児にしか現れない。早老症は遺伝性疾患なので（ＬＭＮＡ遺伝子の変異が原因）、いつか遺伝子治療による治癒の実現が望まれている。しかし現時点では、老化が加速してしまうこの病気の治療法はなく、治癒することはない。早老症の患者の平均寿命はわずか一三歳だ（二〇歳すぎぐらいまで生きる患者もいるが、一〇〇歳ぐらいに見える姿になっている）。

ブルテリス、ビョーク、ハル、ロイは、モデル生物での研究に成功しているいくつかの論文を紹介しながら、ヒトに応用するにはまだコストが高すぎることを述べている（個人に対するコストも社会全体に対するコストも）。

「つまり、老化には病気とされるべき特徴があるばかりでなく、病気だとみなす利点もある。それを否定することは〝自然〟という名の下のあきらめのようだ。老化を排除したり、老化に関連する有害な状態を取り除くための医学的な努力を正当化することもできる」生物医学研究の最終目的は、人々が「できる限り長く、できる限り健康で」いられるようにすることだ。老化が病気と認識されることによって、老化研究に対する助成金などの資金が増え、老化のプロセスを遅らせるための生物医学的手段が開発される。実際エンゲルハートは、何かを病気とみなすことには医学的介入を始めることが含まれると述べている。さらに、病気とみなされる症状があるかどうかは、その処置に医療保険が適用されるかどうかの判断に重要だ。

この四半世紀の間に、生物医学者たちは老化プロセスを標的にすることによって、蠕虫やハエ、ネズミや魚などのモデル生物の健康状態を改善し、寿命を延ばすことに成功してきた。今では安定して、線虫の*C. elegans*の寿命を一〇倍以上に、ハエやマウスの寿命を二倍以上に、ラットやメダカの寿命をそれぞれ三〇パーセントと五九パーセント延ばすことができる。現在、ヒトの老化の原因に対する治療の選択肢は限られている。しかし、現在開発が進んでいるジェロプロテクター（老化防止）薬や再生医療、プレシジョン・メディシン（精密医療）による治療などによって、我々は間もなく老化を遅らせることができるようになるだろう。最後に、老化を病気とみなすことによって、アンチエイジング治療はアメリカ食品医薬品局（ＦＤＡ）での分類が美容医学からもっと規制の厳しい疾病治療と予防に移ることにも注意しなければならない。

我々は、老化は病気であるというだけでなく、誰にでも起こる多系統疾患だとみなすべきだと考えている。現在の医療制度は、老化のプロセスを高齢者がかかる慢性疾患の原因だとはみなしていない。

その結果、病気が起きてから治療するシステムになっているので、アメリカの医療費の三二パーセントが慢性疾患の患者の最期の二年間に使われていて、しかも患者のＱＯＬを大きく上げられているわけではない。現在の医療制度は、経済的にも人々の健康と幸福を守るという意味でも、このままでは立ち行かない。老化の研究を加速することによって老化のプロセスを少しでも弱められるようになることと、ジェロプロテクター薬や再生医療の発達によって、高齢者の健康と幸福を大きく改善し、崩壊しつつある医療制度を救うこともできる。

数カ月後、同じ学術誌に別の研究者が「老化を疾病に分類する。ＩＣＤ－11との関連」という題名の論文を発表した[96]。

老化は複雑で連続的で多因子的なプロセスであり、機能の喪失や様々な加齢関連疾患を引き起こす。近く改訂され、二〇一八年に完成する予定のＷＨＯの「疾病及び関連保健問題の国際統計分類」の第一一版（ＩＣＤ－11）に関連して、老化を病気と分類するという主張を検討する。老化を何でも放り込める分類ではなく、病気に分類することで、老化を治療できる状態として扱う新たな治療法とビジネスモデルが生まれるだろう。そしてそれが、すべての関係者に経済的、医学的利益をもたらすだろう。老化を行動可能な分類で疾患とすることで、助成金などを出す機関などの関係者が研究や臨床のプログラムを評価する際に質調整生存年（ＱＡＬＹ）や健康等年値（ＨＹＥ）などの基準を使用できるようになり、資金の効率的な配分につながるだろう。我々は、ＷＨＯと協調して老化を疾患と分類し、複数の疾病コードを登録して、治療のための介入と予防戦略を促進していくための学際的なフレームワークを展開するためのタスクフォースを発足させることを提案した。

症状や慢性化しているプロセスを疾患と認めることは製薬業界、学術界、医療保険各社、議員、個人のみなにとって現時点の重要な目標だ。病気に分類され、疾患名がつく症状があるということは、治療にも研究にも資金の確保にも非常に影響を与える。しかし病気に満足のゆく定義を与えるのは難しい。それは健康な状態と病気というものの定義がそもそも曖昧だからだ。ここで、我々は現在の厳しい社会経済の状況と、近年の生物医学界の進歩という状況の中で、老化を病気とみなすことでどのような利益があるかを検証する。

最終的に、WHOは二〇一八年に加齢関連疾患を含むICD－11を採択したが、老化そのものは疾患とせず、現在ICD－12での採択を検討中だ。老化を病気と分類するのは、病気そのものの治癒にも非常に大きく貢献する。それに加えて、老化の症状ではなく原因の研究に莫大な資金が注がれるようになるだろう。公的な資金や個人からの出資が、結果として起こる疾患ではなく、予防に向けられるようになる。健康で若い状態でいることのメリットが、ひとりひとりにとっても社会全体にとっても何倍にもなる。その恩恵は全体では非常に大きい。老化を疾患として扱うことで、研究や資金面で何段階も優先順位が上がり、さらに医学、製薬、保険業界にとって明確なターゲットとみなされる。

これはすばらしい機会だ。アンチエイジングと若返りの業界は間もなく世界最大の業界になる可能性がある。だからこそ、さらに多くの科学者たちが老化を疾患とみなすようになった。オーストラリア出身のアメリカの生物学者でデビッド・A・シンクレアもそのひとりであり、二〇一九年にベストセラー『LIFESPAN　老いなき世界』ではこう書いている。[97]

老化は1個の病気である。私はそう確信している。その病気は治療可能であり、私たちが生きているあいだに治せるようになると信じている。そうなれば、人間の健康に対する私たちの見方は根底からくつがえるだろう。（梶山あゆみ訳）

第3章 世界最大の産業？

だから月曜日に議会に送った予算案には、精密医療イニシアティブを盛り込んだ。これにより、がんや糖尿病などの病気の治癒を、我々のより身近なものとし、我々自身とその家族の健康維持に必要な個別化情報に、我々自身がアクセスできるようにする。

二〇一五年、バラク・オバマ

〝寿命を延ばせる人〟への憧れに科学が追いつこうとしている今、これは、今までに見たことがないような本当に大きな金が湧き出る泉だ。

寿命革命は今にも始まろうとしている。三〇年以内に、平均寿命は一一〇年から一三〇年に延びるだろう。これはＳＦではない。

二〇一七年、ジム・メロン

服用した人の寿命を二年延ばすことができる薬を売る、一〇〇〇億ドル規模の会社を作ることができる。

二〇一八年、サム・アルトマン

実際に実現するまでは不可能と思われていた技術によって、新たな産業が生まれるのは、人類の歴史を通じて何度も繰り返されている。こうした産業のなかには当時の〝専門家〟によって完全に否定されていたものも数多くある。幸いこうした産業は、その後、世界経済の基本的な部分にまで急速に成長している。

今日のもっとも重要な産業の中には、かつて軽視されてきた。不可能だったものが欠かせないものになった重要な技術や業界も多い。たとえば次の発明や発見について考えてみよう。

(一) 鉄道
(二) 電話
(三) 自動車
(四) 飛行機
(五) 原子力
(六) 宇宙飛行
(七) パソコン
(八) 携帯電話

〝不可能〟から〝不可欠〟へ

世界は変化し、それとともに人間も変化していく。上記の産業の始まりをざっと振り返り、当時の〝専門家〟のなかには、どんなことを言っていた人がいたかを見てみよう。

(一) **鉄道**は多くの人々にとって想像もできないようなものだった。何百年もの間、人々の移動手段は主に徒歩で、上流階級の一部が陸では馬に、水上では船に乗ることができただけだった。一九世紀の前半、イギリスの先駆者たちが鉄道の開発を始めた。それまで、陸上でのもっとも速い移動手段であった馬と馬車は、非常に富裕で権力のある者たちしか使えなかった。一八二五年のイギリスの『クォータリー・レビュー』誌には次のように書いてある。[98]

乗合馬車の二倍の速さで走る機関車ほど、明らかにばかばかしいものはあるだろうか。

（二）**電話**は、スコットランド出身の発明家アレクサンダー・グラハム・ベルがボストンで実験を始めた一九世紀後半には、ほとんどの人にとって想像もつかないようなものだった。次に示した、当時の世界最大の電報会社であるウェスタン・ユニオンとイギリス郵政省の主任技術者サー・ウィリアム・ピースの、一八七六年のそれぞれのコメントを見ればわかるように、この頃も多くの人にとってはまだ不可能で実現できないと思われていた。[99]

「電話」には連絡の手段として重大な欠点が多すぎると思われる。この機器はそもそも我々にとって何の価値もない。

アメリカ人は電話を必要としているが、我々には必要ない。我が国には十分な人数のメッセンジャーボーイがいる。

（三）**自動車**は二〇世紀の前半にヨーロッパとアメリカで売り出されたが、発明された時には富裕層向けの商品としか考えられていなかった。アメリカの実業家ヘンリー・フォードが工場での流れ作業の大量生産を始めるまで、それぞれの部品を専門とする技術者たちが、ほぼ一台ずつ手で組み立てていた。

有名なT型フォード（〝すべての色のなかでもっとも人気のある車〟と呼ばれていたが、これはT型フォードの色は黒だけだったことへの皮肉だ）の登場で車の総台数が増え、結果として価格が下がり、車を誰でも入手できるようになった。しかしフォードの見方は、彼のものとされる次の言葉に集約されている。(100)

もし私が人々にどんな乗り物がほしいかと聞いていたら、彼らはもっと速い馬がほしいと答えていただろう。

(四)飛行機

飛行機も実現するまでは不可能だと言われていた。権威ある『ニューヨーク・タイムズ』紙から当時のもっとも権威ある科学者の発言まで、当時の〝専門家〟が機械が空を飛ぶのは無理だと説明する言葉はたくさんある。例を挙げると、スコットランド系の物理学者および数学者であり、ケルヴィン卿でもあるウィリアム・トムソンは、一九〇二年に次のような発言をしたことがわかっている。(101)

飛行機は現実には決して成功しないだろう。空気よりも重い機械が空を飛ぶことなどありえない。

こうした発言の前には、一八九六年に権威あるロンドンの王立協会の前会長が、飛行機の実現は考えられないという〝科学的な〟考えについて聞かれた時に答えた発言もある。(102)

私は気球以外の飛行術の実現を、もっとも小さな分子ひとつぶんも信じていない。……私は王立航空協会の会員になろうとは思わない。

幸い、高校三年間の教育しか受けていないアメリカのウィルバー・ライトとオービル・ライトの兄弟が、こうした〝科学的な〟コメントを無視して、一九〇三年に人類初の飛行に成功した。最初の飛行はほんの数秒で、人々はふたりを笑ったが、その後は歴史に残る偉業になった。

(五)原子力は二〇世紀の前半までは不可能だと思われていた。実際、〝原子〟という言葉自体が「これ以上分けられない」という意味だ（ギリシャ語のatomosは〝分けられない〟という意味）。アメリカの物理学者で一九二三年にノーベル物理学賞を受賞したロバート・アンドリューズ・ミリカンは、一九三〇年に『ポピュラー・サイエンス』誌上でこう発言している。(103)

原子力を解放することによって世界を吹っ飛ばせるような〝科学の悪童〟などいない。

ドイツの物理学者で一九二一年にノーベル物理学賞を受賞したアルバート・アインシュタインも、一九三二年に間違った予想を述べている。(104)

原子力が獲得される見込みはまったくない。それには原子を思い通りに砕くことが必要だからだ。

最初の核分裂実験は一九三八年にドイツで、ふたりのノーベル賞受賞者を含む科学者グループによって行われたが、成功しなかった。しかしアメリカでは、当時は機密であった一九四五年のマンハッタン計画によって世界初の原子爆弾の開発が進められていた。歴史を変え、太平洋での第二次世界大戦を終結させた兵器だ。

（六）宇宙飛行は飛行機と原子力を合わせたよりも、さらに〝不可能〟だと思われていただろう。二〇世紀の初めまでは地球の地面を離れた宇宙船は一基もなかったので、大気圏の外に出ることなどさらに信じられなかった。二〇世紀の前半に特にドイツ、アメリカ、ロシアなどの初心者から科学者まで様々な人々のグループがいくつか、この考えられないようなタスクを達成しようと熱心に活動していた。しかし批判的な人々は、宇宙に飛んでいくなんて〝正気の沙汰ではない〟と攻撃し続けた。一九二〇年の『ニューヨーク・タイムズ』紙の社説はその一例だ。[105]

［ロケットのパイオニア、ロバート・H・ゴダードのアイデアについて］あの教授は作用反作用の関係も、反応を起こすために真空よりももっと優れたものがいることもわかっていない。ばかげているとしか言いようがない。

第二次世界大戦の終結から十数年後の東西冷戦真っ只中の時期、ソビエトは一九五七年に人類史上初の人工衛星スプートニク号の打ち上げに成功し、続いて一九六一年には宇宙飛行士ユーリ・ガガーリンを乗せた初めての軌道飛行にも成功した。その六週間後、当時のアメリカ大統領ジョン・F・ケネディは、アメリカは一〇年以内に月に初めて人を着陸させると宣言した。宇宙飛行についての科学と技術についてみな知らなかったために、これは本当に不可能に思えたが、アメリカの宇宙飛行士ニール・アームストロングはこの八年後に月に足を踏み出した最初の人類になった。それから彼は、我々の多くが幼い頃に生中継で視聴した、あの忘れられない言葉を言った。[106]

この一歩はひとりの人間にとっては小さなものだが、人類全体にとっては大きな飛躍だ。

（七）パソコン

パソコンも二〇世紀に指数関数的な進歩を遂げたテクノロジーのひとつだ。というのは、祖先である算盤は五〇〇〇年前にメソポタミアで誕生していたからだ。アメリカの実業家でＩＢＭの初代社長トーマス・ワトソンは、一九四三年にこう言ったとされている。[107]

コンピュータには世界中で五台分の市場しかないと思う。

ワトソンが実際にそう言ったわけではないかもしれないが、現実に当時のコンピュータは驚くほど大きくて高価で重い機械だった。一九四九年の『ポピュラー・メカニクス』誌に掲載された、アメリカで開発された世界最初の大型コンピュータ、ＥＮＩＡＣ《エニアック》（電子数値積算計算機）についての記事にはこう書かれていた。[108]

今日のＥＮＩＡＣのような計算機には真空管が一万八〇〇〇本使われていて、重量は三〇トンもあるが、未来のコンピュータは真空管一〇〇〇本で、重量はわずか一・五トンほどになっているかもしれない。

個人が専用のコンピュータを使うようになるとは想定されていなかった。パーソナルコンピュータというアイデアについて、アメリカのエンジニアでDEC《デック》（ディジタル・イクイップメント・コーポレーション）の創業者のひとりで社長も務めたケン・オルセンは、一九七七年に公的な場でこう発言している。

> 個人が自宅にコンピュータを持つ理由はない。

幸い、アメリカの科学者であり実業家であったゴードン・ムーアに敬意を表して名づけられたムーアの法則の通り、コンピュータは二年ごとかそれより短い期間で性能が二倍になり、価格は下がり続けている。

（八）**携帯電話**は、固定電話、無線、パソコンなどのいくつかの既存のテクノロジーを集めることで誕生した。当時は考えられない技術であったが、今日では持とうと思えばほぼ誰もが持つことができる。今では子供から〝お年寄り〟まで幅広い人々が携帯電話を持っていて、中国製やインド製の一〇ドルほどで買える激安のモデルから、一〇〇〇ドルぐらいする高級モデルまである。

しかし携帯電話は今ではもう〝愚かな〟電話ではない。たった一〇年の間に、電話は〝スマートに

（賢く）〟なった。しかしごく最近の二〇〇七年、アップルがiPhoneを発売したことでスマートフォンの人気が出たときに、『ＵＳＡトゥデイ』紙によると、アメリカの実業家でマイクロソフト社の当時のＣＥＯスティーブ・バルマーは、ある会議でこう発言している(109)。

iPhoneが大きなシェアを獲得する可能性はない。

ムーアの法則によると、新型の携帯電話はどんどん賢く《スマートに》なるはずだ。今日の携帯電話ではありとあらゆることができて、通話はその機能のごく一部になってしまった。新しいアプリやデバイスやセンサーのおかげで、新しい携帯電話は高性能なカメラから最先端の医療アシスタンスサービスまで備えている。新型のスマートフォンが高速のインターネット回線に無料かほぼ無料で常時接続できていれば、数年のうちに人類の知識は無限に広がるだろう。我々は今、猛スピードで文明誕生以来のすべての知恵をすべての人が手に入れられる状態へと進んでいるのだ。このすばらしい進歩はコミュニケーションから医療まですべての分野に関わりがあると、ＢＢＣは複数の可能性について述べた未来学の記事の中でこう示唆している(110)。

二〇四〇年の夏のある朝。インターネットは身の回りのすべてに張りめぐらされていて、今日やろうと思っていることはすべて、ネットを飛び交っているデータの流れのおかげでうまくいく。街へ行く公共交通機関は、遅れを取り戻すために大幅に時刻とルートを調整する。子供に完璧な誕生日プレゼントを買ってやることは簡単だ。ショッピングサービスが子供たちのデータに基づいて彼らが欲しがっているものを正確に教えてくれるからだ。何よりも先月、事故で瀕死の重傷を負ったのに生還できたのは、病院の救急部門の医師たちが医療歴のデータにすぐにアクセスできたからだ。

今日では、大半の人々はこうした産業を現在の文明に欠かせないものだと考えていると言っていいだろう。しかし一部の人々は独自の考えがあって違う時代を生きている。こうした技術を使わなかったり、使いたくないと考えていたりする人々もいるのだ。たとえば、北米のアーミッシュの人々の多くや南米のヤノマミ族の人々はこうした技術を使おうとしない。彼らは過去の時代に生き、パプアニューギニアなどのほかの地域にもそうした伝統的なコミュニティがある。こうしたグループの人々には好きなように生きる権利がある。しかし、その考えをほかの人々に強要することはできない。さらにはホモ・サピエンス・サピエンスがアフリカ大陸から出る前から抱いていて、何百万年もともに進化してきた生来の好奇心から生まれる科学の進化を止めることはできない。

〝不可能〟から生まれた新しい産業が、すぐに欠かせないものになる

ここまで、歴史上どれほど多くの〝専門家〟たちが鉄道や電話や自動車や飛行機や原子力や宇宙飛行やパソコンや携帯電話について間違ったことを言ってきたかを振り返ってきた。ほかにも同様の例は無数にある。ラジオ、テレビ、ロボット、AI、量子コンピュータ、ナノ医療、分子組立機《アセンブラ》、宇宙ステーション、核融合、ハイパーループ［訳注：イーロン・マスクが発表した真空チューブ鉄道の構想］、ブレイン・コンピュータ・インターフェース、非動物性培養肉、臓器移植、人工心臓、クローン治療、細胞や組織の冷凍保存、

臓器のバイオプリンティングなど、二一世紀になってから飛躍的な進化を遂げた技術の数は膨大だ。そのなかでも我々の心をもっとも惹きつけるのは、この章のテーマでもある、人間の若返り産業の誕生だ。

今世紀の初めから、科学の進歩により老化やアンチエイジングについて解明が進んだので、二〇世紀には科学的に〝不可能〟とされていた産業が出現し始め、二一世紀半ばまでにはついに現実のものとなるだろう。ここで話しているのは人間の若返りの産業であり、老化は人類にとって最大の敵であるから、史上最大の産業に成長する可能性がある。加齢関連疾患は数ある病気のなかでもっとも多くの人々を苦しめていて、特に先進国では人口の九〇パーセントが恐ろしい老化に屈服している。今日まではこれが悲しい現実だったが、今や老化のコントロールも若返りも可能だという信頼すべき証拠が得られている。その証拠はすでに細胞や組織や臓器の中、酵母や線虫やハエやマウスなどのモデル動物に存在している。

我々は今、歴史的な瞬間に生きている。人類最大の悲劇を科学によって終わらせるチャンスと倫理的な責任を初めて持っているからだ。老化が治療可能であることは、すでにわかっている。そしてそれにはまだ研究し発見すべきことがたくさんあり、様々な（人的、科学的、経済的）資源を集中させねばならないので、簡単なことではないのもわかっている。この先にはまだ問題が山積していて、その多くはまだ未知で、予測もつかないものだが、今ついにトンネルの向こうの光が見えてきたのだ。

イギリスの起業家ジム・メロンとアル・チャラビは二〇一七年に先見的な本『若さ――長寿時代の投資』を出版した。この本では、この先二〇年で平均寿命は一一〇〜一二〇歳まで延び、そこからさらに急速に延びていくだろうと書かれている。誕生、学校、仕事、引退、死という既存のパラダイムが、何度も若返りを繰り返す長い人生に置き換わるという。この本のウェブサイトにはこう書かれている[111]。

本書には、要約すると三つのことが書いてある。第一に、すべての人の寿命を現在の保険統計表が示す年齢よりも大幅に延ばす、現在および近い将来の治療の実現について。第二に、遺伝子工学や幹細胞治療などのような寿命を延ばす可能性がある技術の概要。最後に、興味を持った投資家が注目すべき、ジムとアルが入念に選んだ三つのポートフォリオ。

本書の最初には「長寿が飛び立った」と題した前書きがある。その中で彼らは、二〇世紀初めの航空業界と今日の若返り医療業界を対比してこう述べている。

> 一〇〇年前の航空業界と同じように、アンチエイジングの科学も飛び立とうとしている。……ボーイング氏が、彼にとっての初めての飛行機である、たった二席しかない水上飛行機を作ったのは一〇〇年前。ライト兄弟がキティ・ホークで初めての飛行を成功させて歴史を作ったのは一二〇年前だ。一九一五年に生きていたら、と想像してみてほしい。それからたったの一〇〇年で飛行機の姿がこんなにも変わると、あなたも私も信じられるだろうか？　きっと信じられない。しかし本当に大事なことは、一九一五年には飛行機が飛ぶための仕組みは解明されていた。そこから先は飛行機のデザインと性能を進歩させるだけでよかった。
>
> 知識は一度知ってしまえば、知る前に戻ることはない。そして人類全体の進歩が（戦争や飢餓や疫病によって）妨げられることが時々あるが、今日、我々が座ったままでこれほど多くの情報を見ることができるのは単純にすばらしい。知識の量は二年ごとに二倍になっている（質はそうではないかもしれないが）。この〝知識〟の多くは必ずしも有用というわけではないのは認めるが、インターネッ

トが科学的なデータの伝播と利用を大きく推進し、それが人類全体の利益を増進していることは疑いの余地がない。

飛行に関する知識の蓄積と同じパターンが、老化と長寿の分野で起こっている。第二次世界大戦までは、老化はかろうじて科学と扱われている分野だった。それは、多くの人が一〇〇歳をはるかに超えて生きられる未来を思い描くことができる人は、ＳＦの世界以外では非常に少なかったからだ。

二一世紀の初めにヒトゲノムの解析が完了したこと、その五〇年ほど前にＤＮＡの構造が発見されたおかげで、今、科学者たちはヒトの遺伝子の基本的な仕組みを詳しく解明している。老化の研究者たちは今、次のふたつの重要な問題に取り組んでいる。

（一）老化という、ここまで蔓延していて、破壊力の高い病気をどのように管理し、治療したらいいのか。

（二）老化をまとまった病気として研究するには、どうしたらいいのか。あるいは、病気の状態でタイプ分けするなど違うやり方をするべきなのか。

現在、老化のプロセスを遅らせたり、止めたり、逆行させたりする方法を探るという視点で、細胞の基本的な働きが研究されている。老化に影響を与える神経系は複数あり、それを発見し、幼児期に変化させることが、今、爆発的な成長を遂げている分野だ。

科学的若返り産業が出現するための環境

科学的アンチエイジング、若返り産業はまだ始まったばかりだ。残念ながら、これまでニセ科学による産業が何十年も何百年も何千年も続いてきた。奇跡の水薬、すばらしい丸薬、驚異のローション、魔法のクリーム、霊的な呼びかけ、超自然的な祈りは有史以前からあり、これから先も長く消えないだろう。しかし、テクノロジーの指数関数的な進歩により、科学の光がニセ科学という闇を圧倒してくれるだろうと期待している。

だから、これまで述べてきたように、人類のもっとも古くからの夢、不死（もっと厳密に言うと無死）を実現しようと日夜研究に励んでいる科学者たちを支えることが絶対に必要なのだ。彼らはあまり何度も明言しないかもしれないが、根底にあるのは、人類最大の敵であり、今日もっとも多くの人々を苦しめている原因である老化を、科学的にも倫理的にも打ち負かすという目標だ。

この分野のもっとも著名な科学者のひとりは、前述のアメリカの遺伝学者、分子工学者で、化学者でもあるジョージ・チャーチだ。彼はハーバード大学医学部の遺伝学の教授であり、ハーバード大学とマサチューセッツ工科大学の共同プログラムの健康科学・技術の教授でもある。チャーチは、ヒトゲノムプロジェクトや、ヒトの脳の構造と機能と情報処理機構を解明するブレイン・イニシアティブ（ＢＲＡＩＮ）のほかに、絶滅したマンモスの遺伝子をアジアゾウのゲノムにコピーするプロジェクトなど、重要なプロジェクトに多数参加している。チャーチはリジュヴェネート・バイオ社のイヌの実験などで動物の若返りも研究していて、それをヒトに応用しようとしている。[112] ほかにも数多くのアンチエイジングの研究をしている彼は、『ワシントン・ポスト』紙に、ＣＲＩＳＰＲなどの遺伝子治療やほかの技術の進歩が見込める

ことについて、こう述べている。(113)

これから起こることは、すべての人が遺伝子治療を受けるようになる――嚢胞性線維症などのような珍しい病気だけでなく、老化のような、みながかかる病気の治療もだ。

現在の我々の経済不況の原因のなかには、人口の高齢化の問題も含まれる。引退しないで済むなら、世界経済を立て直すために二〇年の時間を使えるようになるだろう。老いた人たちがみな仕事に復帰でき、健康で、若々しければ、史上最大規模の経済不況を回避することができる。

だれか自分よりも気持ちが若い人が代わりになるなら、それは自分であるのがいいだろう。私はそうしたい。私は若返りたい。私はどちらにしても数年ごとに自分を作り直したい。

ヴェリタス・ジェネティクス社（遺伝子研究）、ネビュラ・ゲノミクス社（遺伝子解析）、ワープ・ドライブ・バイオ社（天然物）、アラクリス社（体系的がん治療）、パソジェニカ（ウイルス、微生物学的検査）、アブヴィトロ社（免疫学）、Gen9 Bio社（合成生物学）、リジュヴェネート・バイオ社（動物の若返り）、EnEvolve社（遺伝子工学）など、チャーチはたくさんの会社の共同創立者、株主、顧問になっている。彼は作家でもあり、サイエンスライターのエドワード・レジスと共著の『再創生』ではホモ・サピエンス2・0の新たな創世記が始まると述べている。この本のサブタイトルは「合成生物学はどのように自然と人類を変えるか」だ。それに加えて、この本はDNAで書かれている。そんな本は世界初であり、本の内容の暗号化されたものが小さな瓶に入っていて、紙の本と一緒に届く。本の終わりには、生物学的な不死が将来的に可能か、新たな技術革新では古い生物学的進化を超えられるのか、さらにはチャーチがトランスヒューマニズム（新しい科学技術によってヒトが限界を超えて進化する時期）の〝初まりの終わり〟と呼んでいることについて述べている[114]。

この分野にはもうひとり、著名なアメリカの生化学者、遺伝学者で実業家でもあるクレイグ・ヴェンターがいる。ヴェンターはセレラ・ジェノミクス社の創業者であり、一九九九年に公的予算とは別に、もっと進歩したテクノロジーを用いてヒトゲノム計画に着手し、ずっと速く安価にゲノムの塩基配列を解読したことで世界的に有名になった。ヴェンターは二〇一〇年に細菌の遺伝情報を書き換えて人工の細菌を作り、さらに調整して初めての人工生命体を作り出してもいる。「地球上で初めてのコンピュータが親で、自己複製できる種」と彼は当時説明している。この合成細菌は後に、研究室でゲノムが人工的《シンセティック》に再構築されたことを祝して「シンシア」と名付けられた。

ヴェンターは二〇一四年にヒューマン・ロンジェヴィティ社（ＨＬＩ）を共同で設立した。同社の目標は、個人のゲノムなどの医療データをＡＩやディープラーニングを用いて分析し、健康寿命を延ばすことだ。ＨＬＩの共同創立者ピーター・ディアマンディスは、アメリカの医師でハーバード大学およびＭＩＴ出身のエンジニアでもあり、レイ・カーツワイルとシンギュラリティ大学を設立してもいる。彼は、技術の進歩によって我々の人生は大幅に延び、すぐに「死ぬ必要がなくなる」と述べている[115]。ＨＬＩの計画はこう想定されている[116]。

ヒトの主な疾患の原因は、実質的にほぼすべて老化だ。……我々の目標は、健康で高いパフォーマンスを発揮できる人生の期間を延ばし、老化の様相を一変させることだ。ヒトゲノム研究、インフォマティクス、次世代のＤＮＡ解析のテクノロジー、幹細胞の進化を、初めてひとつの企業、ヒューマン・ロンジェビティがそれぞれの分野をリードするパイオニアによって利用する。我々の目的は、薬の使い方を変えることによって老化という病気を治癒させることだ。

ヴェンターらは二〇一六年に、細菌のゲノムを最小限である四七三の塩基配列で合成した。これは完全に人間の手によって作り出された初めての生命体であり、研究所で作り出されたことにちなんで「マイコプラズマ・ラボラトリウム」と名付けられた。この研究によって、たとえば薬や燃料などを生成できるような特殊な反応を行える細菌を開発することにつながればと期待されている。これらの合成生物学の進歩によって個別化医療の実現も期待されている。

ヴェンターは二冊の本を書いていて、一作めはヒトゲノム配列について、特に自分自身のゲノムについての本で、二作め『光速の生命――二重らせんからデジタル生命の夜明けへ』では科学のフロンティアの新たな地平について書いている。この本は、「生命とは何か？」という古くからの疑問を問い直し、人工生命を最初に作った人という視点から〝神を演じる〟とは本当はどういうことなのかを知る機会を提供する。ヴェンターは、遺伝子工学の新時代の夜明けと、生命そのもののデジタル化から現れる好機のどちらも見通した先見者だ[117]。

さらにもうひとり、著名なアメリカの分子生物学者で生物老年学者でもあるシンシア・ケニヨンは、最初は *C. elegans* という小さな線虫を用いて老化の仕組みを解明した遺伝学的研究で有名になった。*C. elegans* は生物学でもっとも広く使われているモデル生物のひとつだ。彼女は現在、Calico（グーグルが二〇一三年に設立したカリフォルニア・ライフ・カンパニー）の老化研究担当副社長を務めているが、同社のウェブサイトには次のようなレビューが掲載されている[118]。

一九九三年、生殖できる *C. elegans* という線虫のひとつの遺伝子が変異するだけで健康寿命が二倍になるというケニヨンの先駆的な発見は、分子生物学での老化の集中的な研究を引き起こした。彼女の発見でわかったのは、従来広く信じられていたこととは違い、老化は完全に無計画に〝ただ起こる〟わけではないということだ。それどころか老化の速度は遺伝子によってコントロールされている。動物には（おそらくヒトにも）制御タンパク質があり、それが、細胞や組織を守り修復する複数の下流遺伝子を調整することで老化に影響を与えている。ケニヨンの発見から、ヒトを含む多くの種に共通なホルモンシグナル伝達経路が老化の速度を制御していることがわかった。彼女は多くの老化遺伝子と伝達経路を突き止め、彼女の研究室では世界で初めて、すべての動物の寿命をコントロールするニューロンと生殖細胞が発見された。

ケニヨンはオンラインメディア「サンフランシスコ・ゲート」のインタビューに答えて、自身の研究に基づいた力強い発言を行い、生物学的な不死の実現の可能性を高めたことも説明している[119]。

原則的には、それを修理するやり方を知っていたら、そのものをずっと持ち続けることができるでしょう。

私は［不死は］あり得ると考えています。理由を説明しましょう。細胞の寿命はある意味、破壊と防止・維持・修復という二つのベクトルから成っています。ほとんどの動物では破壊の力がまだ優勢です。しかし、ある遺伝子をほんの少し変異させてみたらどうでしょう。維持を担当している遺伝子を。維持のレベルを少し上げるだけでいいんです。ものすごく上げる必要はありません。ほんの少し上げるだけで、破壊の力と拮抗します。ここで忘れないでほしいのは、生殖細胞の系統は不死だということです。だから少なくとも原則的にはあり得るのです。

ケニヨンが書いた「老化——最後のフロンティア」という記事ではこう説明されている。[120]

寿命を延ばすにはたくさんの遺伝子を変化させなければいけない、と考えているかもしれない。筋肉の衰え、しわ、認知症などに影響を与える遺伝子を。しかし線虫やマウスの実験で非常に驚くべきことがわかった。変異させるとその動物全体の老化を遅らせることができる特定の遺伝子がいくつかあることがわかったのだ。

科学者であるチャーチ、ヴェンター、ケニヨンは、権威ある組織の中で公言することを恐れずに、堂々とアンチエイジングや若返りの研究をしてきた世代だ。彼らの後ろには、その足跡を追う新世代の科学者たちがいる。前述のポルトガルの微生物学者ジョアン・ペドロ・デ・マガリャンイスもそのひとりだ。[121]マガリャンイスは数多くの老化関連の研究プロジェクトを実行しているが、そのひとつでグリーンランドのクジラのゲノム配列を解析した。ハダカデバネズミのゲノムの分析にも貢献している。どちらも哺乳類で、非常に長寿で、がんへの耐性があることが共通している。マガリャンイスは自身のウェブサイトに、ほかの研究者たちのモチベーションを上げることを願ってこう書いている。[122]

senescence.infoが、老化という問題を人々が意識するきっかけになればと願っている。老化はあなたも、あなたの大切な人たちも殺してしまう。偉大な芸術家、科学者、アスリート、思想家たちの主な死因は老化だ。我々の社会と宗教は、老化と死から逃れられないことを受け入れやすくする働きをしてきた。もしも人々が死について、その恐ろしさについてもっと考えるようになったら、死を防ぐためにもっと多くの労力や投資が生物医学の研究、特に老化を解明することに注がれるだろう。

さらに若い世代には、ニュージーランド生まれのアメリカ人科学者で投資家でもあるローラ・デミングがいる。一九九四年にニュージーランドで生まれ、自宅で両親から教育を受けた。八歳の時に老化に興味を持ち、一二歳の時にはサンフランシスコのシンシア・ケニヨンの研究室でインターンとして働いていた。一四歳でＭＩＴに入学したが、二〇一一年に中退し、カリフォルニアに戻って、ピーター・ティールの基金の第一期のフェロー（いわゆるティール・フェローシップ）のひとりになった。これは、大学を離れ、起業することが条件で一〇万ドルを受け取れるというものだ[123]。

デミングは老化と寿命延伸の分野への投資を専門とするベンチャーキャピタル「ロンジェビティ・ファンド」を共同で設立した。彼女は科学によってヒトの生物学的不死を実現できると考えており、老化を終わらせることは「あなたが考えているよりもずっと早く実現する」と発言している。彼女の会社のウェブサイトにはこんな文章が載っている[124]。

ヒトの長寿への投資

健康長寿の期間を延ばせることが二〇世紀に判明した。この効果の背後にある科学的な経路は非常に複雑で、正確にコントロールすることが難しいが、それを操作することで加齢関連疾患の新たな治療法につながる可能性がある。こうした治療の進歩を患者たちにできる限り早く安全に適用したいと考えている。

ロンジェビティ・ファンド社はフォローオン投資［訳注：投資家が一度投資した先に次の資金調達ラウンドでも引き続き投資すること］で五億ドル以上を集め、二〇一八年、老化関連医療や、加齢関連疾患の巻き戻しと予防を目的とする複数のプログラムを扱う、最初に株式公開した企業となった。

マガリャンイスとデミングは、老化や若返りについて語ったりさらには研究したりすることが汚名になることとは無縁の、若い世代の研究者のいい例だ。かつては老化や若返りは、研究者としてのキャリアや研究内容の信頼性を破壊するようなタブーで、魔法のアンチエイジングや奇跡的な若返りのようなニセ科学と混同される時代もあったのだ。

科学と科学者、投資の呼び込みと出資者

ここ数十年の科学の進歩のおかげで、投資家たちはさらなる研究に惹きつけられ始めた。今や科学と科学者たちは実際に結果を出し始め、まだ線虫やマウスのようなモデル動物の段階ではあるものの、古代ローマのユリウス・カエサルがルビコン川を渡った時のように「賽《さい》は投げられた！」と言ってもいいのではないだろうか。

さらなる研究を進めるための資金に、公的資金のほかに個人による投資も見込めるなら、動物で出ている結果に基づいたヒトへの臨床治験は、もうすぐ実現できるだろう。これこそ、経済において最大の規模

を占め、人類の歴史を変えるかもしれないアンチエイジングと科学的な若返り産業の誕生だ。死の不可避性を乗り越えるビフォーアフターだ。

モルドバ出身の技術者で起業家のドミトリ・カミンスキーは、国際的な構想であるwww.Longevity.Internationalを主宰している。これは、若返りテクノロジーをヒトに応用し、商業化することによって進歩を加速しようという国際的な試みだ。同サイトにはこう説明がある。[125]

ロンジェビティ・インターナショナルは、オープンソースで非営利の分散化した知識と協力のためのプラットフォームである。その目的は、長寿産業に携わる人々がより効率的に知的な連携や協力や生産的な議論をして、長寿産業の連携と調和を加速し、みなに開かれたものにすることだ。

ほかの組織（現時点ではイギリスのエイジング・アナリティクス・エージェンシー、バイオジェロントロジー・リサーチ・ファウンデーション、ディープ・ナレッジ・ライフ・サイエンシーズ）と連携し、一連のすばらしいレポートを発表してきた。しかもそれは時とともに改良され、増量されてきた。今のところレポートは英語のみでしか発表されていないが、二〇一三年に発表が始まって以来、この産業の成長を理解したい人たちにとっては欠かせないものとして貢献してきた。[126]

二〇一三年　*Regenerative Medicine Industry Framework*（一五〇頁）
二〇一四年　*Regenerative Medicine: Analysis & Market Outlook*（二〇〇頁）
二〇一五年　*Big Data in Aging & Age-Related Diseases*（二〇〇頁）

二〇一五年　*Stem Cell Market: Analytical Report*（二〇〇頁）
二〇一六年　*Longevity Industry Landscape Overview*（二〇〇頁）
二〇一七年　*Longevity Industry Analytical Report 1: The Business of Longevity*（四〇〇頁）
二〇一七年　*Longevity Industry Analytical Report 2: The Science of Longevity*（五〇〇頁）
二〇一八年　*Longevity Industry Landscape Overview. Volume 1: The Science of Longevity*（七〇一頁）
二〇一八年　*Longevity Industry Landscape Overview. Volume 2: The Business of Longevity*（六五〇頁）

二〇一七年の最初のレポートは長寿ビジネスについてのものであり、事業計画概要はこのように始まる。[127]

バイオテクノロジーと老化生物学は特に、カンブリア爆発のような飛躍的な進歩の寸前にいる。医療から情報科学の分野へと変貌し、抗生剤や現代の分子薬理学や農業における緑の革命などよりも、さらに劇的に人間の生活の質を良くするだろう。この進歩の時間的な経過と、我々や我々の大切な人たちがこの飛躍的な進歩の恩恵にあずかるまで生きられるかは、現在の学術界と出資者たちの選択にかかっている。

このレポートは長寿関連の事業レベルの状況をわかりやすく総括していて、大企業から個人企業、アン

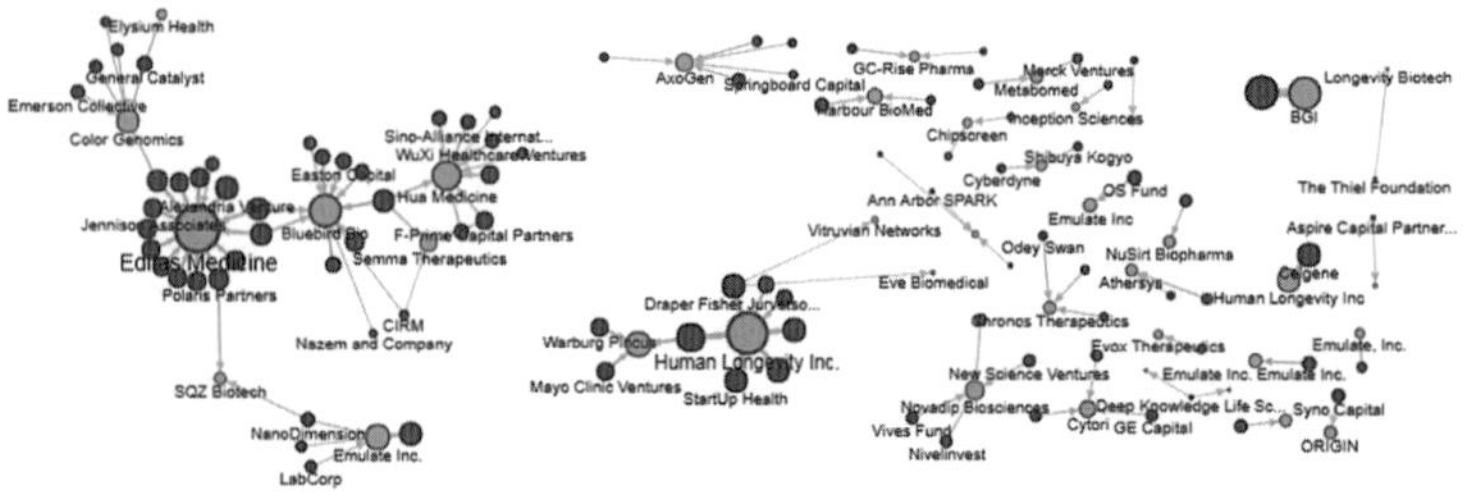

図 3-1　企業間のクラスター分析

出典：www.Longevity.International（2020）

チエイジングや若返りのテクノロジーを開発している新たなスタートアップ、研究センター、財団や大学などについてのわかりやすい分析も示している。www.Longevity.International は複数の分析を併記している。例を挙げると、国際的な投資の流れをモニターし、科学者と投資家のつながりを調べ、ビッグデータを用いて国際的なデータベースを発展させ、特定のテーマに関するネットワークを生み出し、組織間のつながりをマップに表し、グループや〝クラスター〟を可視化するなどだ。図3-1は、アンチエイジングや若返りに携わっている様々な国の一〇〇以上の企業からなるグループのクラスター分析である。

さらに科学全般の状況やそれに関連するビジネスの可能性についても全景を知ることができる。主要な科学者（何人かはこれまでに登場している。ニール・バルジライ、ジョージ・チャーチ、オーブリー・デ・グレイ、ジュアン・ペドロ・デ・マガリャンイス、シンシア・ケニヨン、デイヴィッド・シンクレアほか）、主な投資家（ジェフ・ベゾス、マイケル・グレーヴ、ジム・メロン、ピーター・ティール、ユーリ・ミルナー、セルゲイ・ヤングほか）、それに主なインフルエンサー（セルゲイ・ブリン、ラリー・エリソン、レイ・カーツワイル、ラリー・ペイジ、クレイグ・ヴェンターほか）のリストも示されている。また〝老化学〟全般に関する会議、本、刊行物、イベントのリストもある。

ダボスで開催される世界経済フォーラムとイギリスの雑誌『エコノミスト』がそれぞれ、老化についてのイベントや、多くの貧しい国でもすでに人口の高齢化が広がっていることにより、これからやってくる深刻な経済危機をアンチエイジングによって解決できる可能性を探るイベントを主宰し始めたことには触れておくべきだろう。

ロンジェビティ・インターナショナルの最初のレポートには、老化の原因ではなく結果に対処するためにかかっている天文学的なコストが示されている。たとえば、がん治療のコストは世界中で年間九〇〇〇億ドルほどかかっていて、続いて認知症は八〇〇〇億ドル、心血管疾患には五〇〇〇億ドル近く、そのほかの加齢関連疾患にもさらに数千億ドルがかかっている。医療システムは健康管理から病気のケア、それも実質的には老化という病気のケアに変化していると、レポートは説明している。

二〇一八年のロンジェビティ・インターナショナルの仕事に話を続けると、さらに三つのレポートが発表されている。

二〇一八年　*Longevity Industry Analytical Report 3: 10 Special Cases*
二〇一八年　*Longevity Industry Analytical Report 4: Regional Cases*
二〇一八年　*Longevity Industry Analytical Report 5: Novel Financial Instruments*

レポート3では、再生医療、遺伝子治療、加齢バイオマーカー、幹細胞治療、ジェロプロテクター（老化防止薬）やニュートラシューティカル［訳注：健康維持に有用な科学的根拠を持つ食品・飲料］、ＡＩと〝ブロックチェーン〟［訳注：データのかたまりであるブロックを鎖のようにつないでいく情報の記録・管理技術］

の長寿研究への適用、新たな制御システム、セクターの枠組みと技術の受容に関するレベルについて報告されている。レポート4では、アメリカ、EU、日本、イギリス、アジア、東欧という、基本的に世界経済の主流の国々や地域での現状が述べられている。

最後のレポート5では、大きくなっている労働期間と退職後のギャップに加え、退職者の増加と労働者の減少によって問題となっている老化による危機の財政的解決が示されている。現在の保険や年金制度は、労働しない期間とかさむ医療費に対処するようには設計されていない。老化に関する産業を資本化し、タックスギャップ［訳注：本来納付されるべき税額と実際に納税された額の差］を解消し、ヒトの若返りを実現するための新たな方策と財政的な手段が必要だ。近い将来の若返り医療と新たな経済への移行の資金源とするためのベンチャーキャピタルファンド、ヘッジファンド、信託ファンドなどの新たな枠組みが示されている。

ロンジェビティ・インターナショナルは、老化のある世界から、若返りが当たり前になっている未来の世界への道を示しているのだ。この産業はまだ始まったばかりだから、すぐにもっとたくさんのアイデアが生まれてくるだろう。しかし、ヒトの寿命と健康寿命が大幅に延びることへの準備も始めなければならない。ロンジェビティ・インターナショナルの何百頁にも及ぶ次のレポートには、急速に成長しているこの産業の役立つ情報が多く詰まっている。このレポートはカミンスキーと彼のディープ・ナレッジ・グループが作成したものだ。

二〇二〇年　*Longevity Industry 1.0: Defining the Biggest and Most Complex Industry in Human Histrory*

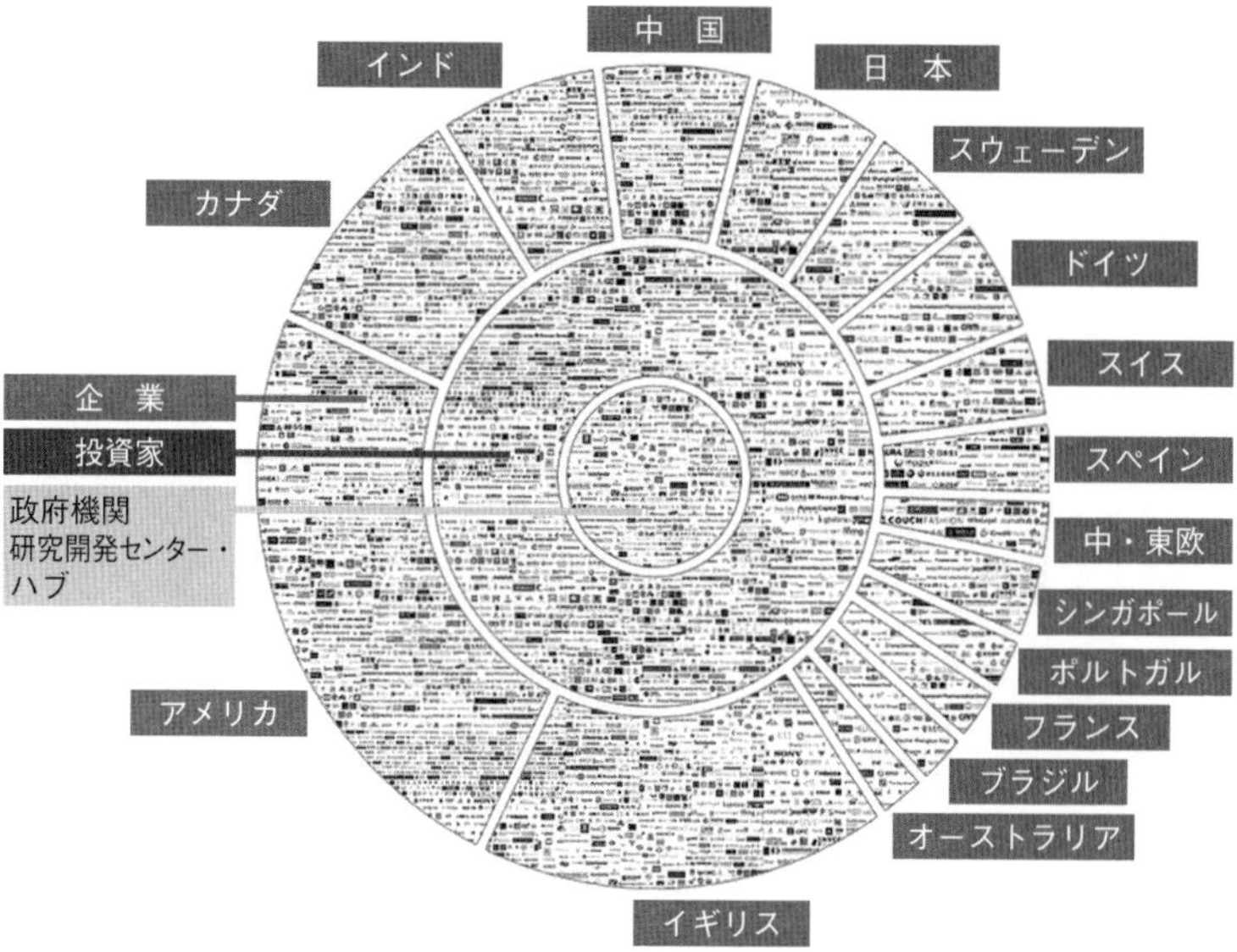

図 3-2　世界中の寿命関連産業の指数関数的成長

出典：www.Longevity.International/longevity-ecosystem-bay-country

二〇二一年　*Biomarkers of Human Longevity*

これらのレポートには、みな信じられないほど豊富なデータが載っている。その大部分は今後、より速く、正確に、安く処理するためにＡＩが必要となるだろう。ロンジェビティ・インターナショナルのウェブプラットフォームには価値ある情報がつねに蓄積され、世界の長寿関連の組織や人物の状況をつねにモニターし、更新している。このウェブサイトから、データを分析し、二〇二二年初めまでに確認された二万以上の企業と九五〇〇人以上の投資家、一〇〇〇以上の研究開発センターの〝マインドマップ〟を作成することもできる。このマップに示されているのは、一〇年前にはほぼ何もない状態だった環境だ。今では、国、地域、企業、財源、出資者、投資家、公的機関、研究開発センター、テクノロジーセクター、金融セクターや個人で情報を検索できる。図3-2は、二〇二二年初め時点の二万以上の企業を国ごとに分類して示したものだ[128]。

『ロンジェビティ・マーケットキャップ・ニュースレター』という二〇二〇年七月に創刊された寿命関連産業での大きな動きをモニターするためのウェブメディアによると、公開されている投資の二〇二一年の合計額は三〇億ドルで、三六の調達済の資金が含まれる〔内訳は三二の個人ベンチャーによる投資、株式公開株二件、SPAC（特別買収目的会社）一件、買収一件〕。二〇二一年に一億ドル以上の新事業が五件も発表されたのは、この一〇年での驚くべき成長だ[129]。

二〇一一年、ローラ・デミングが初めての寿命関連のベンチャー・キャピタル・ファンドを立ち上げた時に調達した資金は四〇〇万ドルに過ぎなかった。一〇年後、二〇二一年だけでもベンチャーファンドとベンチャービルダーの五件がそれぞれ一億ドル以上のファンドと投資を発表している。

・キッズー・テクノロジー・キャピタル　マイケル・グレーブは、三億四〇〇〇万ドルを老化のバイオテックのスタートアップ企業に投資したと発表した。
・アポロ・ヘルス・ベンチャーズ　第二の投資として一億八〇〇〇万ドルの成立を発表した。
・コリファイ・キャピタル　スイスを拠点にしている。一億ドル以上の長寿のバイオテックのベンチャーへの投資を発表した。
・マキシモン　一億五〇〇〇万ドルのベンチャー支援投資を発表した。

・カンブリアン・バイオファーマ　正確にはベンチャーファンドではないが、ベンチャーを創業する持株会社として機能している。二〇二一年に一億ドルのシリーズC［訳注：スタートアップへの投資ラウンドのひとつの段階で、黒字経営が安定し始めた段階］の投資を発表した。

VitaDAOがETHで五〇〇万ドルを調達したことにも触れるべきだろう。大きなマイルストーンであるETHは、web3が可能にした新たな分散型構造のプラットフォームで、長寿研究の知的財産に投資し、商業化することができた。

長寿産業に何十億ドルもの資金が投資されている。二〇二一年にはジェフ・ベゾスとユーリ・ミルナーがアルトス・ラボに資金を提供し、仮想通貨プラットフォームのコインベースのCEOで、億万長者の暗号資産投資家であるブライアン・アームストロングはニュー・リミット社に出資している。こうした出資は寿命延伸産業にも暗号資産投資による出資の時代がやってきたことを示している。ビットコインに次ぐ世界第二位の規模の仮想通貨イーサリアムの共同創設者であるロシア系カナダ人の若きヴィタリック・ブテリンが一億ドルを投資するなど、富裕な〝ビットコイナー〟も今や健康・長寿産業に投資している。

寿命延伸産業は、数百万ドル規模だった二一世紀の初めから、今日では数十億ドル規模にまで発展した。そして二〇三〇年代と四〇年代には確実に数兆ドル規模になっているだろう。ドイツのインターネット起業家でありフォーエバー・ヘルシー財団の設立者であるマイケル・グレーブが二〇二一年のレッドブル社のインタビューで述べているように、すぐに人類史上最大の産業となるだろう。[130]

パソコンのない世界からある世界へ、インターネット、携帯電話、クラウドサービスなどの出現がみな世界を一変させたのを私は目撃してきた。そして今回もデジタル革命によく似ているが、ただずっとずっと大規模だ。若返りは人類史上で最大の、根本からの変化になるだろう。史上最大の産業になることを理解するだけでなく、ちょっとした計算をしてみよう。四〇歳以上の四〇億人の人々が月に一〇ドルずつ出すと、毎年四兆八〇〇〇万ドルになる。つまり五兆ドル企業になる。これほど規模が大きいのだ。そして今、私が話しているのはひとつの原因についてだけだ。

世界レベルでは、科学、金融、実業界、政府、各国や国際的な活動家など、長寿産業を取り巻く新たな社会がすでにできてきている。我々は地域からグローバルな世界へと移行しようとしている。この変化は直線的なものから指数関数的なものへと変わっていく。今はまだ脆弱な業界を指数関数的に世界最大の産業へ、我々を死の終わりへと導いてくれる産業へと成長させようとしている時だ。

第4章

線形的な世界から指数関数的な世界へ

我々は新技術の影響を短期的には過大評価しがちだが、長期的には過小評価しがちだ。

一九七〇年、アマラの法則

二〇二九年までに寿命脱出速度に達しているだろう。

二〇一七年、レイ・カーツワイル

人類の誕生以来、変化とブレイクスルーは主に科学とテクノロジーが推進してきた。科学とテクノロジーが人類をほかの動物とは異なる存在にしている。火や車輪や農業や文字の発明、創造、発見によってホモ・サピエンス・サピエンスは進歩し、アフリカのサバンナで暮らしていた原始の祖先から初の宇宙飛行を成し遂げる現代人になった。我々は次の指数関数的な変化によって、ヒトの老化と若返りをコントロールできるようになる。

一万二〇〇〇年前頃の農業革命は、人類にとって最初の大きな革命だった。産業革命は、印刷術の発明と社会の工業化を可能にする科学の発展の後に起こった。今日我々は、人類にとって三度めの大きな革命の時を生きている。この革命はいろいろな名前で呼ばれている。知性革命、知識革命、ポスト産業革命、第四次産業革命など。

アメリカの技術者でシンギュラリティ大学の共同創設者であり、グーグルの技術部門のディレクターでもあるレイ・カーツワイルなどの未来学者たちは、世界は科学技術の驚異的な指数関数的発展によって、人類全体が大幅に進歩する時期に急速に近づいていると示唆している。この根本的な変革は「テクノロジカル・シンギュラリティ」と呼ばれていて、サルからヒトへの進化にも似た重大な変化かもしれない。我々は寿命の延伸に向けて進歩を続けるが、同時に人生の拡張についても進歩する。

過去から未来へ

一八世紀まで人類は「マルサスの罠」と呼ばれるものに囚われてきた。これはイギリスの聖職者で経済学者のトーマス・ロバート・マルサスが述べたものだ。一七九八年、マルサスは『人口論』という本を著した。この中で彼は「つねに場所と食糧を奪い合う」ことにより、次のようになると結論づけている。[131]

人口は、何の抑制もなければ、等比級数的に増加する。生活物資は等差級数的にしか増加しない。それはどういうことかというと、生活の困難が人口の増加を絶えず強力に抑制するのである。この困難は人類のある部分にふりかからざるをえず、そしてそれは人数の多い部分に厳しくのしかかる。

（斎藤悦則訳）

彼の理論は今日、マルサス主義と呼ばれ、より現代的なバージョンは新マルサス主義という。マルサス主義は産業革命期に唱えられた人口統計学、経済学、社会政治学の理論で、それによると人口は等比級数的に増加するが、生存に必要な資源は等差級数的にしか増加しない。このため、飢餓や戦争や疫病などの抑制する原因となる障害がない限り出生率が上がり、人類全体で貧困率が徐々に上がり、絶滅のきっかけになる可能性さえある（マルサスのカタストロフィーと呼ばれる）。マルサスが等差級数的増加と呼んだのは今日で言うところの直線的な増加であり、等比級数的な増加というのは現代の指数関数的増加のことだ。

マルサスが有名な著作を書いた一八世紀の終わりには、イギリスの人口はまだ一〇〇〇万人に届いていなかったが、彼は当時すでに人口が多すぎる、イギリスは人口過剰だと考えていた。彼の理論は、まさに国内で産業革命が始まったばかりだった当時のイギリスに大きな衝撃を与え、政府はイギリス史上初の近代的な人口調査を行った。この調査は一八〇一年に完了し、イギリスとウェールズを合わせて八九〇万人、スコットランドに一六〇万人、イギリス全体で合計一〇五〇万人がいることがわかった。地球全体では、一八〇四年の世界の人口は一〇億に届いていたと推測されている。

マルサスはこうした数字を高すぎると考えていた。当時の世界の技術力の低さを考えると、彼は正しかったのかもしれない。幸いなことに、産業革命によって世界は大きく進歩し、二一世紀前には考えられなかったような生活を送っており、現代の貧しい生活はかつての富裕層の生活よりもいいとさえ言えるようになった。それに加えて、二一世紀初めの平均寿命は一八世紀末の三倍近い。一部のマルサス主義の人々を除いた今日の人々は、当時の人々よりも長く良い人生を送っていると考えていると思う。これはまさに人類社会の大きな進歩のおかげだ。そのおかげでイギリスの哲学者トーマス・ホッブスが一六五一年の著書『リヴァイアサン』に書いたようなマルサス主義の罠から抜け出せたのだ[132]。

技芸、文字、社会――そのいずれも存在しない。そして何より悪いことに、絶えざる恐怖感と、

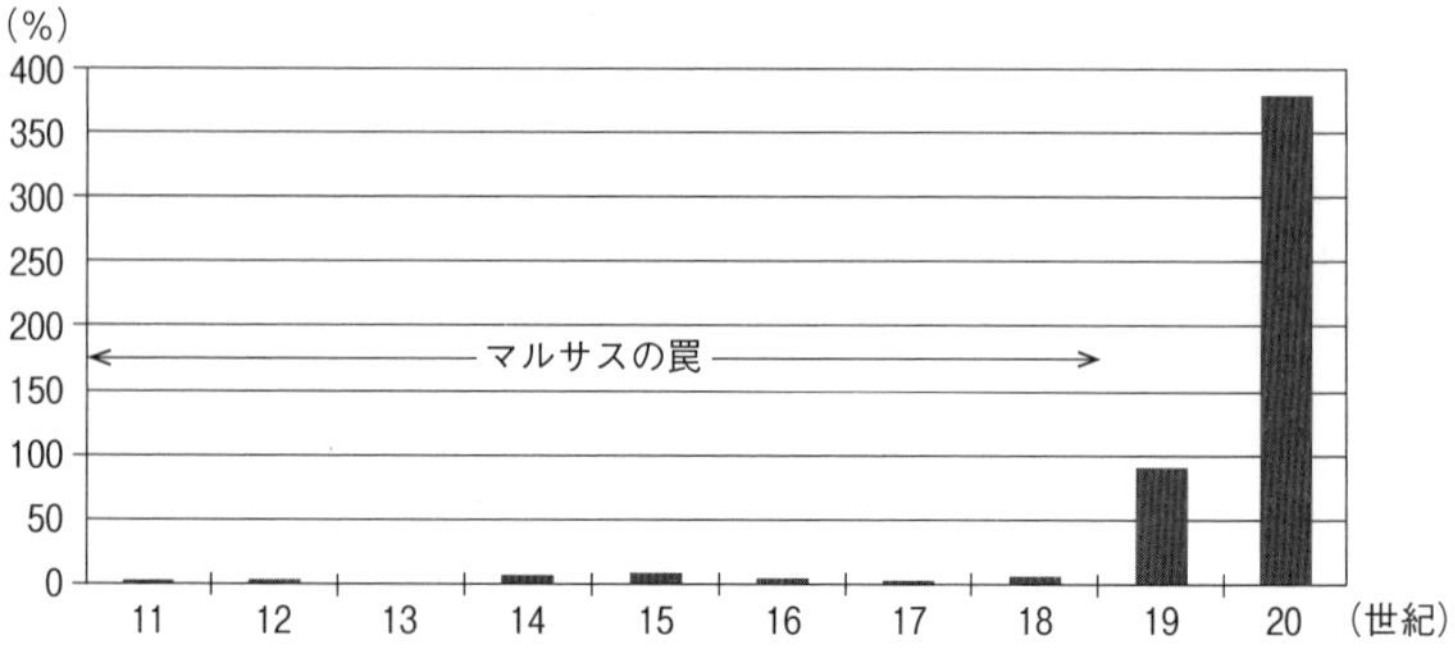

図 4-1　マルサスの罠から産業革命まで（前世紀までの 1 人当たりの GDP）
出典：Angus Maddison（2007）を元に著者作成。

暴力によって横死する危険とにつきまとわれる。人間の生活は、孤独で、粗末で、不潔で、野蛮なものとなる。寿命は短くなる。（角田安正訳）

図4-1には一八世紀までの人々の悲しい現実が示されている。経済的な成長というものがほぼ存在しなかった時代に、一人当たりの収入あるいはGDP（国内総生産）を計算している。イギリスの経済歴史学者アンガス・マディソンによって更新された数値では、一人当たりの収入は年間一〇〇〇ドル前後、富裕層はもう少し高額で、貧しいものはもう少し低かったが、当時は全体的に経済的には貧しく、さらに悪いことに寿命も短かった。ホッブスが何世紀も前に説明したところによると、大半の人が若くして死に、子供の時やあるいは誕生時に亡くなることもあり、ありふれていた残酷な死を乗り越えて長生きした人も、現代の基準では貧しく、汚く、暴力的で短い人生を送った。

産業革命とともに始まった経済成長は本当に驚異的だった。シンギュラリティ大学とヒューマン・ロンジェビティ社の共同設立者であり、ほかにも多数の企業を立ち上げたアメリカの起

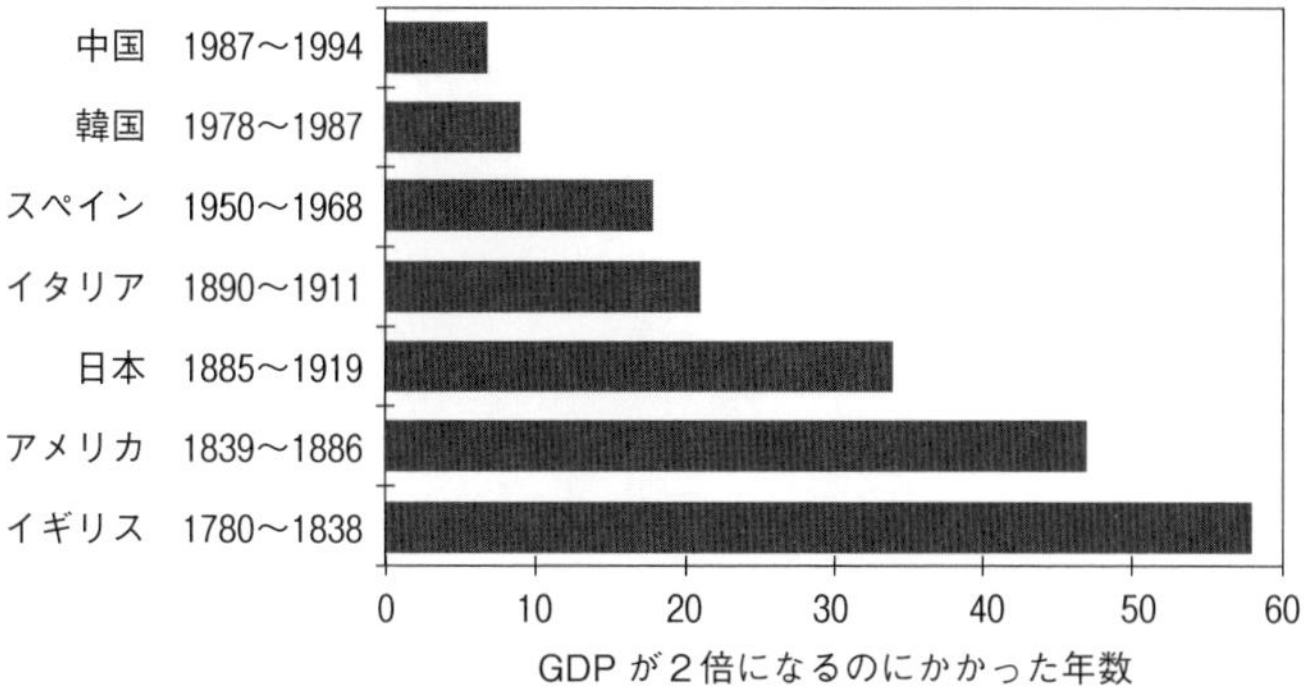

図 4-2　経済成長の急激な加速

出典：Angus Maddison（2007）を元に著者作成。

業家ピーター・ディアマンディスは、現代を生きる我々が経験している指数関数的な変化は急激に世界経済を変貌させるだろうと示唆している。[133]

この先一〇年間で、この一〇〇年に成したよりも多くの富を我々は作り出すだろう。

ディアマンディスはスティーブン・コトラーとの共著『楽観主義者の未来予測――テクノロジーの爆発的進化が世界を豊かにする』で、我々が欠乏の世界から潤沢の世界へと移行していくことを説明している。[134] 実際、技術的な変革の加速によって、この先二〇年以内に、これまでの二〇〇〇年に起こった以上の変貌が起こると我々は考えている。一度見ただけではわからないかもしれないから、我々はこの基本的な考えを繰り返し述べる。我々はこの先二〇年以内に、これまでの二〇〇〇年に経験した以上の技術的な大変革を迎えることになると考えている。

図４-２は経済の発展がどのように加速していったかを示している。人類史上で初めて個人一人当たりの収入を体系的に二倍にした国は産業革命期のイギリスで、一七八〇年から一八三

八年までの五八年間かかっている。二番めはアメリカで、一八三九年から一八八七年までの四七年間で一人当たりの収入を二倍にしている。その次は日本が一八八五年から一九一九年までの三四年間というずっと短い期間で達成している。日本は西欧以外で初めて先進国に仲間入りした国であり、この事実が、当時はびこっていた「発達できるのはヨーロッパ諸国とその進んだ植民地だけ」という植民地主義的な偏見を覆した。

二〇世紀の終わりには中国が経済成長の世界記録を更新し、一〇年もかからずに総国民所得の一人当たりの金額を二倍にできることを実証してみせた。ほかの国々も次々と中国に続いたので、世界全体にとって明るいニュースだった。インドでさえ高い成長率を見せ始め、アフリカやラテンアメリカの国々もそれに続いた。こうした実績のおかげで貧困から自力で抜け出すことがすべての国に可能だということになり、世界銀行は二〇三〇年までに世界に最貧国をなくすという目標を定めた[135]。国際連合（UN）の持続可能な開発目標（SDGs）も、この目標を二〇三〇年までに達成することを目指している。最高なのは、歴史上初めて、世界に非常に貧しい国がなくなる可能性が本当にあるということだ[136]。

図4-3は一八〇〇年から二〇一六年までの世界各地の経済成長を示している。一八世紀までは世界のだいたいどこでも、GDPの平均は年間約一〇〇〇ドルほどしかなかった。産業革命がこの悲しい状況を変え、莫大な富を生み出した。工業化が最初に進んだ国が最初に成長し、その現実が一〇〇年近く続いた。幸い、もっとも貧しかった国は今、急速に成長し、先進国に追いつき始めている。図4-3の縦軸は収入の指数関数的な増加を示していて、一八世紀までの歴史的な一〇〇〇ドルから、多くの国で一万ドル、もっとも富裕な国では五万ドルという推移がわかる。二一世紀に入ると、すべての国で一万ドルを超え、おそらくこのまま上がり続けて一〇万ドルを超えていくだろう。我々は今も欠乏から潤沢へと変わり続けてい

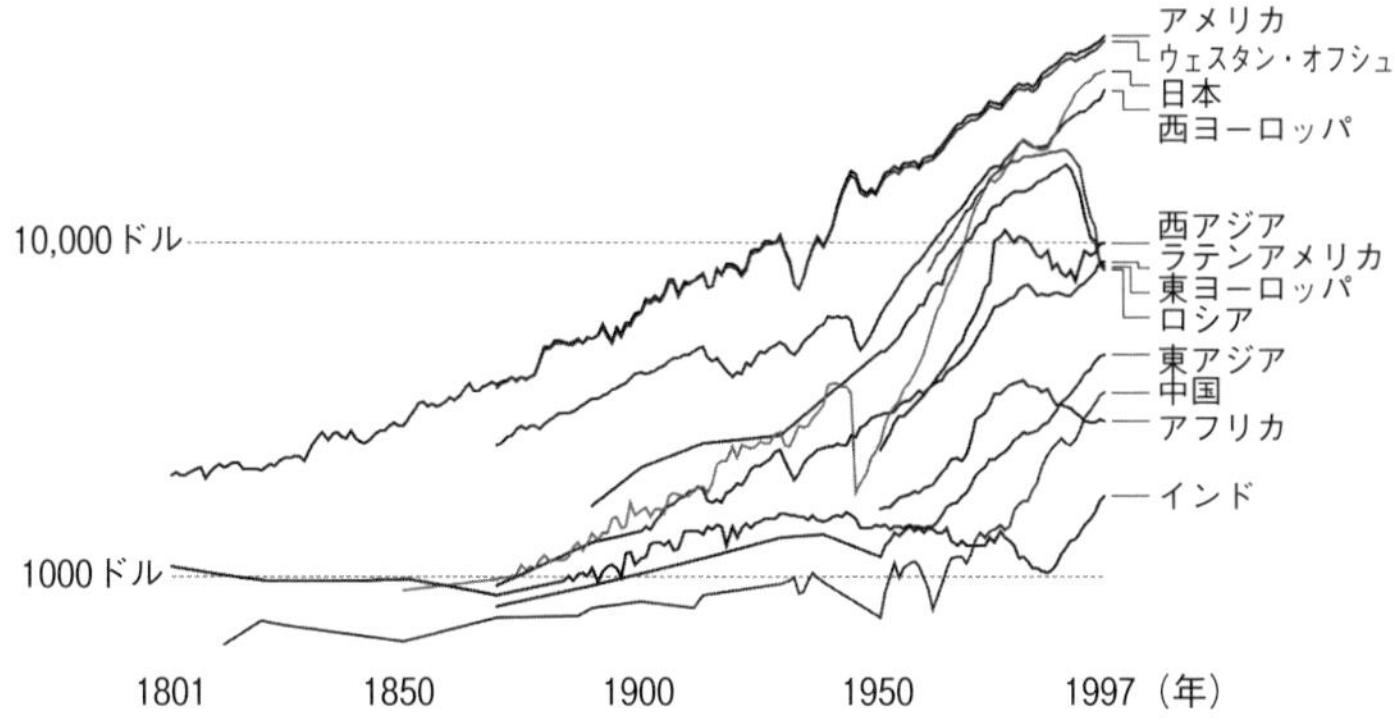

図 4-3　〝指数関数的〟経済成長 ―― 1 人当たりの GDP と物価の変動（インフレーション）の推移と国による物価の違い（2011 年の国際ドルを基準）

*アメリカ、カナダ、オーストラリア、ニュージーランドの4カ国。出典：Maddison Project Database（2018）を元に著者作成。

るのだが、まだそれを信じたがらない人々もいる。それに加えて、より少ないコストで多くを作れるようになったので、値下がりしたものもたくさんある。つまり我々は〝より高い〟収入と〝より安い〟物価の未来へと進んでいるのだ。

カナダ系アメリカ人の心理学者スティーブン・ピンカーも、我々が〝最良の時代〟を生きている理由を述べている。自分のいる時代のことはわかりにくいが、我々は人類史上でもっとも平和な時を生きているのだ。ピンカーは二〇一一年の著書『暴力の人類史』で、暴力は我々の先祖ホモ・サピエンス・サピエンスがアフリカに出現して以来、減少してきていると述べている。[137] その後もピンカーは自説を実証、擁護し続けていて、二〇一八年の著書『21世紀の啓蒙――理性、科学、ヒューマニズム、進歩』では人類の進歩のために理性、科学、ヒューマニズムが大切だと説いている。[138]

人口統計学的危機、ただし多くの人が恐れているものとは違う

毎日これほど多くの悲劇的なニュースを聞いていると、人類が進歩していて、現代の我々はかつてない富裕な世界に生きているとは信じられないかもしれない。ディアマンディスは、いいニュースよりも悪いニュースに注目してしまうことには進化上の理由があると説明している。悪いニュースを無視すれば死んでしまうかもしれない。まさにそれが悪いニュースであるから、命の終わりにつながるかもしれないのだ。その一方で、いいニュースを見逃しても死ぬことはない。それはそれがいいニュースだからだ。脳の中に扁桃体という腺があり、悪いニュースに注目し、その注意を増幅する機能を果たしている。[139]

扁桃体は我々の危険探知器だ。ヒトの早期警報システムだ。すべての感覚入力を文字通り細かく調べて、警戒体制に入るべき危険がないか探す。……そう、だから新聞やテレビが報じるニュースの九〇パーセントがネガティブなのは、我々が注意を払うのが悪いニュースだからだ。……

メディアはそれを利用している。古いことわざ「血が流れるなら見出しになる」の通りだ。

多くの人が、世界の人口がどんどん増えていったら、人類にとって大惨事になるのではないかと考えている。それは新しい考えではない。二〇〇年以上前にマルサスが提唱した説だ。今日ではそれが間違っているとわかっている。マルサスが産業革命によって起こる技術的な変化を考慮に入れていなかったのも、その一因だ。イギリスは一八世紀には一〇〇〇万人以下で人口過剰になっていたかもしれないが、それは

食糧やほかの必需品やサービスを作り出す技術が足りなかったからだ。

さらに時を遡《さかのぼ》ると、五万年以上前のアフリカでは一〇〇万人以上が生き延びることはできなかった。当時は技術がなかったからだ。狩猟と漁と採集によってしか食糧を得られなかったから、一〇〇万人以上の人々が食べていくことはできなかった。幸い、一万年前に農業が発明されたから、食糧を生産し、保管できるようになり、人々の生活が保障された。農業が始まるまで移動生活をしていた祖先たちは、食糧が保証されて初めて都市を作った。農業が発明されるまで祖先たちは〝マルサスの罠〟に囚われて生きていたが、幸い農業などの技術によって、我々は一八世紀まで絶滅せずに辿り着けた。(140)

世界の人口問題は、特にトップクラスの力を持つ国々にとって重要な問題だった。第二次世界大戦が終わった一九四五年、国際連合は長期の人口予測を始めた。最初の予測は一〇〇年後、二〇五〇年のもので、一九五〇年代の世界の高い出生率によって計算されたせいで、二〇〇億人と予測された。地球の人口は一九五〇年には約二五億人だったが、人口の伸びがそのまま続けば、二〇五〇年には二〇〇億人になるはずだった。しかし出生率は各国で落ちてきているので、予測も年を経るなかで二〇〇億から一八〇億、それから一五〇億、それから一二〇億と減り、今では二〇五〇年の人口は一〇〇億人に届かないだろうと推測されている。

アメリカの生態学者ポール・R・エーリックは、世界的ベストセラーになった一九六八年の著書『人口爆弾』の冒頭でこう述べている。(141)

人類全体の食糧を確保するための戦いは終わった。これまでに様々な強力な対策が実行されているが、一九七〇年代と八〇年代には何億人もの人々が餓死するだろう。ここまできてしまっては、世界の死亡率のはっきりとした増加を防ぐためにできることは何もない。……

幸い、エーリックは完全に間違っていた。一九七〇年代に何億人もの人々が死ぬようなことがなかったのは、農業において農工業的な生産性を上げた緑の革命などのような技術的進歩が続いていたからであり、出生率が減り続けていたせいでもある。しかしエーリックは、その後も世界の人口は多すぎると発言し、書き続け、新マルサス主義の大惨事がやってくるとして、予測を発表しては、技術的進歩と人口増加率が下がることが続いて、外れるということを繰り返した。

何千年も前に農業の発明によって達成した人口の増加、二世紀前にマルサス主義によって恐怖が喧伝されていた時期の産業革命、エーリックの恐怖の主張に対する何十年か前の緑の革命を見れば、我々が将来、技術によってどのような道筋を辿るのかがわかる。この先数年の間にバイオテクノロジー、ナノテクノロジー、ロボット工学、ＡＩなどのすばらしい技術の発達によって、マルサスやエーリックばかりでなく、同時代に生きる多くの人々を驚かせることになるだろう。それに、こうした技術的変化が線形的でなく指数関数的に、どんどん加速していくことを忘れてはならない。

現実に、今日では多くの国々で人口増加が止まり、減り始めている。図4-4は一九五〇年以降の人口統計上の変化を示しており、二〇五〇年までの世界のそれぞれの地域での予測も含まれている。国連によると二〇一七年の平均的な予測では、世界の人口は二〇五〇年には九八億人、二一〇〇年には一一二億人だ。さらに、世界の人口が八〇億に達するのは二〇二三年で、九〇億に達するのは二〇三七年と予測されている。[142]

一方で、アメリカ国勢調査局も二〇一七年に二〇五〇年の人口推計を改訂したが、こちらは国連よりも

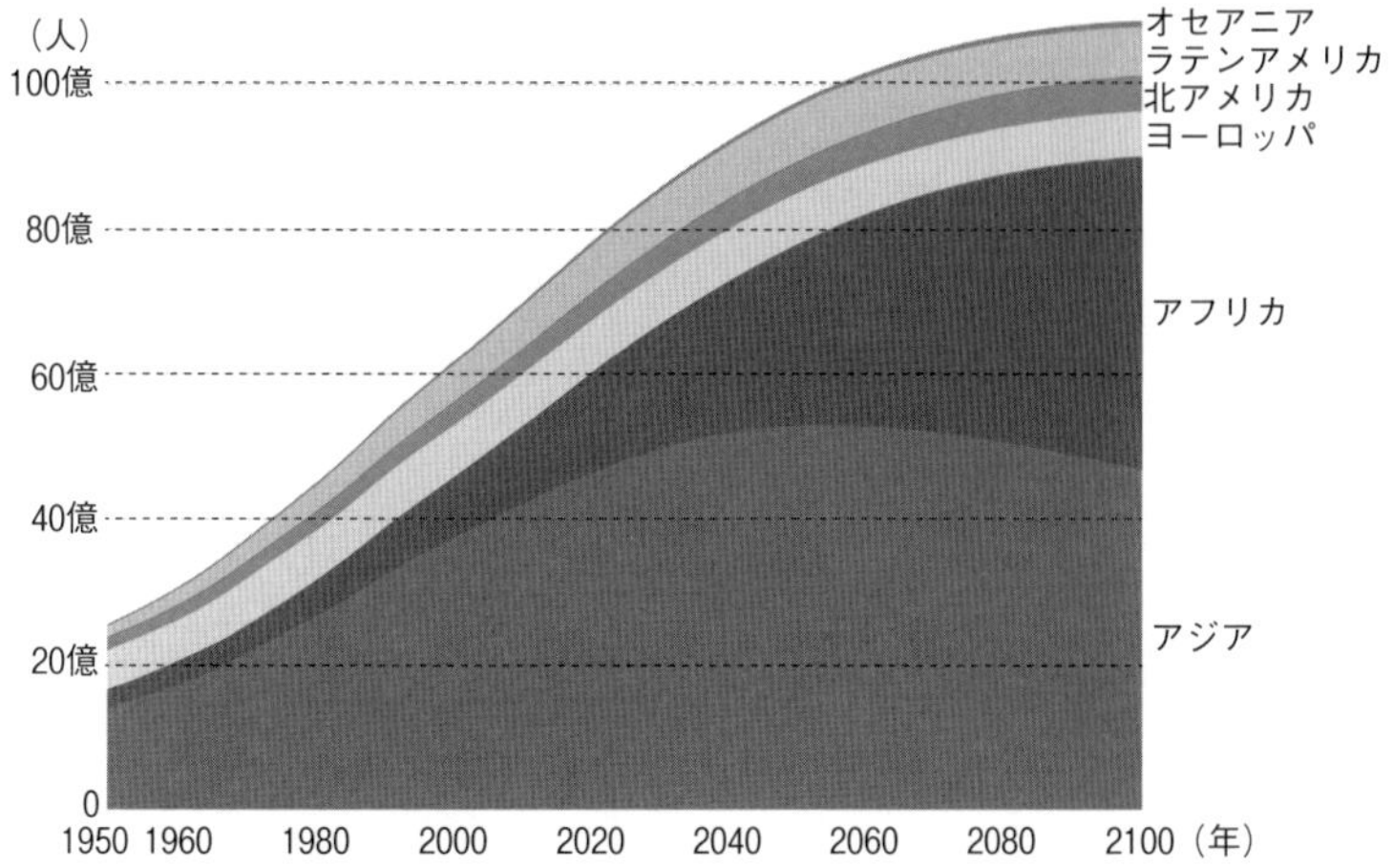

図 4-4　〝直線的な〟人口増加 —— 2100 年までの世界の人口予測（2100 年までの人口を国連の平均的な人口推移推計に基づいて予測）

出典：HYDE Database（2016）を元にした www.ourworldindata.org および United Nations World Populations の予測（2019）

さらに控えめな数字にしている。二〇二六年に八〇億人、二〇四二年に九〇億人、二〇五〇年に九四億人だ[143]。アメリカ国勢調査局は現時点では二〇五〇年以降の人口予測を発表していないが、この控えめな予測のほうが現実に近いだろう。

どちらにしても、世界各地で人口の増加が止まり、減少し始めることはわかっている。ドイツ、日本、ロシアといった国ではすでにそうなっているからだ。国連の数字を信じるなら、その平均的な推計によれば、日本の現在（二〇一八年）の人口の一億二七二〇万人は、二一〇〇年には八四五〇万人に減っているだろう。もっとも過激なシナリオだと、日本の人口は五四三〇万人にまで減ってしまい、その傾向が続けば一〇〇年後には日本列島に人がいなくなってしまう。人口が急激に減少している原因は出生数が減っているせいであり、それは日本の平均年齢がすでに四〇歳を超えていることから、多くの女性が妊娠・出産を非常に困難だと感じているせいだ。つまり、現状を覆すことはほぼ不可能なのだ。幸い、新技術のおかげで世界は急激に変化しているから、日本のような国がもっともアンチエイジングや若返りに興味を持つのは明らかだ。

ドイツの人口は、二〇一八年の八二三〇万人から、二一〇〇年には平均的な推計で七一〇〇万人に、極端なシナリオでは四七三〇万人に減少すると予測されている。ロシアでは、二〇一八年の一億四四〇〇万人から、二一〇〇年には平均的な推計で一億二四〇〇万人に、極端なシナリオでは七七二〇万人に減少すると予想されている。スペインやイタリアなどのカトリックの国々でも同じ傾向が見られる。スペインでは、二〇一八年の人口は四六四〇万人で、二一〇〇年までに平均的な推計で三六四〇万人に、極端な推計では二四〇〇万人にまで減少すると予測されている。イタリアでは、二〇一八年の五九三〇万人から、二一〇〇年には平均的な推計で四七八〇万人に、極端なシナリオでは三一九〇万人に減少すると予想されている。〝幼子《バンビーノ》〟の国イタリアでも子供がどんどん少なくなっていくのだ。一方で、もしドイツ、スペイン、イタリアのような国の人口がそれほど減少しない、あるいは減少の速度が遅くなるとしたら、それは移民のおかげであり、元々の民族の出生率の低下を補う方法なのだ。

おそらく世界でもっとも劇的なケースは中国の人口の大幅な減少だ。これは数十年に渡って実施されてきた「一人っ子政策」の強制の結果でもある。中国では、現在の国民の大半は一人っ子同士の両親から生まれた一人っ子であり、そのせいで社会に大きな歪みが生じている。それに加えて、男尊女卑文化のなかで、父親が後継として男児を望んで女児を間引いたことが原因で、女性より男性が多い。その結果、人口は平和時の人類史上には一度もなかったほど激しく急減した。国連によると、中国の人口は二〇一八年には一四億一五一〇万人で、二一〇〇年には平均的な推計で一〇億二〇七〇万人に、極端なシナリオでは六

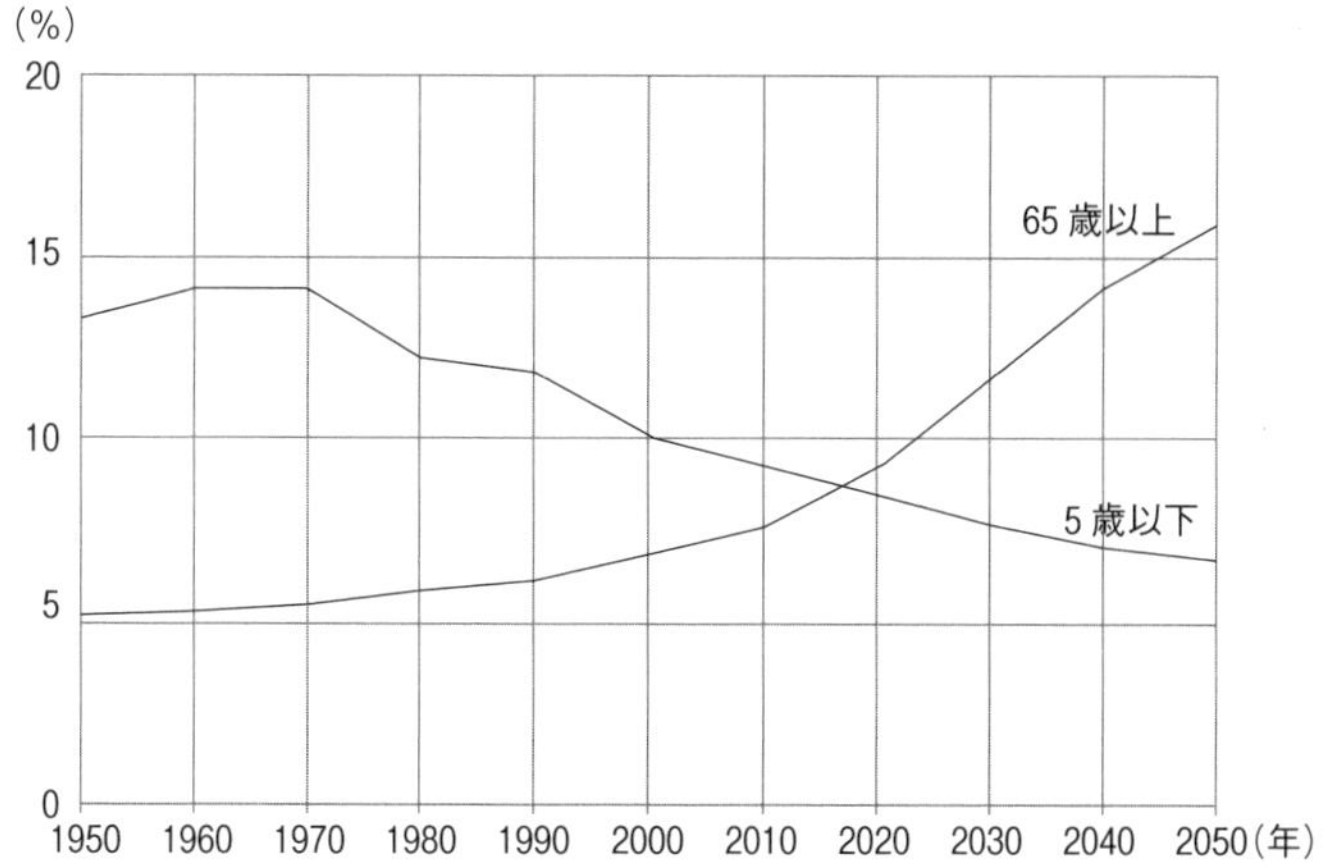

図 4-5　実際の人口危機（人口の割合、%）

出典：UN data（2020）を元に著者作成。

億一六七〇万人にまで減少すると予測されている。こうした悲劇的な人口推移予想がされている中国も、アンチエイジングと若返りに非常に強い興味を持つ国だろう。

これから迎える人口危機は、人口の過剰ではなく、地球の人口の停滞と減少が考えられる。この二世紀の間に世界がこれほど進歩した理由を分析するなら、その主な理由の一つは人口の増加だ。より多くの人が考え、より多くの人が労働し、より多くの人が創造し、より多くの人が革新し、より多くの人が発見し、より多くの人が発明したからだ。人々は食べるための口と排泄するための尻だけを持って生まれてくるわけではない。脳を持って生まれてくる。そして脳は既知の宇宙でもっとも複雑な組織なのだ。脳はどんなことでも想像し、創造することができるすばらしい器官だ。

しかし主にアフリカやアジアの貧困国のなかには、まだ人口が増え続けている国もある。しかし出生率は下がってきているので、この数十年の間の人口推計の歴史が示しているように、現在の推計はこれから起こ

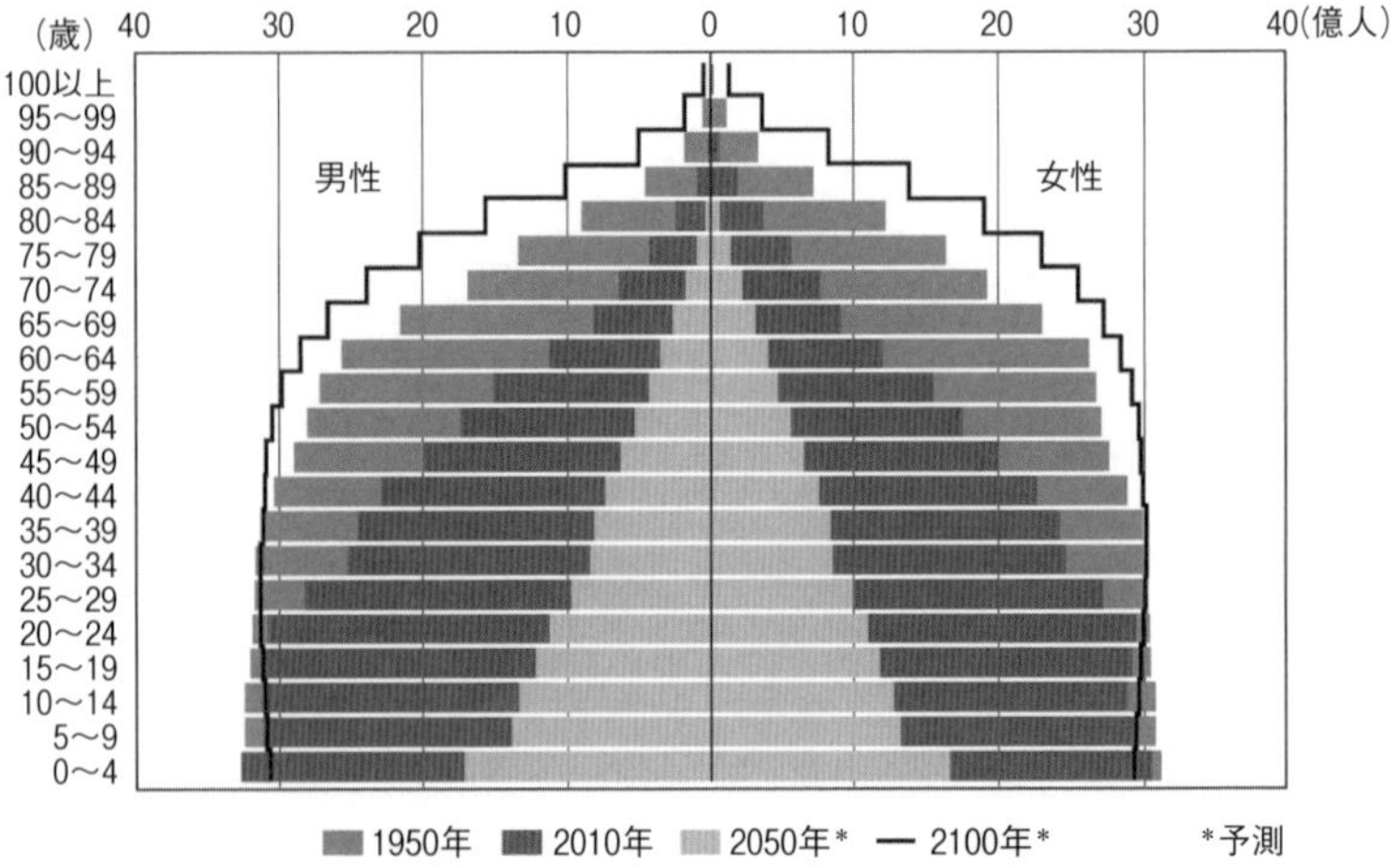

図 4-6　人口ピラミッドの形の変化

出典：UN data（2020）を元に著者作成。

る現実よりも過剰になっているかもしれない。一方で、より貧しい人たちが世界経済に参加するようになるのは、よい効果をもたらすだろう。もっとも貧しい人が、少ない資本でやりくりをする方法をもっともよく知っているからだ。地球規模の経済に新たな考え方が加わることによって、世界の生産性は上がるだろう。しかし最貧国でさえも、この数十年の間に人口の増加は止まるだろう[144]。

図4-5は、世界の五歳以下の人口の激的な急落と、六五歳以上の人口の急激な増加を示している。これは全世界での傾向なのだ。世界は急速に高齢化し、若い人が減り、高齢者が増えている。世界的な現象であり、いわゆる富裕な国々と貧困状態に分類される国々の両方に起こっている問題なのだ。人類は歴史上ずっと、暴力関連の原因や伝染病によって若いうちに死んできた。しかし今、人々は長く慢性的な加齢関連疾患で苦しんだ後に死んでいる。

図4-6は「人口ピラミッド」と呼ばれていたものだが、今ではピラミッド型ではなく長方形になっ

ている。現在の日本やこの先の中国のようなもっとも急激なケースでは、ピラミッドがひっくり返り、上向きの三角形から下向きの三角形に変わっている。図4‐6も、世界の人口が停滞から高齢化へと変わっている状況を示している。どの世代の人口もどんどん減っていくことが予想されている。

世界の人口の高齢化は、将来的に人類にも社会にも影響があるうえに、経済的にも深刻な結果を招く。高齢化が進み続けると、労働人口が減り、引退した人や年金生活者が増える。その一方で、多くの人の医療費が急速に増える。その大半は人生の最後の数年間にかかる。その結果、患者の大部分は個人的、社会的に多大な費用を負った後に亡くなる。一方で興味深いことに、スーパー高齢者（がんにも認知症にも心疾患にも糖尿病にもかかったことのない九五歳以上の人）と呼ばれる人たちは〝有病状態の圧縮〟が起こり、亡くなる時は急に亡くなり、医療費があまりかからない傾向がある。

幸い、選択肢はある。今日までの先人たちがみな経験した最期への悲劇的なプロセスを歩む必要はない。我々は今やその悲劇的なプロセスを科学的に遅らせ、停止し、巻き戻す方法を知っている。人類最大の敵を倒すという我々の歴史的な挑戦は何よりも重要なのだ。

人類の未来へと続く新たな道を切り開くべき時が来た。無期限の若さへと続くすばらしい旅を始める時がやってきたのだ。間違いなくリスクを伴う旅だが、チャンスに満ちている。人類がもっとも長く追い求めてきた夢に辿り着くには、まだいくつかの橋を渡らなくてはならない。現在の線形的な世界から明日の指数関数的な世界へと続く旅だ。

すばらしい旅

二〇〇四年、レイ・カーツワイルと彼の主治医で長寿研究の専門家テリー・グロスマンは『すばらしい旅――永遠に生きられるまで長生きしよう』を著した。題名は、一九六六年に20世紀フォックスが女優で歌手のラクエル・ウェルチを主演に起用して制作したアメリカの有名なSF映画 *Fantastic Voyage*（邦題「ミクロの決死圏」）が元になっている。この映画は、潜航艇に乗った人を実験室でミクロ化し、人体の中へと送り込むすばらしい旅の物語だ。

この映画は二部門でアカデミー賞を受賞し、この映画の脚本を元にロシア系アメリカ人の作家アイザック・アシモフが小説化し、アニメシリーズが制作され、さらにはスペイン人の画家サルバドール・ダリによって同名の絵画が描かれた。アメリカ人のプロデューサー、ジェームズ・キャメロンとメキシコ人のギレルモ・デル・トロはハリウッドでリメイク版の制作に興味を示している。

カーツワイルの健康関連の本は『すばらしい旅』で二作めだ。この分野の第一作、一九九三年の『健康な人生のための一〇パーセントのソリューション』でカーツワイルは、四五歳で糖尿病を克服した際の状況と、カロリー、脂質、糖質を制限した食事療法の詳細、心臓疾患とがんのリスクを減らすために行ったそのほかの変革を書いている。

カーツワイルの健康関連の本は一作め、二作めともにグロスマンとの共著で、ふたりは心疾患、がん、2型糖尿病などの疾患について説明している。彼らは、低GI食品を用いた食事療法、カロリー制限、運動、緑茶やアルカリ水を飲む、サプリメントを利用するなどを毎日の習慣にし、ライフスタイルを変えていくことを推奨している。

『すばらしい旅』では、こうした変革の目的は素朴で理想的な健康を獲得し維持することで、できる限り長生きを目指すことだと述べられている。カーツワイルとグロスマンは、この先数十年の間に老化のプロセスのほとんどに打ち勝ち、変性疾患を排除できるようになるところまでテクノロジーが進歩すると信じている。この本は、現在の研究がどのように寿命の延伸につながるかを示したり、バイオエンジニアリングやナノテクノロジーやＡＩなどの未来的なテクノロジーが我々の生を変えることを示す、様々な未来学的なトピックの注釈がたくさん載っている。

要約すると、冒頭は無限の生命に辿り着くための三つの「ブリッジ」の説明から始まる。以下は三つのブリッジについて我々がまとめたものだ。

（一）第一のブリッジ　二〇一〇年代まで続いている、基本的に母や祖母の代にするように言われているようなこと（よく食べる、よく眠る、運動をする、タバコを吸わないなど）に医学的な知識を加えたもの。このブリッジはレイとテリー（カーツワイルとグロスマンのファーストネーム）の長寿プログラムと一致していて、第二のブリッジの恩恵を受けられるまで健康でいるための最新の治療法やガイドラインも含まれている。[145]

（二）第二のブリッジ　二〇二〇年代にバイオテクノロジー革命によって強化される。我々はヒトの遺伝情報を研究し続けて、病気や老化を回避する方法を発見するだろう。そうすれば、ヒトの潜在的な寿命をフルに生きられるようになる。この第二のブリッジによって我々は第三のブリッジに辿り着く。

（三）第三のブリッジ　主に二〇三〇年代にやってくる。そしてナノテクノロジーとＡＩの革命のおかげで実現する。こうしたテクノロジーの革命が集中して起こることにより、ヒトの体と頭脳は分子レベルで再構築できるようになる。遅くとも二〇四五年までに生物学とコンピュータ（つまり心を読み、複製し、再現する能力）両方の意味でテクノロジーのシンギュラリティ（特異点）と不死を実現する。

ヒトゲノムの配列が解読されたことにより、生物学と医学をデジタル化することが可能になった以降の第二のブリッジについて、『すばらしい旅』ではこう書かれている。(146)

情報がどのような生物学的プロセスで変換されるかが解明されたことにより、病気や老化のプロセスを克服する方法がいくつも浮上してきた。そのなかでも期待できる方法をここで検討し、その例について先の章でさらに詳しく述べたい。生物学の根幹をなす情報、ゲノムから始めるのも、ひとつの強力なやり方だ。遺伝子工学によって、今やあと少しで遺伝子がどのように発現するかをコントロールできるようになるところだ。最終的には遺伝子そのものを変えられるようになるだろう。

ヒト以外の種では、すでに遺伝子工学の展開が始まっている。市販の様々な新薬の開発に使われてきた遺伝子組換え技術を使い、細菌から家畜まで様々な生物を、ヒトの疾患と戦うために必要なタンパク質を作り出せるよう変化させてきた。

もうひとつ重要な戦略は、細胞や組織、あるいは器官全体を再生し、それを手術なしで体に入れるというものだ。この治療的クローン技術の大きな利点のひとつは、こうした新たな組織や臓器について、自分の細胞と同じだが若いものを作れるということである。若返り医療の新たな分野だ。

技術の指数関数的な広がりは、これから一〇年のナノテクノロジーとＡＩの進歩を加速させることにかかっていて、最初の商業的な応用は二〇三〇年代に実現するだろう。そしてそれは第三のブリッジへとつながっていく。

我々は〝リバースエンジニア〟（その裏にある操作の原則を理解しようとする）なので、この技術を応用して、体や脳を増強したりデザインし直したりして、寿命を大幅に延ばし、健康を増進し、知性や経験を広げていくだろう。この技術の発展の多くはナノテクノロジー研究の成果による。「ナノテクノロジー」という言葉は、一九七〇年代にＫ・エリック・ドレクスラーが最小の一〇〇ナノメートル（一ナノメートルは一メートルの一〇億分の一）以下のごく小さな物質の研究を表すために使った新語だ。一ナノメートルはだいたい炭素の直径五個分と等しい。

ナノテクノロジーの理論家ロバート・Ａ・フレイタス・ジュニアはこう書いている。「二〇世紀と二一世紀に苦労して得られたヒトの分子構造に関する包括的な知識は、二一世紀に顕微鏡レベルの小さな医療用に使えるマシンの設計に利用される。こうしたマシンは、まずは純粋な発見のための任務ではなく、細胞の検査や修復や再生のために使われることが多いだろう」

フレイタスはこう指摘する。「何百万台もの自立型のナノマシン（分子を材料にして作る血球サイズのロボット）を人体の中に入れるという考えは奇妙で、警戒すべきもののように思うかもしれないが、現実には体内にはすでに膨大な数の携帯型ナノデバイスがひしめいているのだ」生物学そのものがナノテクノロジーが実現可能であるという証明をした。アメリカ国立科学財団の理事長リタ・コルウェルは、こう発言したことがある。「生命はうまくいっているナノテクノロジーなのだ」マクロファージ（白血球細胞）とリボソーム（RNA配列による情報を使ってアミノ酸をつなぎ合わせる分子〝機械〟）は、本質的に、自然淘汰によって作り出されたナノマシンなのだ。我々が生物を修復し、機能を拡張するために人の手によってナノマシンを作り出す時は、自然の道具箱に入っているものに限定されない。自然はすべての生物に対して限られたパターンのタンパク質しか使っていないが、我々はもっと劇的に強く、速く、ずっと複雑な構造を作り出すことができる。

『すばらしい旅』では、現在に関しては、健康を改善して第二のブリッジに辿り着くためのおすすめをいくつか示している。この本の続編である『超越（*Transcend*）』でカーツワイルとグロスマンは、もっと完全になったプログラムとして、TRANSCENDの九文字を頭文字とする九つのステップを提唱している[147]。

T　医師に相談
R　リラックス
A　健康アセスメント
N　栄養管理
S　サプリメント
C　カロリー制限
E　エクササイズ
N　新たなテクノロジー

D　デトックス

前章で触れたメロンとチャラビの著書『若返りの科学』でも、永遠の生命に向けて第三のブリッジの技術、あるいは著者らが「若返り科学《ジュヴネセンス》」と呼ぶ科学の新たな分野を進歩させていく間は、第一と第二のブリッジを合わせたアドバイスを守るようにと推奨されている。ジュヴネセンスが勧めるものによって、一〇年ほどで寿命という重力圏から脱出するのに必要な最低速度に到達し、人類史上最大の産業が出現した時には、我々の健康ばかりでなく、世界経済や個人の経済的状況に恩恵を与えてくれるだろう。(148)

寿命脱出速度

カーツワイルとグロスマンの『すばらしい旅』の副題、「永遠に生きられるまで長生きをしよう」は非常に示唆的だ。この言葉に含まれているのは、この先数年生きることができたら、それには長生きをせねばならないが、三つのブリッジを渡って若返りに辿り着けたら、永遠に生きることができるという考えだ（永遠の生を望み、事故や大災害や、トンネル内の列車事故や頭にピアノが落ちてくるなど、ほかの原因で死なない限り）。

現在わかっている限り、寿命脱出速度というアイデアを一番最初に提唱したのは、オーブリー・デ・グレイとともにメトセラ財団を創立したアメリカの実業家で慈善家、デヴィッド・ゴーベルだ。この考えの元になっているのは、地球からロケットなどの物体を発射する時に、重力を逃れて宇宙へ出るのに必要な速度を表す惑星脱出速度という言葉だ。地球から発射する際は秒速一一・二キロメートルが必要と計算されており、これは時速四万三二〇キロメートルだ。物理学では、これが地球の惑星脱出速度と呼ばれている。[149]

寿命脱出速度が示すのは、時間の経過よりも速く、寿命が延びていく状況だ。たとえば、我々が寿命脱出速度に到達したら、テクノロジーの発展によって毎年一年以上、平均寿命が延びていくということだ。

平均寿命は今も毎年、治療戦略と技術の発展によって少しずつ延びている。しかし今のところ、充実した人生を送れるとみなされる期間を一年増やすためには、一年以上の研究が必要だ。寿命脱出速度に到達したら、この比率が逆転し、テクノロジーの進歩がずっと同じ率で続く限り、毎年一年間の研究によって平均寿命を一年以上延ばすことができる。

それはいつやってくるのか？　歴史を振り返ると、一〇〇〇年もの間、平均寿命はほとんど延びていなかった。平均寿命が大幅に延び始めたのは一九世紀以降だ。まず最初は日単位で、次に週単位で、そして今は月単位で延びている。今日では、先進国の平均寿命は一年に三カ月ずつ延びていると推測されている。[150]

世界の先進国の平均寿命は一年に三カ月ずつ延びていることをデータが示している。

つまり、一年生きるたびに平均寿命は三カ月長くなる。カーツワイルによると二〇二九年には寿命脱出速度に到達する。これは、一年生きる間に一年以上寿命が延びていく。つまり、この時から我々は永遠に生きられるようになるのだ。[151]　カーツワイルとグロスマンが言っている通り、「永遠に生きられるまで長生きする」のだ。

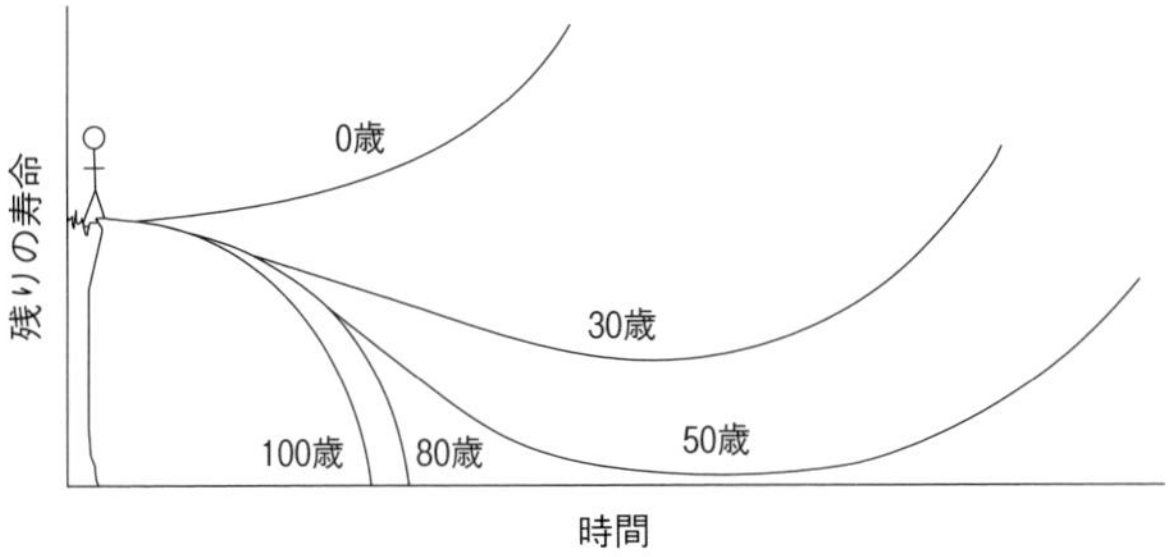

図 4-7　寿命脱出速度（LEV）またはメトセラリティ
出典：Aubrey de Gray（2008）

デ・グレイはこのことをシンプルな図で示した。我々の現在の年齢によって残りの寿命を推算できるものだ。残念ながら現在一〇〇歳の人にとっては、あまり期待できそうな感じではない。八〇代の人々にとっても、残念だがあまりいい感じではない。しかし五〇歳以下の人々は、図4-7に示した通り、寿命脱出速度に到達するだろう。

いつ寿命脱出速度に到達するのかについては、もうすぐだというものから、実現しないだろうというものまで様々な意見がある。しかし、これまでに見てきた指数関数的な進歩から考えると、二〇二九年というのが妥当なところだろう。実際、永遠の生を手に入れるまで長生きするには、第二のブリッジと第三のブリッジの期間を生き延び、健康寿命の可能性を上げていかなければいけないのだ[152]。

デ・グレイは「メトセラリティ」（元のアイデアはアメリカの起業家ポール・ハイネクのもの）というコンセプトも普及させている。これはメトセラ版シンギュラリティのようなもので、デ・グレイはテクノロジーのシンギュラリティとの違いをこう説明している[153]。

> 老化は、無数のタイプの分子と細胞の劣化が複合している現象であり、徐々に撲滅されるだろう。私は少し前から、この進歩の連続により境界点ができるだろう、と予測している。それを私は

「メトセラリティ」と名付ける。この境界点を超えると、年齢を重ねるごとに加齢関連疾患のリスクが上がるのを防ぐためのアンチエイジングのテクノロジーの進歩が現実に減少していくだろう。いろいろな人が、この予測がグッドやヴィンジやカーツワイルらがテクノロジー全般（特にコンピュータのテクノロジー）について語る際に「シンギュラリティ」と呼んでいるものと似ていると指摘している。

メトセラリティとは、ヒトの死をもたらす医学的な症状がすべて排除され、人は事故や殺人でしか死ななくなった未来の時点を指している。つまり〝メトセラリティ〟は、人類が永遠の生を手に入れ、老化がなくなった瞬間、寿命脱出速度に到達した時点を指すのだ。(154)

線形的から指数関数的へ

科学者かつ実業家で、インテルの創業者のひとりでもあるゴードン・ムーアは、一九六五年にコンピュータの性能はだいたい一二カ月ごとに二倍になると著し、後にコンピュータとそれに関連する広範囲のテクノロジー全般の話として、二年に修正した。(155)

部品あたりのコストが最小になるような複雑さは、毎年およそ二年の割合で増大してきた。……短期的には、この増加率が上昇しないまでも、現状を維持することは確実である。

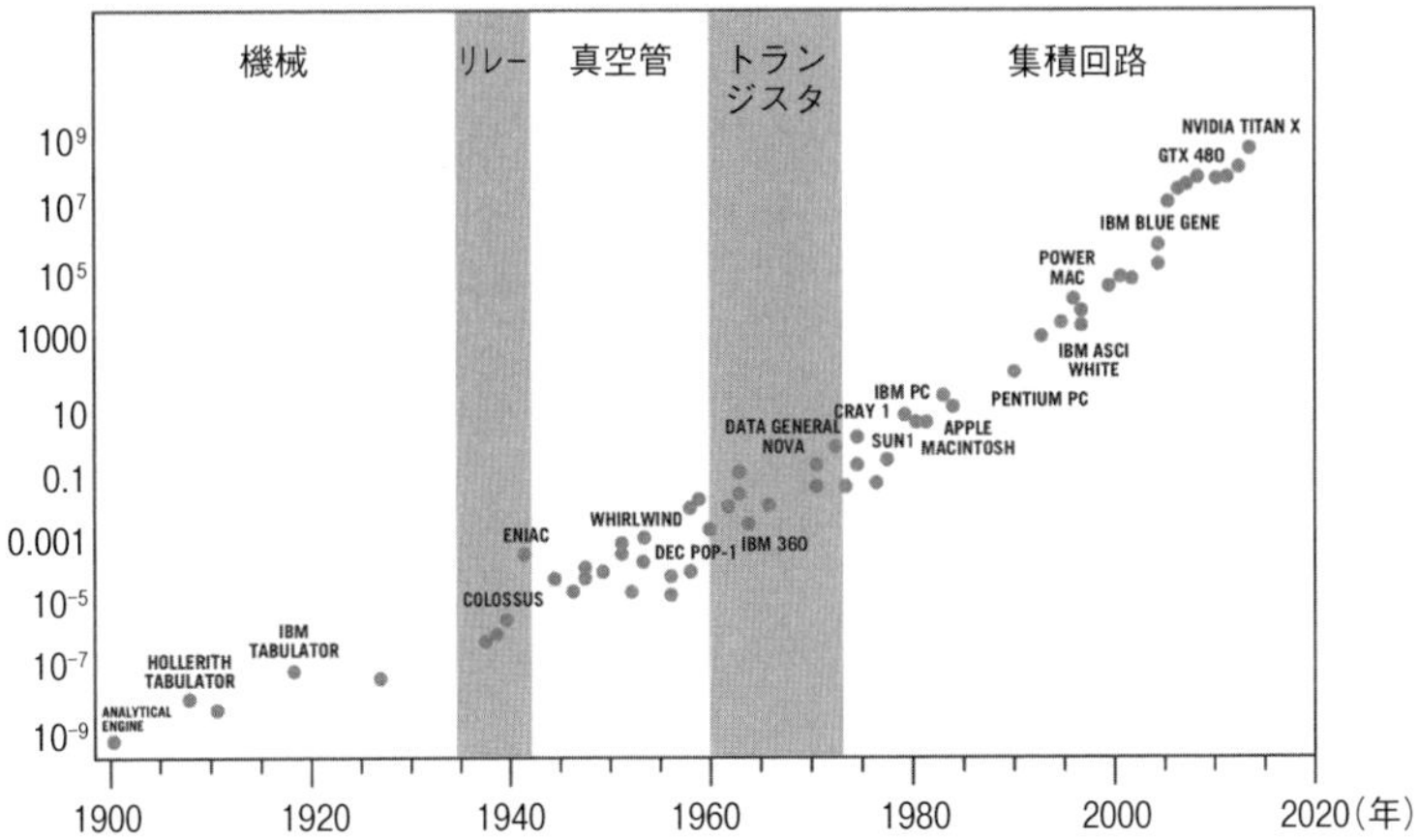

図 4-8　収穫加速の法則（1000 ドルあたりの MIPS）

MIPS は処理速度の単位。出典：Ray Kurzweil（2020）

この関係はムーアの法則と呼ばれているが、一九七五年に彼はトランジスタとマイクロプロセッサの数は約二年で倍になると修正している。これは物理学の法則とは違い、経験から導き出した法則だ。この法則は現在、パソコンと携帯電話に当てはまっている。しかし彼が法則を述べた時には、まだマイクロプロセッサはなかったし（一九七一年に発明された）、パソコン（一九八〇年代に一般に普及した）も、携帯電話（まだ実験段階でしかなかった）もなかった。

カーツワイルは、二〇〇五年に初版が刊行された著書『シンギュラリティは近い――人類が生命を超越するとき』の中で、ムーアの法則はテクノロジーの長い歴史の中の傾向の一部であり、未来にはもっとたくさんのプラス要因があると述べている。[156] 図4-8はカーツワイルが収穫加速の法則と呼んでいるもので、これを見るとムーアの法則はその一部分にすぎず、現代も含まれる第五のパラダイムに属していることがわかる。カーツワイルは二〇〇一年に収穫加速の法則を発表している。[157]

この率でいけば、二一世紀のテクノロジーの進歩は二〇〇世紀分に相当することになる（西暦二〇〇〇年の進歩率での計算）。

ギリシャの哲学者ヘラクレイトスは、紀元前五世紀にすでに「変化こそ唯一不変のものだ」と言っている。しかし今日では、この変化が加速していることがわかっている。多くの人はまだ気づいていないかもしれないが。カーツワイルは前述の本でこう述べている。[158]

未来は、まったく誤解されている。われわれの祖先は、未来は現在によく似たものだろうと考えた。その現在は過去とよく似ていた。

未来は、たいていの人が思い描くより、はるかに驚くべきものになるだろう。変化の率そのものも加速度的に大きくなっているという事実がもつ意味を、きちんと考慮に入れている人がほとんどいないからだ。（小野木明恵、野中香方子、福田実訳）

指数関数的変化を説明するために、カーツワイルはテクノロジーの正のフィードバックが変化の速度を加速すると説明する。[159]

テクノロジーはただツールの作成に使われるだけではない。過去のイノベーションによって作られたツールを使って、さらに強力なテクノロジーを作るプロセスなのだ。

進化は正のフィードバック（出力結果をさらに促進するように次の入力が行われるフィードバック）を働かせる。……

> 進化のある段階で得られたより強力な手法が、次の段階を生みだすために利用される。
> 最初のコンピュータは、紙の上で設計され、人の手で組み立てられた。それが今では、コンピュータのワークステーションで設計され、次世代の設計の詳細の多くをコンピュータ自身が書き、製造は、全て自動化された工場で、人間の手をほとんど借りずに行われる。（小野木明恵、野中香方子、福田実訳）

テクノロジーが進歩するにつれて、二〇二九年にはＡＩがチューリング・テストをパスし（つまり、コミュニケーションをとっている相手が人間かＡＩかわからなくなる）、二〇四五年には〝テクノロジーの特異点《シンギュラリティ》〟（あえて簡単に定義すると、ＡＩがすべての人間の知性と同等になる瞬間）に到達すると、カーツワイルは予想している。チューリング・テストとテクノロジーのシンギュラリティは、この本のテーマからは外れるが、興味のある読者はカーツワイルの『心を作る方法』（ローラブックス社のスペイン語版ではホセ・コルデイロがプロローグを書いている）には、ＡＩの指数関数的進歩が説明されている[160]。

指数関数的変化は最初は非常に遅く見えるが、急激に加速する。アメリカの実業家で慈善家のビル・ゲイツは、スイスのダボスで行われた世界経済フォーラムの未来予測というテーマで、こう示している[161]。

> ほとんどの人は自分が一年でできることを過大に見積もり、一〇年でできることは過小に見積もっている。

さらに年ごとの予測では、一年に起こることを過大に見積もり、長期的な傾向による変化を過小に見積もる可能性がある。ディアマンディスとコトラーは二〇一六年の『ボールド　突き抜ける力』で、技術の

進歩は六つのDと名付けた六段階で起こるとしている。(162)

六つのDはテクノロジーの進歩の連鎖反応であり、大変動や大きなチャンスへと続く急速な成長のロードマップである。

テクノロジーは伝統的な産業のプロセスを崩壊させ、それはもう元には戻らない。

六つのDとは、Digitized（デジタル化）、Deceptive（水面下の成長）、Disruptive（破壊）、Demonetized（無料化）、Dematerialized（非物質化）、Democratized（民主化）だ。

ディアマンディスとコトラーによると、デジタル化が可能なすべてのテクノロジーは、医学と生物学などを含む分野で、それぞれの産業に急激な変化をもたらすような指数関数的な変貌を遂げる可能性がある。六つのDの指数関数的変化に当てはめると、デジタル化と水面下の成長のスピードは遅く、非物質化で加速が頂点に達し、民主化によりテクノロジーが誰の手にも届くものになった。その典型的な例がコンピュータで、最初は非常に高価で処理速度も遅かったものが、今では非常に高速で安価になっている。同じことが携帯電話にも起こった。こちらは世界的に民主化が進み、今日では世界のどこでも、誰もが、望めば手に入れられるようになった。

生物学と医学での例は、一連のヒトゲノム解読の動きだ。一九九〇年に世界一五カ国の何千人もの科学者によって始められたが、一九九七年にはわずか一パーセントしか解読されていなかった。カーツワイルはこう述べている。(163)

年	コスト（米ドル）	かかる時間
2003	3,000,000,000	13 年
2007	100,000,000	4 年
2008	1,000,000	2 カ月
2012	10,000	4 週
2018	1000	5 日
2024	100	1 時間
2029	10	1 分

図 4-9　ヒトゲノム解読にかかる時間とコスト
出典：プレスデータや他の予測に基づく著者自身の概算。

ヒトゲノムの解読が一九九〇年に開始されたころ、当時の解読のスピードからすると、プロジェクトを完了するには何千年もかかるという批判が聞かれた。ところが一五年の計画だったプロジェクトは、予定よりも多少早く終了し、二〇〇三年に報告書の第一草稿が提出された。（小野木明恵、野中香方子、福田実訳）

そうなった理由は非常に簡単だ。一九九七年には全体の一パーセントしか解読されていなかったが、毎年成果は二倍になっていくのだとしたら、あと七年間あれば七回、倍にすることができるので一〇〇パーセントに到達するという計算が、そのまま実現したのだ。ヒトゲノム解読は時間の面でもコストの面でもテクノロジーの指数関数的発展の印象的な例だ。図４-９は、最初のヒトゲノム解読ではコストが約三〇億ドル、時間は一三年間かかったのが、四年後の二〇〇七年にヒトゲノムを完全に解読する際にはコストは一億ドルしかかからないことを示している。

二〇一五年にコストはだいたい一〇〇〇ドル台、時間は一週間に到達した。そして一〇年以内にゲノム全体の解析が一〇ドル、一分間でできるようになるだろうと我々は推測している。ディアマンディスとコトラーが並べる専門用語によると、六つのDのうち、最後のDのデジタル化から最後のDの民主化に移ることができるという。二〇二〇年代の終わりには、みなが世界中のどこでも、自分のゲノムをすべて解析し、特定の遺伝性疾患になりやすい傾向があったらそれを知り、予防法も知ることができるだろう。それに加えて、がんのゲノムも解析され、変異の原因を解明し、それを直接攻撃することができるようになる。化学療法や放射線治療をせずに、高精度医療《プレシジョン・メディシン》によってがんの場所を直接特定し、がん細胞を取り除くことができるだろう。化学療法と放射線治療は今は現代的な医療だとみなされているが、すぐに古い治療法だということになるだろう。

AIの出現に助けられる

生物の仕組みを解明し、医療を進歩させるために貢献するであろうテクノロジーのひとつであるAIも、指数関数的発展の途上にいる。人工知能システムはすでにチェスで人間に勝ち（一九九七年以降）、『ジェパディ！』のようなテレビのクイズ番組でも人間に勝ち（二〇一一年以降）、中国、韓国、日本では囲碁で勝ち（二〇一六年以降）、ポーカー（二〇一七年）や長文読解問題（二〇一九年）でも人間を打ち負かしている。[164]

IBMは、こうした形のAI開発の歴史的なパイオニアのひとつだ。最初の業績は一九九七年にディープブルーというプログラムでチェスの世界チャンピオン、ゲイリー・カスパロフを打ち負かし、その後ワトソンによって二〇一一年にテレビカメラの前で『ジェパディ！』のチャンピオンに勝った。IBMはその後ワトソンを学習させ、ドクター・ワトソンという名前の医療診断システムに昇格させた。ドクター・

ワトソンは、たとえばがんの発見とＸ線分析などでは人間のレベルに到達した。ＩＢＭによると[165]

我々の目的は、医学界の指導者や支持者やインフルエンサーがすばらしい結果を出し、発見を加速し、基礎的なつながりを作り、世界最大の医学的挑戦の道のりに自信を持てるよう支え、助けることだ。

グーグル（現在はアルファベットの子会社）は人類の状態を改善する人工知能の力を確信していて、そのなかでも医療は重要度の高い分野だ。ディープマインド社が開発する人工知能は、アルファ碁やアルファ・ゼロが囲碁をプレイするように、すぐに臨床応用することができるだろう。人工知能の力は非常に驚異的で、グーグルおよびアルファベットの現在のＣＥＯサンダー・ピチャイは二〇一八年の会議でこう説明している[166]。

人工知能は、人間が取り組んでいるもっとも重要なもののひとつだ。ひょっとしたら電気や火よりも重大かもしれない。

このプレゼンテーションでピチャイは、アルファベットの傘下にあるグーグルのふたつの企業カリコ（Calico、カリフォルニア・ライフ・カンパニー）とヴェリリー（Verily、かつてのグーグルＸライフサイエンス）について直接触れることはなかった。二社とも医療関連分野の会社であり、グーグルの〝ディープラーニング〟のテクノロジーなどを用いて目標の達成を加速するだろうと考えられている。アメリカの遺伝学者でヴェリリーのＣＥＯであるアンドリュー・コンラッドは、二〇一四年にサイエンスジャーナリストのスティーブン・レヴィーのインタビューに答えて、カリコとまだグーグルＸライフサイエンスだった頃のヴェリリーの違いについて述べている。[167]

コンラッド：グーグルＸライフサイエンスの目標は、ヘルスケアをリアクティブからプロアクティブに変えることです。最終的には病気を予防し、それによって平均寿命を延ばし、人々がより長く、より健康的に生きられるようにすることです。

レヴィー：それはグーグルのもうひとつの健康関連の会社、カリコの目標と少し似ているような気がします。カリコとは一緒に仕事をしているのですか？

コンラッド：微妙な違いを説明しましょう。カリコの目標は、最長寿命を延ばすこと、老化を予防する新たな方法を開発することで人々をより長く生きられるようにすることです。我が社の目標は、若い年齢での死亡原因となる疾患を取り除くことで、多くの人々がより長く生きられるようにすることです。

レヴィー：要するに、対象とする年齢になるまで生きられるよう、カリコをヴェリリーが助けてくれるということですね？

コンラッド：その通りです。我々はカリコが長生きさせてくれるようになるまで生きられるようにみなさんを助けるのです。

二〇二〇年までに、ディープマインドが開発したＡＩネットワークのアルファ・フォールドが、生物学上のもっとも複雑な問題であるタンパク質フォールディングを解決できるようになった。これは非常に画期的な出来事であり、権威ある学術誌『ネイチャー』が「これはすべてを変えるだろう」として、その年の科学の発展のトップリストにアルファ・フォールドを加えた。[168] タンパク質のフォールディングについて解明することが、生物の仕組みを理解するうえでの基本となるだろう。ＡＩが生物学の理解を加速するのだ。

カーツワイルとグロスマンの説に当てはめて説明すると、ヴェリリーは永遠の生を得るための第二のブリッジで、カリコは第三のブリッジだと言える。ＩＢＭとグーグル以外の、たとえばアマゾン、アップル、フェイスブック、ＧＥ、インテル、マイクロソフトのようなテクノロジー企業でも、すぐに医療に応用できそうなＡＩが開発されている。人口の高齢化によってすでに問題が生じている日本と中国の企業でも開発が進んでいる。日本ではソニーやトヨタのような大企業がロボットを医療補助や看護師として活用し、中国では百度《バイドゥ》（中国版グーグルとして知られている）やＢＧＩ（二〇〇八年に北京ゲノミクス研究所から改名。香港の近くにある最先端のテクノロジー都市、深圳《しんせん》に本拠地を置いている）のような企業が疾病検知とゲノム解析などに特化した人工知能を開発している。[169]

中国政府は、人工知能から医療やバイオテクノロジーまでテクノロジー強者になろうという戦略を立てている。最近の成功から考えると、このまま成功するだろうし、人口の高齢化と減少という国内の状況から、ほかに道はないだろう。さらに、経済的に豊かにならなかった年代が高齢化し始めているという問題もある。先進国では経済的に豊かになってから高齢化が進むが、中国では反対の現象が起こっている。豊かにならないうちに高齢化しているのだ。それだけでは十分でないとばかりに、人口予測によると中国は過去の〝一人っ子〟政策の影響で、これから急激な人口減少が起こるはずだ。日本でも同じことが言える。

日本で産児制限が行われたことはないが、この先数十年で人口は急速に減少するだろう。だから世界の各国は、日本と中国それぞれの人口危機から学ぶべきなのだ。幸い、人口減少の未来は変えられないわけではないし、まさに中国と日本で多くが発展するはずのアンチエイジングや若返りのテクノロジーによって、現在の傾向を覆すこともできるだろう。

人工知能は西欧でもアジア諸国でも急速に発展し続けていて、健康、医療、生物学などには最初に適用されるだろう。調査会社ＣＢインサイツの最近のレポートでは、ＡＩがもっとも急速に応用されている分野は健康関連であり、投資やベンチャーキャピタルから資金がもっとも注がれている。膨大な量のデータ、あるいはマクロデータ（ビッグデータ）を使っているのは多くが医療分野で、新たなウェアラブルヘルスケアデバイスが普及したこともあり、ますます多くの情報を分析し、十分に比較し、診断の質を上げることができるだろう。ディープラーニングなどのＡＩテクノロジーのおかげで、大企業も小規模なスタートアップも医療の世界に参入することができる。図4-10は、ＡＩ関連の新たな医療ベンチャーをとりまく現在形成途上の環境を示している。

ＣＢインサイツのレポートによると、この分野の成長は加速し、従来の医療法をぶち破る指数関数的に進歩するテクノロジーを使ったスタートアップによって、健康分野に大きな改善が行われることを示している。[170]

> 我々は、機械学習のアルゴリズムと予測分析を用いて創薬にかかる時間を短縮したり、患者への対応にバーチャルアシスタンスを使ったり、医用画像を分析して病気の診断を行ったりしている企業を一〇〇社以上確認した。

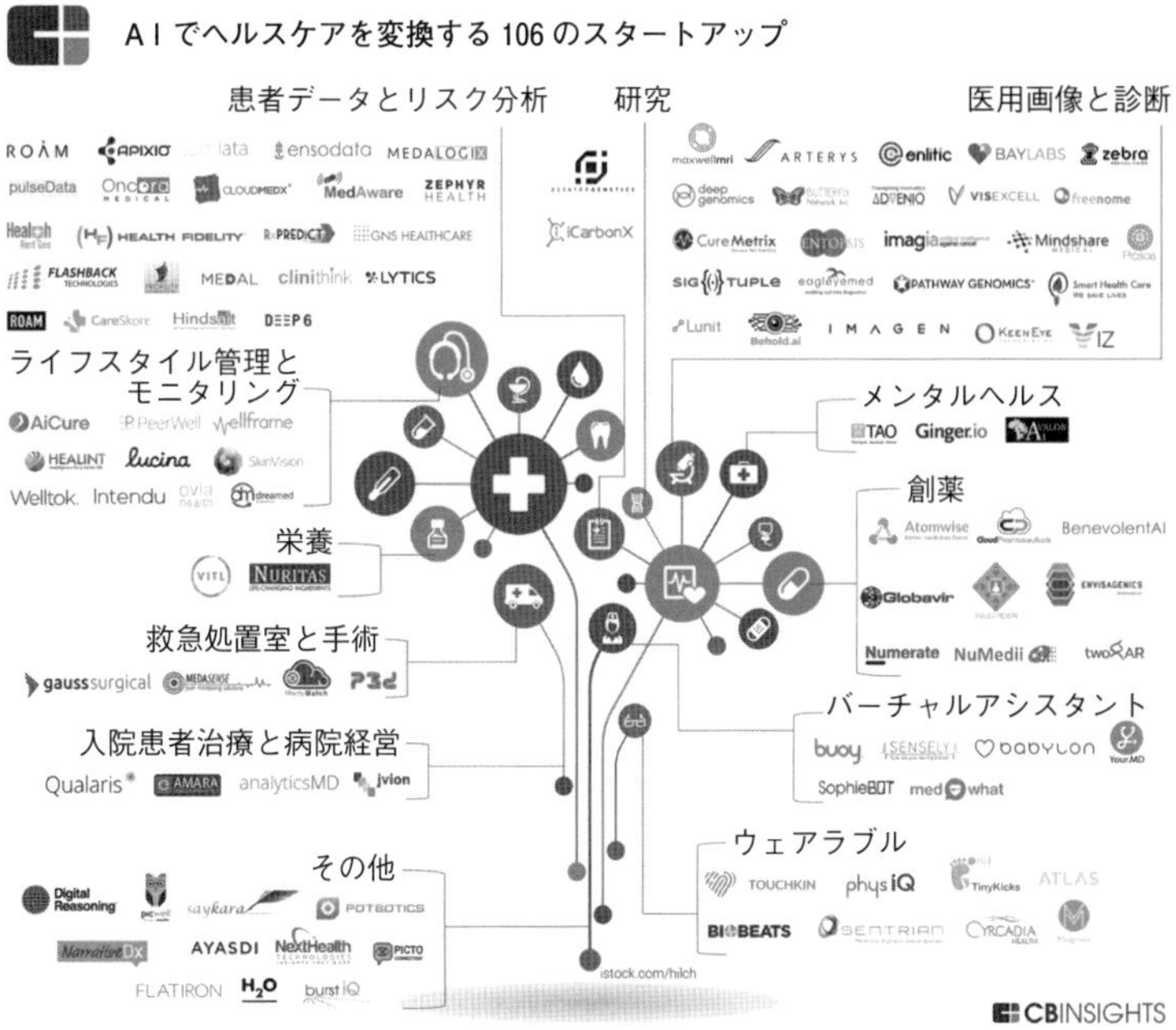

図 4-10　形成途上の健康のための AI の環境

出典：CB Insights（2020）

二〇二五年までにAIシステムは、PHM［訳注：ある特定集団の、予防から予後まで長期にわたって、慢性疾患のリスクを低減する健康管理］から特定患者の質問に答えられるアバターまで、あらゆることに関わることができるだろう。

インド系アメリカ人のエンジニアかつ起業家であり、サン・マイクロシステムズの共同創業者で、新たなテクノロジーに対するベンチャーキャピタリストでもあるビノッド・コースラは、スタンフォード大学医学部の会議で、これからやってくる指数関数的変化についてこう説明している。[17]

すべての産業において、ソフトウェアの革新のペースは一貫して何よりも速い。製薬業界など既存の医療分野（〝生物科学〟と重複する分野）の革新には、そのサイクルが遅くなる十分な理由が数多くある。

薬の開発には一〇年から一五年の時間がかかり、それから実際に市場に並ぶ。そのうえ失敗する確率が信じられないほど高い。安全性はもっとも優先されるべき問題だから、そのプロセスを問題視するつもりはない。ちゃんとした根拠があるのだろうし、食品医薬品局が慎重なのも適切なことだ。しかし、デジタル技術を利用したヘルスケアは安全に及ぼす影響がより小さいことが多いので、二年から三年のサイクルで達成される。そのため革新のスピードがずっと速くなる。

この先十年ほどの間に、データサイエンスとソフトウェアは他の生物科学のすべてよりも多く、医療に寄与するだろう。

数カ国の政府が、ＡＩ、新たなウェアラブルヘルスケアデバイス、ビッグデータなどのテクノロジーを医療に使い始めると宣言している。イギリス政府の場合、二〇二〇年以降、数社の支援を得て、イギリスのバイオバンクが五〇万人の国民のゲノムを無料で分析すると発表した[172]。アメリカ政府は、国立衛生研究所を通して一〇〇万人のゲノムを分析し、二〇二二年にプレシジョンメディシンの第一歩を始めると宣言した[173]。アイスランド政府はこうした施策を世界に先駆けて、一九九六年にデコード・ジェネティクス社によって行うと宣言し、後にエストニアやカタールも同様の計画を実施している。治療の医学から予防の医学の時代がやってきたのだ。そしてＡＩは、その実現に欠かすことのできないツールだ。

ディープ・ナレッジ・ベンチャーズというテクノロジー投資企業によって二〇一八年初めに発表された

別のレポートでは、ＡＩがこれから医療分野の大きな進歩を牽引するだろうと述べている[174]。ヘルスケア分野は第四の産業革命の主要な場になるだろう。そして、この変革を進める主な担い手が人工知能（ＡＩ）である。

ヘルスケア分野でのＡＩは、複数のテクノロジーを組み合わせることによって、機械が知覚し、理解し、行動し、学ぶことができるようになり、それによって健康管理においても臨床医療においても機能することができると示している。人間の仕事を補完するためのアルゴリズムやツールにすぎなかった旧来のテクノロジーとは違い、今日の医療ＡＩは人間の活動を本当に拡張することができる。

ＡＩはすでに、治療計画の設計から繰返しの作業への補助、投薬管理、創薬まで、ヘルスケアのいくつかの分野を改革できることがわかっている。そしてこれは、ほんの始まりにすぎない。

ＡＩは、我々の健康の改善、医学的治療の改革、新薬の発見、ヘルスケアシステムの最適化の鍵になる。我々はＡＩの持つ利点すべてに注目し、心を開いて理解し、最大限に利用していかねばならない。ＡＩを恐ろしいと感じる人もいるが、我々はＡＩが危険だと思うべきではない。それどころか大きな可能性を秘めている。ＡＩは人間の知性に置き換わるのではなく、それを補い、増大させるのだ。本当の問題はＡＩにあるのではなく、人間の愚かさにある。そして残念ながら人間は生来、とても愚かなものだ。我々は、人類はＡＩの助けを借りて知性を深め、向上させ、老化との歴史的な戦いに打ち勝つと信じている。

人生の延長から人生の拡張へ

ギリシャ神話に登場する青年ティートーノスはトロイ王ラーオメドーンの息子で、プリアモスの兄弟だった。ティートーノスは美しく魅力的だったので、女神イオスは彼と恋に落ちた。イオスは暁《あかつき》の女神であり、神々の父ゼウスに、愛するティートーノスを不死にしてほしいと懇願し、叶えられる。しかし女神イオスはこの時に永遠の若さも一緒に与えてくれるよう頼むのを忘れてしまったため、ティートーノスはどんどん老いて、しなびてしわだらけになってしまった。この神話には、永遠にしなび、しわが増えていくティートーノスが最後にはセミやコオロギになるというバージョンもある[175]。

本書で我々は寿命の延長を擁護しているが、それは底なしに老いていくためではなく、永遠に若く生きるためだ。ティートーノスのようにしなびてしわだらけの姿で生き延びるのではなく、人生の最盛期の生活を生きるのだ。それをはっきりさせるためには、人生の延長から人生の拡張へと話を移さなければならない。

本書の序論で我々はイスラエルの歴史家ユヴァル・ノア・ハラリを紹介した。二作めの著書『ホモ・デウス――テクノロジーとサピエンスの未来』でハラリは、不死の獲得を二一世紀最初の世界的プロジェクトであると述べ、その理由を次のように説明している[176]。

人類の課題リストに入る二つ目の大きなプロジェクトはおそらく、幸福へのカギを見つけることだろう。歴史を通して、無数の思想家や預言者や一般人が、生命そのものよりもむしろ幸福を至高の善と定義してきた。古代ギリシアの哲学者エピクロスは、神々の崇拝は時間の無駄であり、死後の存在というものはなく、幸福こそが人生の唯一の目的であると説いた。古代の人々のほとんどはエピクロス主義（快楽主義）を退けたが、今日ではこの主義が当然の見方になっている。人間はあの世の存在を疑っているために、不死ばかりでなくこの世での幸福も追求しないではいられない。永遠に生きられたとしても、永遠に悲惨な状態で生きるのでは意味がないではないか。

エピクロスにとって、幸福の追求は個人的な行為だった。それとは対照的に、現代の思想家は、それを集団的プロジェクトと見る傾向にある。政府による計画立案と経済的資源と科学研究がなければ、個人による幸福の探究はろくにはかどらない。もしあなたの国が戦争で引き裂かれていたり、経済が危機に陥っていたり、医療が存在しなかったりしたら、あなたはおそらく惨めな状態にあるだろう。イギリスの哲学者ジェレミー・ベンサムは一八世紀の末に、至高の善は「最大多数の最大幸福」であると断言し、国家と市場と科学界の、唯一の価値ある目標は、全世界の幸福を増進することである、と結論した。政治家は平和をもたらし、実業家は繁栄を促し、学者は自然を研究するべきで、それは王や国家や神の栄光を増すためではなく、誰もがより幸福な生活を楽しめるようにするためだった。

（柴田裕之訳）


我々の目標は人生の長さを延ばすだけでなく、質も上げることだ。これが歴史を通じてずっと行われてきたことだ。数千年以上前、平均寿命は二〇歳から二五歳ぐらいだった。その人生のすべての時間の三分の一は睡眠に費やし（一日二四時間のうち八時間睡眠を取るとした場合）、残りを主に生き延びるために活動してきた。有史以前の時代には学校教育などはなく（年上だがそれほど老いていない者と一緒に働き、生きていくための仕事だけを習った）、自由な時間もほとんど持てなかった。この状況は何千年も変わら

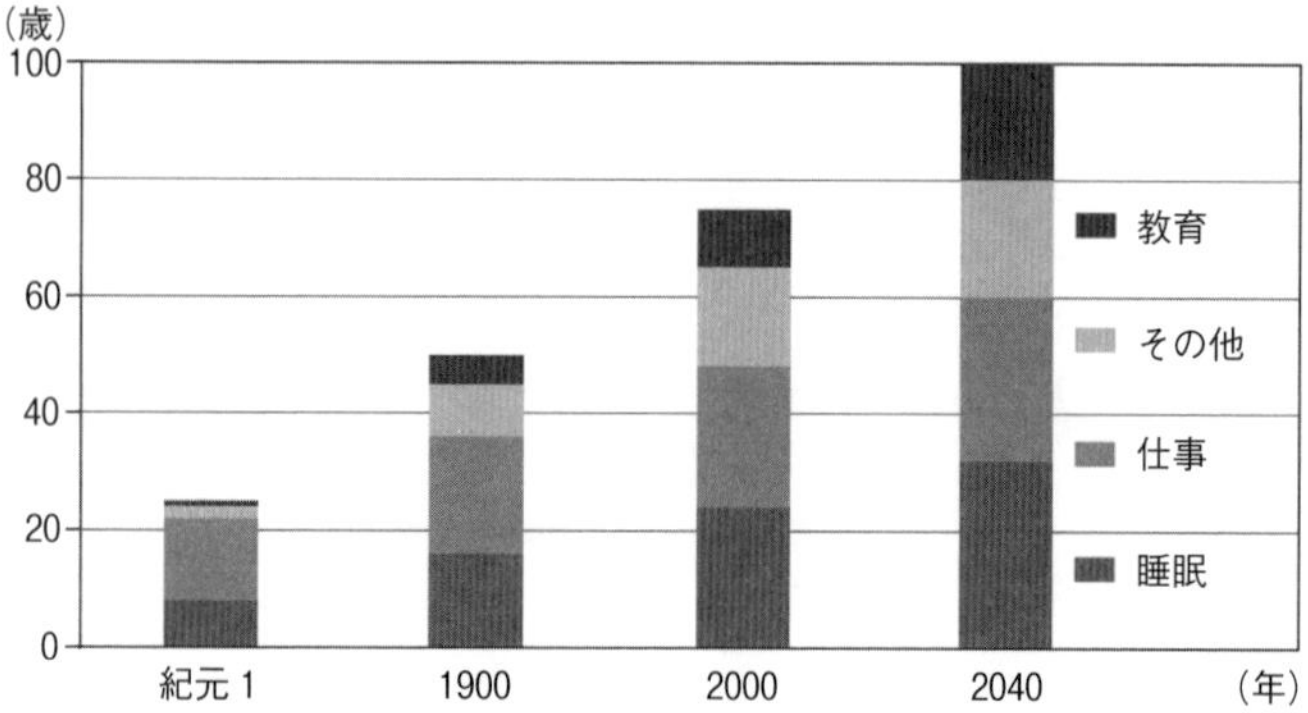

図 4-11　平均寿命の変遷（各活動の年数）

出典：著者。

なかった。図4-11に示すように、古代ローマ時代でさえ平均寿命は二五歳ほどであった。

二五歳だった平均寿命が二〇世紀初頭に五〇歳を超えるまで、数百年かかっている。二一世紀の初めには約七五年に延びていたから、このままの率で変化していくと、あと数年で平均寿命は一〇〇歳に到達し、次には寿命脱出速度に到達して、後は無限に延びていく。

平均寿命が延びたことばかりでなく、この数百年の大規模な変化すべてのおかげで、教育などの活動に費やす時間が増え、ただ生存のために生きていく人生ではなくなった。自由時間は人類の歴史を通じて少しずつ増えてきたということも重要だ。数千年前は食物を探さなければ餓死していた。動物から身を守らなかったら、ほかの生物の食料となって終わっていた。土曜日も日曜日もなかった。

農業の発明と最初の都市の建設以降、人類は移動生活をやめて定住するようになり、多くの宗教で祝祭日が設けられた。つまり土着の神のために過ごす特別な日が生まれたのだ。土曜日、日曜日などの日をそれにあてる文化もある。それから何千年も経って、産業革命のただなかに、週末には二日間の働かない日が設けられた（西欧の伝統では通常、土曜日と日曜日）。二一世紀の今、週四日労働にする、週あたりの労働時間を三〇あるいは三五時間に減らすなどの試みが現れ始めた。何千年も前のアフリカに住んでいた祖先たちにとっては、まったく想像もできないような状況だ。

人類は歴史を通じて、人生の時間を延長しようとしてきたばかりではなく、人生を拡張しようとしてきた。この数百年間で平均寿命が大幅に延びたおかげで、我々は生存以外の創造的な活動に費やす時間を持てるようになった。現在の我々は祖先たちよりも、絵画、音楽、彫刻など様々な芸術表現を楽しめている。アメリカの精神医学者アブラハム・マズローの理論によると、我々は人間の欲求のピラミッド（マズローの欲求五段階説）の頂点に立った。自己実現にさらに集中するために、そのほかの純粋に心理学的な欲求を抜け出してきた。自己実現の欲求はこれからも、長さも質も増えた人生の中で続いていくだろう。[177]

フランスの哲学者でコンドルセ侯爵でもあるマリー・ジャン・アントワーヌ・ニコラ・ド・カリタは、フランス革命の混乱の中で生涯を閉じたが、彼は未来をはっきりと見越していた。その著者『人間精神進歩史』では、可能性に満ちた世界の未来を印象的に予見している。[178]

今、この進歩が無限に続くと考えるのは愚かだろうか。何か特別な事故やその人の生命力の衰弱（世代を重ねるごとに、その年齢は遅くなる）によってしか死ぬことがなくなる時がやって来て、最後にはその人の誕生から衰弱までの時間の長さには限界があると思われなくなると考えるのは。

我々は何百万年もの昔、人類出現以前の祖先から進化した。その祖先もまた、さらに昔の原始的な祖先から進化し、それをずっと辿っていくと、数十億年前の下等な細菌に辿り着く。そして人類の未来はどうなるのか？　ゆっくりとした生物の進化から急速なテクノロジーの進化へと移行する。ハラリが示唆したように、我々は神に似た存在になるのか？　イギリスの戯曲家ウィリアム・シェイクスピアは『ハムレット』の中でそれをうまく言い表している。[179]

我々は自分たちが何であるかは知っているが、これからどうなるのかは知らない。

人類は〝存在する〟だけでなく、〝変化する〟こともできる。人は合理的な手段を使って、自分たちの状態も外の世界もよりよく変えることができるし、自分たち自身を変えることもできる。まず初めに身体を変えるのだ。すべての技術的なチャンスは、人間がより健康な状態でより長く生きること、それから知的、身体的、感情的なキャパシティーを広げるのに役立てられるだろう。よく聞く言葉を借用すると、我々はこれから寿命を延ばすと同時に、日々をよりよく生きるようになる［訳注：パスカルの言葉「寿命を延ばそうとするより、日々をよりよく生きるほうがいい」］。

歴史が示しているように、人はつねに肉体的、精神的限界を超えようとしている。そのためにこうしたテクノロジーが使われることで、社会の性質が大きく変わり、自分たち自身と、より大きな計画や宇宙や生命の進化における自分たちの位置について、その捉え方を不可逆的に変えるだろう。我々は、大いなるチャンスとリスクに満ちた未来への長い道を歩き始めたのだ。我々は恐れることなく、知性的に前進していかねばならない。アメリカのＳＦ作家デイヴィッド・ジンデルが小説『壊れた神』に書いている通りだ。

「それでは、人間とは何なのか？」

「種子《たね》だ」

「……種子？」

「成長して木になるためなら、自分を破壊することも恐れないドングリだ」

第5章 かかる費用は？

生命に価値を見出さない人間は生きるに値しない。

一五一八年、レオナルド・ダ・ヴィンチ

私が持っているのは束の間の時間だけだ。

一六〇三年、エリザベスI世

ある領域のテクノロジーが、世に出た当初は高価すぎて手が出ないし、あまりうまく働かないとしよう。それがやがて、多少高価なだけで、動作も少しよくなる。次の段階までいくと、価格が下がり、動作も申し分なくなる。最後には、テクノロジーは事実上ただになり、すばらしい働きをするようになる。（小野木明恵、野中香方子、福田実訳）

二〇〇五年、レイ・カーツワイル

寿命の延伸について多くの人が抱く懸念のひとつは、寿命を延ばすことによってコスト、特に老齢による衰弱や加齢関連疾患に関するコストがさらにかかるようになるのではということだ。特に今、高齢化が進んでいる社会では、この懸念には真摯に対処する必要がある。

日本からアメリカへ――人口の急速な高齢化

日本の著名な政治家である麻生太郎は、この懸念について数回、ストレートすぎる発言をしている。麻生は日本の元首相の孫であり、自身も二〇〇八年九月から翌年九月まで首相を務めた。麻生は首相在任中、アメリカ大統領バラク・オバマをホワイトハウスに、別の大陸の元首のなかで最初に訪問した。また在任中に、国民のなかでも医療ケアを頻繁に受ける年金生活者の医療費に税金が多く使われることについて不満を漏らした発言が、国際的に物議を醸した。(180)

「六七、八歳になって同窓会に行くと、よぼよぼしている、医者にやたらとかかっている者がいる。……たらたら飲んで、食べて、何もしない人の金（医療費）を何で私が払うんだ？」と彼は述べたのだ。

麻生が自分と同い年である人々について、たとえば毎日ウォーキングをするなど、もっと自分のケアをし、国の援助に頼りきりになるべきではないと述べたのには理由がある。その後、彼の所属する自由民主党は与党の座から落ち、彼は首相を辞任した。そして自由民主党が再び与党に返り咲いた二〇一二年一二月、彼はふたつの役職に就いた。副首相と財務大臣だ。一カ月後、彼は高齢者にかかるコストについて再び発言した。以下は『ガーディアン』紙がそれを伝える記事である。(181)

麻生太郎財務大臣は月曜日、高額医療に対する政府の負担を軽くするために、高齢者は「さっさと死ねるようにしてもらわないと」と述べた。

「いいかげんに死にたいと思っても『生きられますから』と生かされたらかなわない。しかも「その治療を」政府の金でやってもらっていると思うと、ますます寝覚めが悪い」と、彼は社会保障制度改革国民会議で述べたのだ。「さっさと死ねるようにしてもらわないと、この問題は解決しないだろう」

福祉関係のコスト、特に高齢者にかかるコストが増えている裏には、三年以内に消費税を二倍の一〇パーセントに上げるという昨年の決定がある。この決定を麻生が所属する与党、自由民主党は支持している。

麻生は自分で食事を摂ることができなくなった高齢の患者を「チューブの人間」と呼び、さらに侮辱した。

このジャーナリストは、麻生自身が病気になった時の心づもりも紹介している。

副首相も兼任している七二歳の彼は、終末医療を拒否すると発言した。「そういうことをしてもらう必要はない」という彼の言葉が国内のメディアに引用され、さらに彼は延命治療はしないようにと書いた遺言書を家族に渡しているという。

二〇〇九年と一二年、どちらの際も発言が問題になり、麻生はすぐに発言を撤回するコメントを発表している。彼の側近は、日本の有権者は高齢者層に偏っているので、その支持を失うことを恐れている。高齢の有権者の割合は急速に増えていて、政治的な重みを増しているのだ。年金生活者たちを「よぼよぼしている」と言うのは、あまりに配慮に欠けていたために、麻生は謝罪した。彼は不快な思いをさせるつもりはなかったと言った。そうではなく、不摂生な人の病気にかかる医療費が急速に増えていることに注目を集めたかったのだと主張した。個人が選んだライフスタイルは尊重すべきだが、一方で、こうした選択の結果によってかかる医療費が際限なくかさんでいくのを放置するわけにはいかない。それは正論だ。

日本の麻生のこの発言は、数十年前(一九八四年)にコロラド州知事リチャード・ラムがデンバーで行われた住民会議でした発言を思い出させる。ラムの発言は『ニューヨーク・タイムズ』紙で報じられた。(182)

火曜日にコロラド州知事のリチャード・D・ラムは、余命宣告をされた高齢者には人工的な手段で命を延ばそうとせずに「死んで、後に続く者たちに道を空ける義務がある」と述べた。

人工的な延命措置を取らないということは「木から落ちた葉が腐葉土になり、ほかの植物の成長を助ける」のと同じだと、知事はセント・ジョセフ病院で開催されたコロラド州医療法律家協会で述べた。

「死んで、後に続く者たちに道を空ける義務がある」と四八歳の知事は言った。

ラムが懸念する内容は基本的に麻生と同じだ。

終末期の患者を延命させるためにかかる治療費は、国の経済的な健全性を損なう。

我々は社会として、個人の自由を制限する共同的意思決定をする。たとえば、車に乗ったらシートベルトをしなければならないが、交通事故による怪我の医療費を減らしたいというのも、その理由の一部だ。しかし寿命が延びたことによって増えた医療費についてはどうだろう？　長生きすればそれだけ医療費が上がるだけだったとしても、際限なく長く生きていく権利が我々には本当にあるのだろうか。

人々にすぐに死んでほしいという希望

高齢者は〝さっさと死ぬ〟のが一番だという主張は、複数の政治家ばかりでなく、（もっと言葉を選んでいるが）アメリカの著名な医学ライター、エゼキエル・エマニュエルも擁護している。二〇一四年一〇月、エマニュエルは『アトランティック』誌二五四号に「社会と家族と個人の問題――自然にすばやく、あっという間に人生を終えたほうが賢明なのか」という副題のついた記事を寄稿した。この記事の主題は副題よりもさらに衝撃的だ。一九五七年生まれのエマニュエルは「私が七五歳で死にたいと思う理由」というフレーズを選んだ。つまり、エマニュエルは二〇三二年前後に静かに死んでいきたいと願っているのだ[183]。

私が生きたい年数は七五年だ。
この選択に私の娘たちは激怒した。私のきょうだいたちも激怒した。愛する友人たちは私が正気を失っていると思った。私が何を言っているかわかっていないと思っていたのだ。このことをしっかり考えていないと思ったのだ。この世には見るものもやることもたくさんあるのに、と。彼らは私の間違いを正そうと、七五歳以上で健康に暮らしている人をたくさん列挙してみせた。私が今はこう言っていても、七五歳に近づいたら、私は希望の年齢を八〇歳や八五歳、あるいは九〇歳まで先延ばしするだろうと考えていた。

私は自分の立場をわかっている。死が喪失であることには疑いもない。その人の経験もやり遂げてきたことも、配偶者や子供たちと過ごしてきた時間もすべて奪われる。つまり我々が大事にしているものがすべて奪われるのだ。

しかし単純だが、多くの人が受け入れようとしない真実がある。長生きしすぎても失うということだ。多くの人が、身体が不自由になるとまではいかなくても、衰え、退化していく。死ぬよりは悪い状態ではないかもしれないが、とにかく失っているのは間違いない。仕事や社会や世界に貢献してきた創造性や能力を奪われる。ほかの人々がその人をどう感じ、どう関わり、さらに大切なことはどう思い出すかを変えてしまう。生き生きとして活動的な人物ではなくなり、か弱く無能で、むしろ哀れな存在だったと記憶されてしまうのだ。

エマニュエルの実績は立派なものだ。彼はアメリカ国立衛生研究所の医療倫理学部門の責任者で、ペンシルベニア大学医療倫理・保健政策学部長兼副学長であり、『アメリカ医療保険制度の改革――我が国の非常に複雑で、明白に不公平で、ひどくコストがかかり、恐ろしく非効率的な、間違いを起こしやすいシステムを、実現可能な医療保険法によって改善する方法』という、バラク・オバマ大統領の医療保険制度改革を強力に擁護した話題の本の著者でもある。(184)

明らかにエマニュエルは非常に知識がある。正確には、彼は老化受容のパラダイムの代弁者だ。彼の視点は注目に値する。彼は、自分の父で医師であったベンジャミン・エマニュエルの例を挙げて、こう主張している。

私の父はこの状況を非常によく表している。彼は一〇年ほど前、七七歳の誕生日の少し前に、下腹部に痛みを感じ始めた。よい医師ならみなそうするように、父もたいしたことはないと主張し続けた。しかし三週間後、一向によくならなかったので、ついに折れて主治医の診察を受けた。実際には彼は心臓発作を起こしていて、心臓カテーテル治療を行い、最終的にはバイパス手術を受けた。それ以来、父は元のようには戻らなかった。

エマニュエル家に多い異常に活発な人間の元祖のようだった父が、歩くのもしゃべるのも性格もゆっくりになった。今では水泳をしたり、新聞を読んだり、電話越しに子供をからかったりすることができるし、今も母と実家で暮らしている。しかし、すべてが鈍くなったように見える。父は心臓発作による死は回避したが、今も活気に満ちた生活をしているとは、とても言えない。それについて私と話した時に父が言うには、「私はものすごく衰えた。これは事実だ。もう病院を回診したり、教えたりすることはない」

次がエマニュエルの結論だ。

医療はこの五〇年以上の間、死のプロセスを遅らせたほどには、老化のプロセスを遅らせられていない。そして私の父が示しているように、現代の死へ向かうプロセスは引き延ばされている。

何を言いたいのかというと、寿命が延びればそれだけ、人生の終わりに病人でいる期間が長くなるということだ。エマニュエルは自らの視点を裏づける定量的なデータを示している。

しかし最近の数十年で延びた寿命に伴って、障害は増加——減少ではなく——しているようだ。たとえば、南カリフォルニア大学の研究者であるアイリーン・クリミンスらは、全米健康聞き取り調査のデータを使い、健康に生活している成人を評価した。その基準は、四分の一マイル（約四〇〇メートル）歩けるか、階段を一〇段登れるか、二時間立つか座るかしていられるか、特別な器具を使わずに立ち上がり、かがみ、膝をつくことができるかだ。その結果、年を追うごとに人々の身体機能の衰えが進んでいたことがわかった。さらに重要なのは、クリミンスによると、一九九八年から二〇〇六年までの間に高齢者が失った運動機能が増加していたということだ。一九九八年には、アメリカの八〇歳以上の男性の二八パーセントに、低下している活動機能があった。二〇〇六年には、その数字は四二パーセント近くまで跳ね上がっている。女性の場合はさらに悪い。八〇歳以上の女性の半分以上に機能の低下が見られるのだ。

発作に関する統計データを考慮すると、高齢になってから不幸な日々を送る可能性は大きくなる。

脳卒中の例を考えてみよう。良い知らせは、発作による死亡率がぐっと減っているということだ。二〇〇〇年から一〇年までの間に脳卒中による死亡件数は二〇パーセント以上減少した。悪い知らせのほうは、アメリカで脳卒中を起こしたが生き延びた人のうちの約六八〇万人に、麻痺が残ったり、しゃべれなくなったりしていることだ。そして、いわゆる〝静かな〟脳卒中、潜在性脳卒中を起こしたが生き延びたアメリカ人のうちの推定一三〇〇万人に、思考や感情の制御や認知機能に異常が現れるなどのわかりにくい機能障害が起こっている。さらに悪いことに、この先一五年で、脳卒中が原因の障害を持つアメリカ人の数は五〇パーセント増加するだろうと予測されている。

さらに、認知症という問題も考えなければならない。

これは恐れるべきすべての可能性のなかで、もっとも重大な懸念になってきている。認知症などの精神障害になって生きていくことだ。現時点では六五歳以上のアメリカ人の約五〇〇万人がアルツハイマー病だ。八五歳以上では三人に一人がアルツハイマー病である。そしてこの先数十年の見通しも悪い。最近、数多く行われたアルツハイマーの進行を止める――巻き戻すわけでも、予防するわけでもない――薬の治験が悲惨な結果に終わり、研究者たちは、この数十年の研究のほとんどが注ぎ込まれたこの病気全体のパラダイムを考え直さなければならなくなった。予見できる未来に治療が可能になると予想するどころか、多くの人は認知症の津波がやってくると警告している。二〇五〇年にはアメリカの高齢者の認知症患者は三〇〇パーセント近く増加するというのだ。

加齢のコスト

エマニュエルが共鳴しているのが、日系アメリカ人の政治経済学者でジョンズ・ホプキンス大学とスタンフォード大学の教授であるフランシス・フクヤマが二〇〇三年に発表した意見だ。フクヤマはアメリカ科学振興協会と高齢化研究調査機構が運営するウェブポータルSAGE Crossroadsで開催された「未来の老化研究の可能性と落とし穴は何か?」というディベートでこう述べた。[185]

寿命延伸は完全に負の外部化のように思える。というのは、特定の個人にとっては筋の通った望ましいことであっても、社会にとってはコストがかかるので負担になり得る。

八五歳の時点で、五〇パーセントぐらいの人々が何らかのかたちの認知症を抱えている。この病気の激増の原因は、単純に医学的努力の蓄積によって、人々がこの病気になるほどの年齢まで生きられるようになったからだ。

これに関して、私には個人的な体験がある。私の母は最期の二年間を療養院で過ごした。その状況を見た人がみな非常に心を悩まされるのは、みな大切な人には死んでほしくないと思うが、本人たちはまったく自らのコントロールを失った状態にあるからだ。

アメリカの研究者ベルハヌ・アレマイユとケネス・E・ワーナーは二〇〇四年に、医療サービスを受けている人が人生のそれぞれの段階でかかるコストの割合(インフレを考慮のうえ調整)を調べ、「医療費の年齢分布」と題して結果と分析を発表した。[186] ここで彼らはミシガン州のブルークロス・ブルーシールド協会の四〇〇万人近い会員の医療ケアに費やした経費と、「メディケア最新受給調査」、「医療費支出パネル調査」、「ミシガン州死亡データベース」、それにミシガン州の療養院に収容されている患者数を分析した。

高齢になると医療サービスへの支出が増えるのは、いくつかの要因の結果であると理解できる。

・加齢に伴い、同時に複数の症状に見舞われる〝併存疾患〟の状態になる。
・併存疾患の患者にかかるコストは、すでに全米の医療支出のかなりの部分を占めている。これは複数の症状が相互に影響し合っているからだ。
・併存疾患でない場合も、高齢者は体が弱り、回復が遅いので、通常の治療の効果がなかなか出ない傾向がある。
・高齢者は健康が衰えてきているが、医学の進歩でこれまでよりも長生きをさせることが可能になった。しかし治療の期間が長くなり、そのせいで支出が増えている。

このパターンは、「人口危機」と呼ばれるもっと大きな規模のパターンにも合致する。

・生まれる子供の数が減る。
・高齢者はより長生きをする。
・全人口における労働者の割合は減り続け、一方で引退し、さらに医療支出が増える可能性が高い人々の割合が増える。
・大きな変化がない限り、医療サービスの需要が高まり、国内経済は破綻と危機に直面する。

エマニュエルは安楽死や自殺支援などを支持していないし、長年、そうした方策に対して強く反対してきた。彼が考えているのは違うことだ。その反対に、次のようなことを主張している。

七五歳まで生きたら、医療ケアに対する考え方は根本的に変わるだろう。積極的に人生を終わらせるつもりはない。しかし延命をしようとは思っていない。今日、医師たちは延命に役立つような検査や治療を勧めてくるので、我々患者はなぜ延命を望まないのか、きちんとした理由を述べねばならない。医療機関と家族たちはほぼ例外なく、その方向に進めようとする。

私はその既定の方針とは反対の態度を取る。私は世紀末に刊行されたウィリアム・オスラーの医学テキスト『医学の原理と実際』にある言葉に従おうと思う。「肺炎は老人の友と呼ぶべきだ。肺炎によって世を去るのは急速であっという間で、〝徐々に冷たく衰えていく〟という自身にとっても友人たちにとってもつらい状態から、苦しまずに脱出できることが多い」

オスラーに触発された私の信条はこうだ。七五歳を超えたら、ちゃんとした理由がない限り、病院に行ったり、苦痛がないものでも定期的なものでも検査や治療を受けたりしない。そのちゃんとした理由というのは「長く生きられるようにしてくれる」以外のものでなければならない。予防のための検査や検診や治療処置も受けないことにする。苦痛があったり、障害が出たりしたら、治療のためでない緩和ケアだけは受ける。

これは大腸内視鏡検査などのがん検診を七五歳以前から受けないようにするということだ。五七歳である今がんと診断されたら、おそらく、よほど予後が悪い場合でない限り、治療を受けるだろう。しかし大腸内視鏡検査を受けるのは六五歳で終わりにする。前立腺がん検診は今からもう受けない（この間、前立腺特異抗原検査はしなくていいと言ったにもかかわらず、泌尿器科医から電話があり、結果を告げられそうになったから、何か言われる前に電話を切った。あなたが勝手に検査を依頼したのだ、私は関係ないと言った）。七五歳以降、もしもがんになったら、治療は拒否する。同様に、心臓負荷試験も受けない。ペースメーカーも植え込み型除細動器もなしだ。心臓弁置換術もバイパス手術もなし。肺気腫など、頻繁に悪化するために通常は入院する病気になったら、息苦しさを改善するための処置は受けるが、入院は拒否する。

もっと単純な問題は？　インフルエンザの予防接種はしない。もちろん、インフルエンザのパンデミックが起こったら、これから十分に人生を生きねばならない人がワクチンや抗ウイルス剤などの薬を使えたほうがいい。肺炎とか皮膚や尿路の感染症などの抗生剤という難問はどうだろう。抗生剤は安価で感染症の治療に非常に効果的だ。それを拒否するのは難しい。実際、延命治療を望まないと心に決めている人でさえ、抗生剤を断るのは難しいと感じる。しかしオスラーが教えてくれた通り、慢性的な症状に伴う衰えとは違い、こうした感染症が原因の死は、すばやく、比較的苦しまずに済む。だから抗生剤もなしだ。

もちろん、蘇生させないという指示、意識があっても判断能力がない場合は緩和ケア以外の人工呼吸器、透析、手術をしない、抗生剤などの薬剤全般を使わないという複合的な事前の指示を、書面でも録音でもしておいた。つまり延命のための介入はなしということだ。私は最初に起こった何らかのことで死ぬのだ。

パラダイムの衝突

エマニュエルの考えは勇気があって、無私だと言えるだろう。さらに彼が世界を解釈するうえで用いたパラダイムと首尾一貫している。

・高齢者が原因で医療費は増加し続け、社会はそのコストを負担するのがどんどん難しくなっている。
・長年期待されていた認知症のような病気の治療法の進歩はまだ確立されていない。
・長年、加齢関連疾患をわずらってきた高齢者は生活の質が下がっている。
・社会は限られた医療資源の配分を、理に適い、人道的な方法で行わなければならない。
・すでに人生の最盛期を過ぎた高齢者は、生産性においても創造性においても、その最盛期を過ぎている。

最後の点について、エマニュエルは有名な科学者アルバート・アインシュタインの言葉を引用している。

しかし現実には、七五歳になる頃には、大部分の人々、つまり我々の大半は創造性、独創性、生産性がほとんどなくなっている。アインシュタインの有名な言葉だが、「三〇歳までに科学に大きな貢献をしなかった人は、一生することがない」

エマニュエルがアインシュタインの意見を否定しなければと感じ、その後すぐにそれほど過激でない自説を繰り返すのは興味深い。

「アインシュタインの」見積もりは極端だ。それに間違っている。カリフォルニア大学デービス校のディーン・キース・サイモントンは年齢と創造性についての研究の権威であり、数多くの研究を元に、年齢と創造性との関連の典型的な例を曲線グラフで示している。創造性は職に就くと同時に急速に上昇し、二〇年ほど経った四〇歳から四五歳でピークを迎え、そこから加齢に伴って、ゆっくりと衰えていく。このパターンに例外はあるが、その幅は大きくはない。ノーベル物理学賞受賞者がその発見をしたのは何歳の時なのか（受賞時の年齢でなく）を調べると、その平均は今のところ四八歳だ。理論化学者と物理学者は、その人にとっての主な貢献をする年齢が実証研究者よりもやや早い。同様に、詩人は小説家に比べて若くしてピークを迎える。サイモントンによるクラシックの作曲家たちの研究では、典型的な作曲家は最初の大作を二六歳で書いていて、代表作を書くのも作曲の量が最大になるのも四〇歳で、そこをピークにゆっくりと衰えていき、意味のある曲を最後に書くのは五二歳だ。

しかしエマニュエルは、後に反証例を挙げざるを得なくなっている。

一〇年ほど前、私はある著名な医療経済学者と仕事を始めた。その時その人はもうすぐ八〇歳だった。協力して行った仕事は、とても実りが多かった。私たちはたくさんの論文を発表し、それが当時展開されていた医療制度改革の議論に影響を与えた。その人は優秀で、その後も社会に貢献し続けていて、今年九〇歳の誕生日を迎えた。しかし彼は例外、〝外れ値〟だ。非常に稀な人物なのだ。

エマニュエルは、脳の複雑さとその〝可塑性〟と呼ばれるものの衰えがあるため、こうした反証例は非常に珍しいと暗示する。

年齢と創造性の曲線、特に衰退の部分が、異なる文化や時代にも当てはまるということは、おそらく非常に深い部分に、脳の可塑性に関連する生物学的決定論があると考えられる。

その仕組みについて我々は推測することしかできない。ニューロン間のつながりには自然淘汰がきっちりと行われる。よく使われる神経のつながりは強化され、維持されるが、一度は使われても、その後あまり使われないつながりは衰え、そのうち消滅していく。脳の可塑性は一生を通じて続くが、すべてが再配線されるわけではない。年を取るにつれて、生きてきた長い年月の間の経験、思考、感情、動作、記憶などの非常に広範なネットワークが構築される。これまでの人生によって今の自分の人となりが決まるのだ。既存のネットワークに取って代わるような新たな神経のつながりを作らなくなるため、新たな創造的な思考をすることが難しくなるか、不可能になる。高齢になると新しい言語を習得するのが難しくなる。こうした脳の問題はみな、神経のつながりが侵食されていくのを遅らせるための働きなのだ。最初の仕事で構築された神経ネットワークから創造性を追い出してしまったら、そこからはもう革新的なアイデアを生むような新たな強いつながりは育たないだろう。私の外れ値の同僚のような大ベテランは別だ。彼らは優秀な可塑性に恵まれたごく少数の人なのだ。

エマニュエルは、彼が〝外れ値〟と呼ぶ人と同じような増大した創造性を、医学の力によって多くの人に経験させることができないのはなぜかという質問に対して、自らのパラダイムのポイントのひとつである、認知症などの病気を治療できるようになるというかつての希望がなくなったからだと説明している。

パラダイムシフト

彼のパラダイムの複数のポイントがよく一致し、互いに補強し合っているのは驚きではない。それがパラダイムの強みの元だ。しかし高齢者の医療費を減少させるという目的は、全く違うやり方でも達成できる。若返りのパラダイムを見越したアイデアだ。コンピュータを使った集中的な医学研究によって、老化の発現や影響を（おそらく無限に）遅らせることができるなら、社会には非常に大きな恩恵がある。実際、多くの人々は

・老化による衰えがなくなる。
・加齢関連疾患（がんや心疾患などの加齢に伴ってかかりやすさも深刻度も増す病気）に苦しまなくなる。
・慢性疾患によって長期に渡って多くの医療サービスを受けることがなくなる。
・仕事を続け、生産的であり続けられると同時に、活力や熱意も持ち続けられる。

健康を改善し、老化を遅らせることによって、短期的な投資で大きな金銭的、社会的利益を産むことができる。これは「長寿配当」と呼ばれている。

長寿配当

「長寿配当」という概念は二〇〇六年に学術誌『ザ・サイエンティスト』の記事「長寿配当の追求」という記事で初めて紹介された。この記事の著者は老化の様々な分野のベテラン研究者四人だ。イリノイ大学シカゴ校の公衆衛生学と生物統計学の教授S・ジェイ・オルシャンスキー、リシントンのエイジング・リサーチ・アライアンスの当時の理事長ダニエル・ペリー、ミシガン大学アナーバー校の病理学の教授リチャード・A・ミラー、ニューヨークの国際長寿センターの代表でCEOのロバート・N・バトラーらだ。この記事には緊急の提言も含まれている。[187]

今すぐ老化を遅らせる研究を連携して始めなければならないと、我々は示したい。それによって生命を救い、寿命を延ばし、より健康に生活し、富を築くことができるようになるからだ。

この最後の「富」の部分は注目に値する。老化を遅らせるというこの試みは確かに富を生み出すだろう。この記事の著者たちはアンチエイジングの科学的な見通しについては楽観的だ。

この数十年、生物老年学者は老化の原因について重要な部分を解明した。生物の生と死の仕組みの理解に革命を起こしたのだ。老化とその影響についての長年の誤解を払拭し、寿命の延長や健康に生きることが可能になるという、本当に科学的な根拠を初めて示したのだ。

遺伝子治療や食事療法によって高齢になってからの病気はほぼみな同時に遅らせられることから、

加齢関連疾患は遺伝子か行動危険因子、あるいはその両方の影響だけで起こるという従来の考えは否定された。単純な真核生物から哺乳類まで幅広い実験動物によって、生物の身体にはどのくらいの速さで老化をするかに影響を与える〝スイッチ〟があることが証明された。このスイッチは変更できないものではない。調節できるようになっている。

老化は変えることのできないプロセスであり、進化によってプログラムされているという考え方は、間違っていたとわかった。この数十年の間にどのように、なぜ、いつ老化が進むかについて多くのことが解明され、今では多くの研究者が十分に支援を受けており、このまま研究を進められれば、現在生きている人々に恩恵を与えることができると信じている。実際、これまでどんな薬も手術も行動変容も実現できなかった、ヒトの若く活力に満ちた期間を本当に延ばし、同時に晩年の費用がかさみ、障害を負い、命に関わるような状態を、老化の科学的研究がみな遅らせることができるかもしれないのだ。

四人の研究者たちはその結果として、〝莫大な額の経済的メリット〟を含む多くの利点を期待している。

健康に利点があるという明らかなことに加えて、健康寿命を延ばすことによって莫大な経済的メリットも得られる。人生の中で、身体的にも精神的にも高いレベルの能力を発揮できる期間を延ばすことで、働ける期間が長くなり、個人の収入と貯蓄が増え、高齢化が社会保障制度に与える打撃が減り、国内経済がまた繁栄すると考えられる根拠もある。老化の科学的研究は、個人に対しても社会全体に対しても、長寿配当と呼ばれる社会的、経済的、医学的なボーナスを作り出す可能性がある。まずは現在生きている人たちがその恩恵を受けるが、その後生まれる人々にもずっとそれは続く。

著者たちは、健康寿命を延ばすことによって個人もその個人が生きる社会全体も経済的に豊かになる、様々な理由を述べている。

・健康な高齢者は、病気で苦しんでいる高齢者よりも貯金や投資をたくさんする。
・社会で生産的な立場に居続ける傾向がある。
・金融サービス、観光業、サービス業に熟年市場という好景気を呼び、世代間振替によって若者にも波及する。
・健康状態がよくなることによって、学校や仕事を休むことが減り、よりよい教育を受けたり、高い収入を得たりできるようになる。

しかし著者たちは、若返り治療の研究が資金不足などにより進歩が非常に遅くなった場合はどうなるかも書いている。その場合、加齢関連疾患に対して社会は今よりもさらに多くのコストをかけねばならなくなる。

そうならなかった場合にどうなるかを考えてみよう。ある特定の疾病、アルツハイマー病の影響を例にしてみよう。避けられない人口の高齢化という原因だけで、アメリカのアルツハイマー病の患者数は、現在の四〇〇万人から二一世紀の半ばには一六〇〇万人に増加しているだろう。これは、二〇五〇年のアメリカではアルツハイマー病の患者数が現在のオランダの総人口よりも多いということになる。

世界的には、アルツハイマー病の患者は二〇五〇年までに四五〇〇万人に増えていると予想され、その患者のうちの四分の三は発展途上国の住民だろう。アメリカの経済的損害は現在八〇〇億ドルから一〇〇〇億ドルぐらいだが、二〇五〇年には年間に一兆ドル以上がアルツハイマー病とそれに関連した認知症に費やされる。アルツハイマー病だけでもこれほど壊滅的な損害がある。これはひとつの例にすぎないのだ。

心血管疾患、糖尿病、がんなどの加齢関連の障害の〝病気治療〟のために何十億ドルもの金が吸い取られる。老人病の医療ケアの正式な教育をほとんど受けられない多くの発展途上国で、どんな問題が起こるかを考えてみてほしい。二一世紀半ばには中国とインドの高齢者人口が現在のアメリカの総人口を超えるだろう。高齢化の波は世界的に広がり、医療ケアを経済的な地獄に突き落とす。

つまり彼らはエゼキエル・エマニュエルが示したような経済的な危機を予想している。しかしエマニュエルが、ある年齢、たとえば七五歳に達したら（自主的に）高額な治療をやめる選択をすることを推奨しているのに対し、この四人の著者たちは、治療をやめなくても、アンチエイジングの科学研究がもっとよい解決策を与えてくれると信じている。

各国はこのまま、加齢による病気や障害を互いに関係ないものとして、それぞれ別に治療していけたらと思っているかもしれない。今日、ほとんどの医療や医学研究はそのように行われている。アメリカ国立衛生研究所は、それぞれの病気や障害は個別に治療するという前提で組織されている。アメリカ国立老化研究所の予算の半分以上はアルツハイマー病に使われている。しかし、みなの命に関わったり、障害が出たりするような病気や障害にかかりやすくする原因となるような身体的な変化は、老化のプロセスによって引き起こされている。だから老化を遅らせる治療はどんなものでも、もっとも高い優先順位におくべきなのだ。

こうした治療こそ、この本のテーマであることは明らかだ。我々は比較的近い将来に、健康寿命を永遠に延ばすための治療を受けるだろうという予測を、この本では擁護している。長寿配当を提唱した人々は、寿命を延ばせる期間が永遠ではなくて、たとえば七年間健康寿命を延ばせるだけだったとしても、経済的にも人道的にも非常にプラスになると指摘している。

我々が思い描いている目標は現実に達成可能だ。控えめに言っても、老化を約七年遅らせれば、すべての加齢関連疾患と障害を減らすことができる。この目標を定めたのは、死のリスクと老化のほかの大半の悪い特徴は成人後、指数関数的に増えていくが、二倍に増えるのにおよそ七年かかるからだ。七年間老化を遅らせることが健康と寿命にもたらす恩恵は、がんと心疾患を排除するよりも大きいだろう。そして今生きている人たちがこの恩恵を受けられると我々は信じている。

老化を七年間遅らせることができたなら、高齢による死亡、フレイル、障害のリスクがどの年齢でも明らかに約半分に減らせる。将来は五〇歳になった人の健康状態や疾病リスクは、現在の四三歳の人ぐらいになっているだろう。六〇歳の人は現在の五三歳の人のような感じで、各年齢ごとに七歳若い感じになるのだ。それと同じぐらいに重要なのは、この目標が達成されたら、七歳老化を遅らせた分の健康と寿命の恩恵が、すべての年代にもたらされる。現在、ほとんどの国で生まれた子供が予防接種の発見と発達によって恩恵を受けているのと同じだ。

長寿配当の量を決める

長寿配当に対しては、通常、主に三つの説が主張されている。

（一）第一に、どんなに研究を蓄積しても、ヒトの健康寿命を七年延ばすことはあり得ないと主張する説である。これは、どんなに投資をしたとしても、過去のような進歩をこれからも繰り返すことはできないというものだ。

（二）第二の説は、こうした研究は莫大な費用がかかるので、健康寿命が延びることによって予想される経済的な恩恵は、それを実現するために使われた巨額の経費で相殺されてしまうというものだ。

（三）第三の説は、長寿配当の恩恵は一時的なものにすぎないというものだ。高齢者に巨額の医療費がかかるのが先延ばしされるだけで、かからなくなるわけではないと主張している。

第一の説の、健康寿命について「もう大きなブレイクスルーは起こらない」という主張は完全に否定できる。残っている問題は「どれぐらい」、「いつまでに」、「どれだけの費用を費やせば」だけだ。そうなると次は第二の説だ。第一の説より注意を払うべき説であるので、問題になっている数字を挙げてみよう。

数字が提示されている資料のひとつは、アメリカの学者ダナ・ゴールドマン、デイヴィッド・カトラーらの記事「老化遅延による健康・経済上の大きなメリットが医学研究の分野で新たに注目されている」だ。ゴールドマンは医療政策・経済学を研究する南カリフォルニア大学シェーファー・センターの教授で、カトラーはハーバード大学の経済学の教授だ[188]。

記事ではまず、医療システムが現在の軌道上で進んでいった場合、高齢者に使われる医療保険の割合（メディケアはアメリカの六五歳以上に支給される医療保険）は、GDPで二〇一二年の三・七パーセントから二〇五〇年には七・三パーセントに膨れ上がっているだろう、と指摘されている。これは高齢者が疾病や障害を抱えた状態で過ごす期間が過去よりも長くなるためだ。

病気を治療するのは若者や中年の人たちの寿命を延ばすが、すでに高齢になっている人の健康寿命は延ばさないとデータが示している。平均寿命が延びるのに伴って有病率も上がり、健康に生きられる長さは変わらないか、過去よりも短くなっている。

昔とは違い、歳を取るにつれて、ひとつの病気ではなく、複数の病気を抱えることになる可能性が増えた。高齢になると生物学的な老化にもっと直接関連した死因となるような病気（たとえば心疾患、がん、脳卒中、アルツハイマー病）をひとりがいくつも抱えるのだ。こうした状態は、老齢による死亡、フレイル、障害のリスクを跳ね上げる。

この記事では四つのシナリオが示されている。二〇一〇年から五〇年までの医学の進歩によって起こる可能性のあるシナリオだ。

・「現状維持シナリオ」では、この期間に病気による死亡率は変わらない。
・「がんを遅らせるシナリオ」では、二〇一〇年から三〇年の間にがんの発生率が二五パーセント減少し、その後も減り続ける。
・「心疾患を遅らせるシナリオ」では、二〇一〇年から三〇年の間に心疾患の発生率が二五パーセント減少し、その後も減り続ける。
・「老化を遅らせるシナリオ」では、加齢などの要因による死亡率が、外傷や喫煙などの外的要因とは対照的に……二〇五〇年までに二〇パーセント減少する。

この第四のシナリオは、本書が擁護している説と合致する。著者たちはこう説明している。

このシナリオでは結果としてその病気にかかる率が変わっているが、これは老化を引き起こす生物学的仕組みに対策をしているので、それぞれの病気の予防のシナリオとは異なる。死亡率と、おそらく慢性症状（心疾患、がん、脳卒中あるいは一過性脳虚血発作、糖尿病、慢性気管支炎、肺気腫、高血圧）と障害の発現の可能性を、五〇歳を過ぎてから（先ほど挙げた慢性疾患にかかりやすい年齢）一年ごとに一・二五パーセントずつ減らす。この減少は二〇年かけて行われる。二〇一〇年の減少率を〇パーセントとすると、その後は線形に増えていき、二〇三〇年には一・二五パーセントの減少を達成する。

こうした介入のシナリオは寿命の延伸へとつながっていく。二〇三〇年に五一歳の人の残りの寿命は三五・八年（現状維持シナリオ）、三六・九年（がんを遅らせるシナリオ）、三六・六年（心疾患を遅らせるシナリオ）、あるいは三八・〇年（老化を遅らせるシナリオ）となるだろう。老化を遅らせるシナリオに、もっとも長い寿命が残っている。これは、ほかの二つのシナリオでは人類が特に力を入れているひとつの病気以外のすべての病気に無防備な状態のままであるの対し、老化を遅らせた場合は加齢関連疾患のすべてに影響があるからだ。

寿命の延びの差は控えめで、ひとつの病気を遅らせるシナリオでは一年のものが、老化を遅らせるシナリオでは二・二年だ。しかし、こうして遅らせたことによるそれぞれの経済的なメリットはきわめて大きい。高齢者のための医療ケア、障害者のための医療ケア、傷害保険、社会保険料などの公的システムから支出されるコストが減る、それに生活の質がよくなることによって生産性を得られると予想される。これらによって老化を遅らせるシナリオでは二〇六〇年までに七・一兆ドルの経済的なメリットがあると、著者らは予測している。この利益にはふたつの理由がある。

（一）身体が不自由な高齢者が減る。アメリカでは二〇三〇年から六〇年までの間、一年に最大で五〇〇万人減少する。

（二）障害のない高齢者が増える。アメリカでは上記の期間に一年で最大一〇〇〇万人増え、（生産においても消費においても）経済に大きなメリットがある。

ほかのふたつのシナリオ（がんを遅らせるシナリオ、心疾患を遅らせるシナリオ）では達成できることの違いがあまりなかったし、得られるメリット自体もずっと少なかった。これも、個人のそれぞれの病気を個別に治療し続けるより、若返り医療を優先すべき理由のひとつだ。

述べられている数字に多くの疑問があることは避けられない。しかし、もしも七・一兆ドルという中心的な数字が大きく外れていたとしても、それでも得られるメリットは非常に大きいはずだ。そして特に興味深いのは、二・二年というごく短い寿命の延びから、このメリットが得られるということだ。もっと大幅に延ばすことができたら、どれほどの利益を得られるだろうか。

長生きによる経済的メリット

前節で述べた経済的メリットは、福祉年金受給の資格を決めるルールを大きく変えると変化することに注目すべきだ。ゴールドマン、カトラーらはこう指摘している。

老化を遅らせると、公的機関からの給付による支出、特に社会保障費の支出が大きく増大する。しかしこうした増加は、メディケアの対象年齢や社会保障上の通常の引退年齢を引き上げることで相殺できる。

寿命が延びたのに、年金支払い開始年齢と支払い回数を変えなかったら、経済的な問題が生じる。こうした問題の影響については、国際通貨基金が発表した二〇一二年の年次報告書でも強調されている。ロイター通信社のステラ・ドーソンの記事「ＩＭＦは高齢者にかかるコストが予想以上の伸びを示していると

発表」では、こうまとめられている。(189)

国際通貨基金によれば、世界中の人々が予想よりも平均で三年長く生きるようになると、高齢者にかかるコストが五〇パーセント上昇し、政府と年金基金はそれに対応できる準備ができていない。

特に二〇五〇年までに高齢者人口と労働者人口がほぼ一対一になる先進国では、高齢化しているベビーブーム世代にかかるコストはすでに政府予算の負担になり始めている。ＩＭＦの調査によると、これは多くの国で問題であり、長寿には予想よりも大きなリスクがある。

二〇五〇年に生きている人全員の寿命が、過去にもっと低く見積もられていた想定に沿って現在よりも三年長くなると、社会はＧＤＰ一年分の一～二パーセントのコストが余計に必要になる。

アメリカの個人年金だけでも、三年寿命が延びれば負担が九パーセント増え、ＩＭＦは政府とそれぞれの部門に長寿のリスクに対する準備を促している。

しかし我々が語っているのは、もっと大幅な延伸だ。

それが実現したらどれだけ大きなコストがかかるかを知らしめるために、ＩＭＦは、先進国が三年の寿命延伸によって不足した年金の原資をすぐに補填しなければならなくなるなら、二〇一〇年のＧＤＰの五〇パーセントを取っておかなければならないし、発展途上国でも二五パーセントは必要だと見積もった。

こうしたコストの増加は、二〇五〇年の各国で高齢化によって倍増する支出のトップにあたるものだ。寿命が延びるリスクに早く取り組んだ国ほど、対応が容易なはずだとＩＭＦは述べている。

しかしこの報告書は、前向きな視点で考えるべきふたつの重要な点に触れていない。

（一）寿命が延びた人々が、以前よりも経済に貢献するようになるという可能性（様々な資源を吸い取るだけではない）。

（二）平均寿命の変化に合わせて年金受給年齢を引き上げる可能性。

ワシントンのブルッキングス研究所の経済学者ヘンリー・アーロンとゲイリー・バートレスは共著書の『不足を補うには――引退を遅らせるとどれだけ利益があるか』で同様の議論をしている。[190] その結論を『ロサンゼルス・タイムズ』紙のウォルター・ハミルトンがこうまとめている。[191]

この本が指摘しているのは、六〇歳以上の人々はこの二〇年ほどの間、何度も引退の時期を遅らせ続けてきた。一九九一年から二〇一〇年までの間、就業率は六八歳の男性で五〇パーセント、同い年の女性では三分の二、増加した。

人々が働き続ける期間が長くなると、税収が増え、連邦予算の不足や社会保障の支出を減らすことができる。

労働期間が延びると政府の歳入が急増する。この先三〇年で二・一兆ドルほど増えるだろう。社会保障とメディケアの支出は、人々の受給開始年齢が遅くなれば、六〇〇〇億ドル以上減らすことができる。全体としては、年間の赤字を小さくして利益を確保するなどして、二〇四〇年の政府予算と支出との四兆円以上の差を縮めることができる。

アメリカの著名な経済学者でイェール大学教授のウィリアム・ノードハウスは、二〇〇二年に発表した「国々の健康——公衆衛生の向上がどれだけ生活水準を引き上げたか」で、同じ結論に辿り着いている。(192)ノードハウスは二〇世紀の経済的発展の理由を、寿命が延びたことで、ほかの消費財やサービスをすべて合わせたぐらいに大きく経済活動が増えたことだと分析している。人々が長く生きると、働く期間が長くなり、多くを生産し、職場にもコミュニティ全体にも経験からくるメリットを提供する。ノードハウスは次のように締めくくっている。

最初の概算では、この一〇〇年の間に、長寿によって経済的な価値が、健康に関係ない物やサービスの成長すべての価値と同じぐらい増えている。

シカゴ大学の権威ある経済学者ケヴィン・マーフィーとロバート・トペルは、二〇〇五年に発表した「健康と長寿の価値」で、歴史上、寿命が延びたことでどれだけの経済的なメリットがあったかを計算している。この経済学者たちによる六〇ページに及ぶ徹底的な計算が示されているが、結論はシノプシスで読むことができる。(193)

我々は、個人の消費への意思に基づいて健康と寿命の改善を評価する経済的枠組みを作り上げる。それからその枠組みを、死亡全体と死因となる個々の病気の死亡リスクの減少に関して、過去のデータと未来の予測に適用する。男性と女性それぞれについて、二〇世紀の寿命の延伸にどれだけ社会的価値があったかを計算する。一九七〇年代以降の様々な病気に対する医学の進歩の社会的価値、それに主な疾病のカテゴリーそれぞれに対して予測される進歩の社会的価値も算出した。歴史上、寿命が延びたことによって社会が得た利益は非常に大きかった。二〇世紀を通じて寿命の延びによって得られた利益は、女性も男性も一人当たり一二〇万ドル以上だった。一九七〇年から二〇〇〇年までの間、寿命の延びによって国の財政に毎年三・二兆円がもたらされた。これは、この期間の年間ＧＤＰの平均の半分以上に等しい、数字に表れていなかった価値だ。心疾患の死亡率が減るだけでも、一九七〇年以降、一年当たり一・五兆円の価値を増やしていた。

マーフィーとトペルは、新たな医学的発展によるこうした価値の増大が将来も続いていくことを望んでいると明かしている。

将来の医療革新により価値が増大する可能性も非常に大きい。がんの死亡率をたった一パーセント減らすだけで、五〇〇〇億ドル近い価値があるのだ。

しかし根本的な問題がふたつ残っている。

（一）この健康寿命の延伸を実現するためのコストが、（おそらく）何兆ドルにも上る経済的恩恵を上回ってしまうだろうか？

（二）延びた分の健康寿命の後に非常に高額な医療費がかかる時間がやってくるのだったら、問題は先送りされただけで、解決されていないのでは？

そこで我々がふたつの質問に順に答えてみよう。

若返り治療開発のコスト

いくらコストをかけたら、健康寿命を平均七年（先ほど引用した二〇〇六年のオルシャンスキーらの記事「長寿配当の追求」で提案された年数）延ばす若返り治療が開発できるか、事前に正確にはわからないだろう。どのくらいの〝桁〟になるかを予想するにしても不確定要素が多すぎる。加齢関連疾患の細胞および分子レベルの鍵を解明するのがどれだけ困難かもわからない。しかし健康寿命延伸の過去のプロジェクトをよく調べると、かかるコストを超える利益をやすやすと生み出すだろうと確信できる。たとえば、小児期の病気に対するワクチン接種のプログラムを考えてみてほしい。根本的な原則は、予防は治療よりも安上がりだということだ。アメリカの科学者でカリフォルニア州にあるバック加齢研究所理事のブライアン・ケネディは「予防のコストは治療のコストの二〇分の一ほど」と述べている[194]。

先ほどの節で紹介したマーフィーとトペルは、全体を次のように評価している。

> 一九七〇年から二〇〇〇年までの間に寿命の延伸によって得られた〝合計の〟社会的価値は九五兆ドルであり、医療にかかった支出の資本還元価値は三四兆ドルなので、六一兆ドルのプラスということになる。……何よりも、増加した医療支出は寿命が延びたことによって増えた価値の三六パーセントにしかならなかったということだ。

マーフィーとトペルは、自分たちの分析が将来の医療革新への投資レベルを決定すると示している。

健康の改善の社会的価値を分析することが、医学研究や健康を増進する革新の社会的収益率を評価する第一歩だ。健康長寿の分野における改善は、社会が持っている医学的知識の量による部分もあり、そのインプットには基礎的な医学研究が大切だ。アメリカは医学研究に対して年間に五〇〇億ドル以上を投資していて、そのうちの四〇パーセントは連邦によるもので、政府による調査研究の支出の二五パーセントにあたる。二〇〇三会計年度の連邦による医学関連の研究費の支出は二七〇〇万ドルで、その大半はアメリカ国立衛生研究所への支出であり、一九九三年の支出の二倍にあたる。こうした支出にはちゃんとした根拠があるのだろうか？

我々の分析によると、基礎研究の利益回収率は非常に高いので、もっと大幅に支出の価値があるはずだ。例としては、がんによる死亡率を一パーセント減少させると五〇〇〇億ドルの収益があるという我々の予測を見てほしい。それから〝がんとの戦い〟、つまりがんの研究と治療にさらに一〇〇〇億ドルを（何年かかけて）つぎ込むと、それが死亡率を一パーセント減らせる可能性が五分の一であっても、五分の四はまったく何の成果も得られない可能性がある。

確率的解析に注意を向けることは重要だ。成功する確率がかなり低くても、投資には意味がある。ベンチャーキャピタルの経営者の多くは、それを確信している。彼らは成功した場合（することがあれば）の利益が大きければ、その確率が低くても喜んで投資する。たとえば成功の確率が五パーセントしかなくても、最終的に数百万ドルの価値を持つかもしれない企業に投資をしておけば、将来、現在の一〇〇倍以上の価値になるということだ。

こうしたタイプの考え方は、保険の査定に携わる人にはなじみ深いものだ。もっとも起こる確率の低い災害についても保険証券に明記しておくべきだと考えるのは、理に適ったことだ。

低い確率に注目する価値があるのは、起こった時の結果が非常に重要だからであり、成功率が五〇パーセントで、実現すれば何兆ドルも得られるようなものには、もっと注目すべきではないだろうか。成功する確率が低くても、もっともうまくいくシナリオで、若返りのプログラムをよく検討してみよう。

追加の出資

若返り治療を加速し、ひいては長寿配当を実現するための研究資金を増やす方法は、少なくとも五つある。

まずは、個々の疾病を治療する研究に充てられているすべての資金を、老化のメカニズムを裏づける研究に充てられている資金と比べてみよう。アメリカ国立衛生研究所が追跡している三〇〇億ドル近くの年間の医学研究予算のうち、現在、老化の研究に使われているものは一〇パーセント未満で、残りはすべてそれぞれの疾病の研究に充てられている。[195] この資金の分配の現状は多くの国の医学関連予算と同じで、健康の改善のためには〝疾病優先〟という主な戦略に従っているからだ。しかし、より多くの予算が老化に回されるようになったら(この先の一〇年間は一〇パーセント以下ではなく一〇パーセントほどに)、多くの疾病は振り当てられる研究予算が減っても、今より蔓延しなくなり、重症になることもなくなるだろう。これは健康状態をよくするための別の戦略、〝老化優先〟が効果を上げるからだ。老化は身体を疾病にかかりやすくし、さらにその病気が複雑化する傾向を増やす。

若返りの大幅な進歩を実現する第二の方法は、人々がアンチエイジング治療の研究に多くの時間を割り当てることだ。それぞれの研究者が充てる時間の割合が小さくても、それを集めれば研究者全体では非常に大きく増える。もし一〇〇〇人に一人が若返りを研究する一週間あたりの時間を四時間だけ増やし、そのぶんテレビを観るなどの娯楽を減らせば、一国の若返りの研究に使われる時間の合計は急増する。ただし、そうやって捻出された時間がほかの人の研究結果を見ることだけに費やされたり、関係者が実験の試料や設備を自由に使えなかったりしたら、こうした取組みにはほとんど意味がない。しかし〝若返りの共同《コラボレーティブ》エンジニアリング〟を導入するための教育やガイダンスといった活動の適切な枠組みがあれば、世界中で非常に大きな効果が上がるだろう。

第三の方法は、自分の時間を費やす代わりに、世界の人々から若返り治療研究計画に寄付をしてもらえるようにするのだ。たとえば、母校の大学や地元の教会に寄付する代わりに、こうした資金（あるいはその一部）の寄付先をアンチエイジング分野の慈善団体にしてもらう。こうした出資は年金制度や保険と同様の効果がある。人々が寄付をすればするだけ、家族や近所の人などの近しい人々が加齢関連疾患に苦しむことが少なくなるのだ。もしも、この本よりも後に世論の動きに大きな変化があるとしたら、こうしたタイプの出資が増えることだろう。ほかの大きく広がっていった運動と同じだ（乳がん早期治療を呼びかけるピンクリボンキャンペーンなどのように）。

第四の方法は、長寿配当という経済的メリットを得られる可能性から、企業（大企業も中小企業も）がこの分野への出資を決めることだ。結局のところ、こうした治療によって経済活動における生産性を増やし、引退期間を短くすることで社会全体に富を作り出すことができるのなら、その新たに発生する富の一部を受け取るために、企業がこうした治療に資金を提供する方法を用意するべきだ。こうした利益の配分が明確に示されたなら、実業界の大きな起業力の助けを得られるだろう。

第五の方法として、そろそろ医学分野での既存の公的資金の使い道を変える話ばかりではなく、公的資金を増やすことをテーマにしよう。公的資金は民間の企業が出資しない分野に充てられることが多い。公的資金はすぐに見返りが得られなくても、より長く待つことができる。そして利益は社会全体にもたらされ、株主や幹部のものになってしまわない。ひとつの例としては、第二次世界大戦によって破壊的な被害を受けたヨーロッパ西部の再建のため、復興援助計画マーシャル・プランにアメリカは大きな資金援助をした（一九四〇年代に一三〇億ドル）。さらにふたつ例を挙げると、第二次世界大戦終結を目指した原子爆弾を開発するためのマンハッタン計画、冷戦時代、月に人類史上初めて人間を着陸させるためのアポロ計画などがある。

ほかに比較できる例としては、イギリスの国民保健サービス（ＮＨＳ）が、ほぼイギリス政府の公的資金によって運営されている。大型ハドロン衝突型加速器（ＬＨＣ）を持つ欧州原子合同核研究機構（ＣＥＲＮ）をヨーロッパ各国が共同で運営しているのも、その例だ。この数十年に渡る数十億ユーロの資金は短期的な見返りを期待して行われてはいない。その反対に政治家たちは、自然界の基礎的なデータを収集するために、そして今はまだ予想できない方法で将来、金銭的利益を得られるかもしれないという期待に基づいて、ＣＥＲＮに資金を投入している。ＣＥＲＮはヒッグス粒子探索プロジェクトだけでもすでに一三二億五〇〇〇万ドル以上を使っている[196]。インターネットも、一九八九年から九一年までの間にＣＥＲＮのティム・バーナーズ＝リーが作り出したのだ。しかしこれから数十年間、ＣＥＲＮなどのいくつかの公的なプロジェクトの優先順位を下げて、その代わりに若返りへの公的資金を充てるべき十分な理由があるのだ。

結論として、若返りのプロジェクトから大きな経済的な利益が生まれるだろうという期待のもとに、追加資金を投入できそうな財源がいくつかあるということだ。こうした資金の優先順位について、それからどれだけの額を投資すべきかについて、社会は重大な判断をしなければならない。

老化の治療は安いと思われている

ここまで、資金調達の方法は複数あることを示してきた。公的資金も個人からの投資も、政府や出資者の決定と、市民の基本的な支えのもとに行われる。老化は人類全体に影響を及ぼす病気だからだ。老化が世界中で一番多い死因であることを忘れてはならない。

それから、医療がこれまで老化の原因ではなく、症状の治療に重きを置いてきたことも示した。今こそ本物の予防医療が必要だ。老化の治療ではなく、老化のプロセスを予防する医療だ。晩年の人々を特に苦しめる病気の治療に七〇億ドルを費やす代わりに、同じ額をもっと早期の老化予防の研究に充てなくてはならない。

ヒトの体の基本的な仕組みを分析すると、基本的な化学組成は非常に単純だと言える。成人は体の六〇パーセントが水からできている（年齢、性別、肥満度などの要因によって大きく変わるが）。さらに、その水はエビアンやペリエではなく、ごくありふれたH_2O、つまり水素原子ふたつと酸素原子ひとつがくっついたものだ。器官には水分が多いものと、それほど多くないものがある。たとえば、骨は二二パーセントほどの水分を含有していると推算されるが、筋肉や脳は七五パーセント、心臓は七九パーセント、血液と腎臓は八三パーセント、肝臓は八六パーセントだ。[197] 水分の割合は年齢によって大きく変化する。子供は最大で七五パーセントが水分で、成人は六〇パーセント、高齢者は五〇パーセントほどだ。ネスレ・ウォータ―ズによると、体重六〇キログラムの平均的な成人は四二リットルの水分を含んでおり、その分布は次

元素	原子番号	原子数の割合（%）	重量の割合（%）	重量（kg）
酸素	8	24	65	43
炭素	6	12	18	16
水素	1	62	10	7.0
窒素	7	1.1	3.0	1.8
カルシウム	20	0.22	1.4	1.0
リン	15	0.22	1.1	0.78
カリウム	19	0.033	0.020	0.14
硫黄	16	0.038	0.020	0.14
ナトリウム	11	0.024	0.015	0.095
塩素	17	0.037	0.015	0.010
他の 50 元素	3 ～ 92	0.328	1.430	0.035

図 5-1　人体の組成（平均的な体重七〇キログラムの成人）

出典：John Emsley（2011）を元に著者作成。

の通りだ。[198]

・二八リットルは細胞内水。
・一四リットルは細胞外液として存在し、そのうちの
・一〇リットルは間質液（リンパ液など）という、細胞間のすきまを満たしている液体。
・三リットルは血漿。
・一リットルは細胞通過液（脳脊髄液、眼内液、胸膜液、腹腔液、滑液）。

体の大部分が水であるということは、酸素と、宇宙で一番豊富な成分の水素が含まれていることになるが、それ以外にも比較的豊富で安価な数種類の成分からできている。四つの基本的な元素（酸素、炭素、水素、窒素）の重量がすべての原子の九六パーセントを占めていて、平均的な年齢で平均的な体重七〇キログラムのヒトの九九パーセントの成分は、図５－１のようにはっきり示すことができる。[199]

酸素原子の含有数は水素原子よりも少ないが、酸素原子（原子番号8の酸素原子は八個の陽子を持っている）は水素原子（原子番号1、つまり陽子が一個）よりも重い（原子番号は陽子数と等しい）。酸素は地殻にもっとも豊富に含まれる元素であり、人体内の水の主成分であるだけでなく、タンパク質や核酸（DNAやRNA）や炭水化物や脂肪に欠かせない構成要素でもある。

人体は六〇種類以上の化学元素からできているが、そのほとんどは非常に微量しか含まれていない。人体にはヘリウム（原子番号2の揮発しやすい気体で、周期表では水素の次に載っている）は含まれていないが、リチウム（原子番号3）からウラニウム（原子番号92）までは〝痕跡量〟、つまりごく微量に存在している。

宇宙の構成元素のうち、水素原子は七三パーセント、ヘリウム原子は二五パーセントを占めると推測されている。わかっている限りの宇宙で、ほかのもっと〝重い〟原子（原子番号3以降）をみな合わせても残りの二パーセントにしかならない。重い原子は宇宙の始まりの爆発の際に作り出されたと考えられているので、アメリカの物理学者カール・セーガンが有名な著書『コスモス』やそのテレビ版で言っていたように、我々は〝宇宙の塵《ちり》〟であり〝星屑《ほしくず》〟なのだ[200]。

つまり人間を含む生命体を維持していくには、基本的に、原子や分子レベルでの修理法を理解していると安く簡単にやっていける。我々はそれを今、生物学的レベルで行っている。ナノテクノロジーを〝人工的な〟生物学だとするならば、これから数十年のうちに原子レベルで修理することに成功している可能性が非常に高い。

原子マニュファクチャリングや分子マニュファクチャリングといったアイデアは、アメリカの工学者エリック・ドレクスラーが一九八六年の著書『創造する機械――ナノテクノロジー』で普及させた。ドレクスラーはこの本で、ＭＩＴの人工知能の専門家マービン・ミンスキーとともに、博士論文のための研究の一部として行った計画の中で、分子ナノテクノロジーの基本に一定の形を与えた(201)。

二〇一三年、ドレクスラーは著者『徹底的な豊富さ——ナノテクノロジーの革命が文明を変える』で、ナノテクノロジーの発展によって物質を非常に低いコスト、おそらく一キログラム当たり一ドルほどで組み立てたり、分解したり、組み替えたりすることが、どれほどすばらしいかを述べている。つまりナノテクノロジーが進歩すれば、数十年のうちに、七〇キログラムの人を七〇ドルで治すことができるのだ。そして実際には、もっと安くなっているだろう。人体を構成する元素をすべて合わせると、化学的には全部で一〇〇ドルほどでそろうことがわかる。

人体をフランス産のエビアンやペリエの水で満たしたいとでも思わない限り、ヒトの構成要素の市場価格は非常に安い。人体は地球上にもっともたくさんある元素の組合せからできている。我々はダイヤモンドと金で覆ったプルトニウム（原子番号94）や反物質からはできていない。主に水からできていて、後は炭素と窒素が少し含まれているだけだ（さらに環境により、ほかの元素も痕跡量含まれている）。ヒトは空気や水や食物など、吸ったり飲んだり食べたりするものからできている。

次々と発見があるおかげで、生物学と医学は飛躍的な進歩を続けている。数世紀に渡って行われてきた悪名高い瀉血《しゃけつ》は、世界のある地域では二〇世紀半ばまで実施されていたが、今日では野蛮以外の何物でもないとみなされている。数年後には、現在の放射線治療や化学療法（抗がん剤治療）もそうなっているかもしれない。少し大袈裟に言うなら、放射線や抗がん剤で腫瘍を殺そうとするのは、大砲で蚊を退治しようとするようなものだ。放射線治療や化学療法がもうすぐ瀉血のような昔の野蛮なやり方の仲間入りをすることを願おう。

老化の治療を進歩させるには、我々は基本的なことを考えねばならない。南アフリカ出身でカナダ、アメリカの国籍を持つ著名なエンジニアで投資家のイーロン・マスクは、自身の成功は類推に頼らず、基本的な原理（第一原理）をベースに考えているおかげだと説明している。人は類推をする時、他人の考えをなぞっていて、線形の進歩しかすることができない。基本的な原理を考えている時は、科学の限度ぎりぎりまで指数関数的な変化を思い描くことができるのだという。マスクは物理学を例に挙げて、基本的な科学をもとに考えることを説明している。(202)

類推ではなく第一原理によって考えることが重要だと考えている。思考のためのよい枠組みがあるとも思っている。それは物理学だ。概して私は、物事を根本的なところまで分解し、そこから論理的に考える。これは類推とは正反対だ。

我々は人生の大半を類推によって考えて、物事に対処しているが、これは基本的にほかの人々がやっていることを、少し違うバージョンで模倣しているだけだ。

マスクは続いて電気自動車のバッテリーの例を挙げ、基本的な原理を考えていけば、急激にコストを下げ続けることができると説明している。

「バッテリーのパックは本当に高いけれど、これからもずっとそれは変わらないだろう。……今までずっと一キロワット時当たり六〇〇ドルだった。これはこの先もあまり改善されないだろう」と言う者もいるかもしれない。

第一原理で考えるなら、「バッテリーの原料には何が使われているだろう？　その原料の市場価格はいくらだろうか？」と問えるだろう。バッテリーの原料はコバルト、ニッケル、アルミニウム、炭素、さらにセパレータに高分子が使われており、あとは外装缶だ。それぞれの物質ごとに考え、「それをロンドン金属取引所で買ったら、それぞれいくらする？」と問うのだ。

だいたい一キロワット時あたり八〇ドルぐらいのようだ。それなら、単にこれらの材料を入手し、それをバッテリーセルの形にする賢い方法を考えさえすれば、誰も実現したことがないほど、ずっと安価なバッテリーを作ることができる。

この思考法のおかげでマスクは、ペイパルで決済サービスに、ソーラー・シティで太陽光発電に、テスラ・モーターズで電気自動車に、スペースXで宇宙産業に、ハイパーループで運輸産業に、ボーリング・カンパニーでトンネルに革命を起こした。彼はそれでもまだ足りないかのように、今はニューラリンク社でブレイン・マシン・インターフェイスに革命を起こそうとしていて、オープンＡＩ（人工知能のオープンなプラットフォーム）で友好的な人工知能装置を進歩させようとしている。(203)

我々も第一原理思考を実践すれば、人体はそれほど複雑な作りではないと認識し、そのうえでナノテクノロジーのような新たなテクノロジーでその人体を修理できるようになるだろう。人体も安価な成分からできており、安いものを修理するのは、適切な方法を十分に知っていれば安価に行うことができる。将来は瀉血も化学療法も放射線治療もなくなる。現在でも我々はすでに老化をしない細胞や生物が存在することを知っていて、老化をしないことがすでに自然界に起こっているのだから、生物学的に可能であるという根拠になっている。今、理解し、やらねばならないのは、第一原理を使って老化のない状態をヒトにも実現することだ。

アメリカの未来学者レイ・カーツワイルは、すべての技術は最初は高額のお金がかかるし、質も低いが、普及するにつれてコストが下がり、質が向上すると述べている。それは携帯電話の例を見ればわかる。最初のモデルが売り出された時には何千ドルもしたし、かさばって性能もよくなく、バッテリーはすぐに切れ、通話しかできなかった。現在では技術が普及したおかげで、携帯電話は安価で、非常に高性能になった。無数のタスクを、数多くの優秀で、その多くが無料であるアプリを通して行うことができるために、スマートフォンと呼ばれているくらいだ。今では世界中のどこでも、望みさえすればみなが携帯電話を持てる。

生物工学では、一九九〇年に始まり二〇〇三年に完了したヒトゲノム解読の例がさらにわかりやすい。つまり最初のひとりのゲノムを解読するのに一三年と約三〇億ドルがかかった。テクノロジーは指数関数的に進歩し続けているので、あと数年のうちにひとり分のゲノム解読はたった一〇ドルで一分の間にできるようになるだろう。未来のスマートフォンに接続できるゲノム解読のデバイスは、もうすぐ開発されそうだ。

もうひとつの例はヒト免疫不全ウイルス（ＨＩＶ）で、正体がわかるまでに何年もかかり、感染者の免疫システムを直接に攻撃するので、かつては「死刑宣告」と呼ばれていた。カーツワイルは技術的な進歩による恩恵を強調している。(204)

変化のペースは線形的でなく、指数関数的に進む。五〇年後の世界は、すべてが今とは大きく違うだろう。その差は驚異的だ。ＨＩＶウイルスのＲＮＡを解析するのに一五年かかったが、ＳＡＲＳは三一日で解析されている。

コンピュータの性能は、毎年、同じコストでほぼ二倍になっている。二五年後には今日の一〇億倍になっているはずだ。同時に、すべての技術や電子機器や機械の小型化も、一〇年ごとに一〇〇分の一という率で進んでいる。これは、二五年後には一〇万分の一になっているということだ。


HIVウイルスの特定には長い時間がかかった。ウイルスのRNAの配列を解読するのに何年もかかり、最初の治療ができるようになるまで、さらに何年もかかった。最初の抗HIV治療には一年に何百万ドルものコストがかかったが、すぐに普及し、金額も数千ドルまで下がり、その後一年当たり数百ドルになった。インドなどの国では、数十ドルほどでHIVのジェネリック医薬品による治療が受けられる。数年のうちに、わずか数ドルで完全に治せるようになるだろう。現在HIVはもう不死の病ではなく、糖尿病と同じようなコントロールできる慢性の病気だ。

老化も同じことを目指さねばならない。まずはコントロールできる慢性の病気にし、その後、完全に治せるようにするのだ。指数関数的な進歩が実現すれば、老化が慢性の病気になる前に治してしまえる。

動物実験で有効だった若返り技術を、ヒトで治験することが絶対に必要だ。これはSENS研究財団の新しいプロジェクト21の目標のひとつだ[205]。

老化を治療するため、資金を症状の治療に使ってしまわず、老化の研究に集中させることが必要だ。イギリスの生物老年学者オーブリー・デ・グレイはあるインタビューで、アメリカの死亡数の九〇パーセントは老化によるものであり、医療費の支出の八〇パーセント以上も症状の治療に充てられていると述べている。しかし、老化研究に充てられている資金は少なく、SENSなどの財団は公的資金あるいは個人の

支援を受けないと十分な研究を行うことができない。例として次の予算を比較してみよう。(206)

国立衛生研究所の予算　約三〇〇億ドル
国立老化研究所の予算　約一〇億ドル
老化生物学部門の予算　約一億五〇〇〇万ドル
橋渡し研究に使われる予算（最大）　約一〇〇〇万ドル
ＳＥＮＳ研究財団の予算　約五〇〇万ドル

ここでまた、世界中の医療費が年間に約七兆ドルであり、今も増大し続けていることを思い出してほしい。不幸なことに、そのほぼすべてが最期の数年のために使われ、あまり効果を上げることもなく、結局、終末期の患者は亡くなるし、その状態はつらいものであることが多い。医療システム全体を考え直し、老化の終わりの部分ではなく、始まりの部分に投資しよう。ことわざの通り、「予防は治療に勝る」。

正しい方向に進むためには、我々の考え方を改め、死は人類最大の恐ろしい敵だが、打ち負かすことができると認識しなければならない。死の恐怖を脱し、頭脳と強い意志を持って行動すれば、死の終わりを迎えることができる。

第6章

死の恐怖

人間が死を恐れるのは生を愛するからだ。

一八八〇年、フョードル・ドストエフスキー

すべての偉大な真理は、最初は冒涜の言葉として始まる。

一九一九年、バーナード・ショー

私は死後の世界を信じない。でも下着の替えは持ってきている。
死ぬのが怖いわけじゃない。自分が死ぬ瞬間に立ち会いたくないだけだ。

一九七一、七五年、ウディ・アレン

テクノロジーの進化は加速している。その結果、〝若返り工学〟は急激に飛躍しようとしている。経済成長、よりよい教育、長距離移動が可能になったこと、医療の進歩、機会の増大といった、産業革命後に始まった数々の進歩の波が続くというだけでなく、以前よりもさらに加速するのだ。さらに多くの、やる気と能力のある人たちが研究開発に関わるようになる。地球全体に張り巡らされた巨大なネットワークにもつながり、様々な分野の技術が結集する。

・かつてない人数のエンジニア、科学者、デザイナー、アナリスト、起業家など、この改革を促進する人たちが、今、大学などで教育を受けている。

・オンラインで質の高い教材にアクセスでき、無料であることも多い。つまり今、芽を出しているテクノロジーは、数年前のものと比べても、より高いレベルをベースにスタートすることができる。
・職業人生の後半にいる人たちでも、この新たな肥沃な分野に飛び込むことができる。最初は自由時間にただ〝眺めている〟ことから始まるかもしれない。これは特に、以前の仕事から引退した人たち、あるいはもう働く必要はないが、活用できるスキルをたくさん持っている人などに当てはまる。
・無数にあるオンラインのコミュニケーション・チャンネルやウィキやデータベース、ＡＩの連携などが、こうした様々なタイプの研究者たちをつなぎ、優秀な研究者たちがさらに早く、世界のどこかで行われている見込みのある研究にアクセスできるようになる。
・オープンソースのソフトウェアがさらに普及し、無料で配布されることが、さらなる人々の参加を助ける。

関わる人が増え、高い教育を受け、より広くつながり、お互いの成果の上にさらに成果を重ねるというよいネットワーク効果により、ほかの条件が同じなら、テクノロジー全体の進歩はこのままさらに加速し続けるだろうと本書の著者ふたりは考えている。この数十年のＩＴ、スマートフォン、３Ｄプリンター、遺伝子工学、脳スキャンなどと同じレベルの（超えることはないとしても）急速で飛躍的な発展が、これから先数十年の間に数々の分野で起こる可能性が高い。なかでもこのパターンが医療の分野、特に若返り工学の飛躍的な発展に適用されることが絶対に必要だ。

もちろんこの先に、可能な医療の飛躍的発展を妨げるような手強い障害もたくさんある。規制というハードル、制度の複雑さ、組織の不活発さなどが、その例だ。それでも、かつてない数の、高い教育を受けた、能力のある人々がすでに見込みのある方法を探り、こうしたハードルを回避しようと忙しく探索している。“分割して統治せよ”の精神で、改良されたツール、ライブラリー、テストモジュール、方法論、制御経路の代替、医療のビッグデータのＡＩによる解析など、さらに多くのものを使って研究を進めている。彼らは互いの洞察の上に、さらに創造をしている。そしてそこからよい結果が出たら、大企業が参加し、アイデアを与えるなど、必要な支援を提供する。

若返り工学によって達成されたことの変化は、そこら中に表れている。この分野はもう、いんちき医療やにせ薬のように疑われているわけではない（かつては疑われ、批判されていた）。興味深い研究に出資している人たちは、さらなる研究と開発を待っている。こうした研究から何も結果が出ないこともあるが、この分野からずっと何も生まれないと考える理由はない。

それよりも、この研究を続けていく強力な経済的理由がある。若返り工学の恩恵を受ける人たちは、ほかの条件が同じなら、より経済や社会関係資本《ソーシャル・キャピタル》に貢献する。これは経済的な意味で、社会が若返り工学への投資を加速する強い理由になる。

これから起こる何かについて強力な経済的理由があるのなら、社会はそれに賛成し、「それをやろう」と言うべきだと思うだろう。しかし若返り工学は、それとはかけ離れた状態にある。それどころか強く反対する人々がいるのだ。そこで、その反対の根源がどこにあるのか深く探ってみよう。

異論の種類

若返り工学のプロジェクトに対する異論には、いくつかのパターンがある。その中でもっともよくあるのが次のようなものだ。

・不治の病には若返り工学でどう対処するつもりか？
・エントロピーなどの物理法則によると、若返り工学は不可能では？
・若返り工学のプログラムはとても複雑だから、何百年もかかるのでは？
・そもそも人間が生きられる長さの限界があるのでは？
・若返りを実現したら、恐ろしい人口爆発が起こるのでは？
・長寿の人々のせいで、社会に必要な変革がストップしてしまうのでは？
・老化と死がなくなったら、何かを達成するための動機がなくなるのでは？
・若返り工学の恩恵を富裕層だけが多く受けるのでは？
・若返りを追い求めるのは利己的では？

どの異論に対しても明確な答えがある。それなのに、こうしたよい答えだけでは、批判的な人たちや懐疑的な人たちの考えを変えるには不十分なようだ。何かもっと根深いものがある。

それが何なのかを理解するためには、〝論理的な根拠〟と〝その奥にある動機〟を分けなければならない。アメリカの社会心理学者ジョナサン・ハイトは『しあわせ仮説——古代の知恵と現代科学の知恵』で象と象使いのわかりやすいたとえを使い、理性は感情という力強い象に乗った人間のようなものだと説明している。ハイトは第一章でこのたとえを述べている。(207)

しかしそれならば、なぜ人はこんなにも馬鹿げたことをし続けるのだろうか？　なぜ人は、自制に失敗し、自分のためにはならないとわかっている行為を続けるのだろうか？　私もそんな一人である。意志の力を集結して、メニューに載っているデザートを全て無視することは難なくできるが、もしデザートがテーブルの上に置かれていたら、それを我慢することなんてできない。私は仕事に集中し、完成させるまでその場所を離れないと決心することはできるが、ふと気がつくとどういうわけか、キッチンに歩いていったり、またその他なんやかやとぐずぐずしていたりする。執筆のため朝6時に起きようと決心はできるのだが、目覚ましを止めた後、ベッドから出ようと繰り返し自分に命令しても何の効果もない。……

私が自分の無力さのほどを本当に理解するようになったのは、もっと大きな人生の決断、デートの時だった。自分がなすべきことははっきりわかっていた。にもかかわらず、しようと思っていることを友人に話している時ですら、自分がそうはしないだろうとうすうす気づいていた。罪悪感や肉欲や恐怖は、時として理性よりも強かった。……

合理的選択や情報処理に関する現代の理論では、意志の弱さを十分に説明できない。それに対して、動物をコントロールするという古いメタファーは、うまく説明している。自分の意志の弱さに驚いた時私が思いついたイメージは、自分が象の背中に乗っている象使いであるというものだった。私は手綱を握り、あっちへ引っ張ったり、こっちへ引っ張ったりして、象に回れ、止まれ、進めなどと命令することができる。象に指令することはできるが、それは象が自分自身の欲望を持たない時だけだ。象が本当に何かしたいと思ったら、私はもはや彼にはかなわない。（藤澤隆史・藤澤玲子訳）

象使いは象をコントロールしているつもりかもしれないが、象が固い信念を持っていることもよくある。特に好みや倫理に関することだ。そうした場合は、理性は象使いというよりも弁護士のように働く。ハイトは続ける。

道徳的な判断とは美的な判断のようなものだということだ。絵画を見る時、好きかどうかはたいていは自動的にすぐわかる。その判断について説明するように求められると、あなたは作話する。なぜ何かを美しいと思うのかについて本当はわかっているわけではないのだが、……あなたの解釈モジュール（象使い）は、理由を作り出すことに長けている。あなたはその絵が好きであることに対するもっともらしい理由を探し出し、筋の通った第一番目の理由（おそらく、ピエロの光った鼻の色や光、そこに写る画家の影といった、何か漠然とした理由）を採用する。道徳的な議論も似たり寄ったりだ。二人の人がある問題に関して強く感じるものがあると、まずは感情が先行し、お互いにぶつけあうための理由はその場で作り出される。通常、他者の論拠を論駁したら、相手は気持ちを変えて、あなたに同意するだろうか？　もちろん同意しない。なぜなら、あなたが打ち負かしたその論拠は、その人の立場の本当の理由ではないからだ。それは判断がすでに下された後に作られたものなのである。

もし、道徳的な議論について注意深く耳を傾けたなら、意外なことを耳にすることができるだろう。本当は、象が手綱を握り、象使いを誘導しているのである。何が良く何が悪いか、何が美しく何が醜いかを決めるのは象なのだ。感じや直感や速断は……絶えず自動的に起こっているのだが、文をつなぎ合わせて、他者にぶつける議論を作り出せるのは象使いだけなのである。道徳の議論においては、象使いは象の単なる助言者ではなく、弁護士になる。象の視点に立って他人を説得するために、世論の法廷で戦っているのだ。（藤澤隆史・藤澤玲子訳）

ハイトはこの本に続く『社会はなぜ左と右にわかれるのか――対立を超えるための道徳心理学』で道徳心理学の原則の基礎を主張するために、この象と象使いのたとえを詳しく述べている。直感が最初にやって来て、あとから反論のための理由を作り上げていると。[208]

道徳的な直感は、道徳的な思考が始まるはるか以前に、すばやく自動的に生じる。そして前者は後者を駆り立てようとする。真理を発見するための道具として道徳的な思考をとらえると、自分の意見に賛成しない人は、愚かで、偏見に満ち、非合理であるように見え、それに対して自分はつねにフラストレーションを感じることだろう。しかし社会的な目的を達成するために、言い換えると自らの行動を正当化し、自分が所属するチームを守るために、人類が発展させてきたスキルとしてとらえれば、ものごとをもっとよく理解できるはずだ。直感に注意を払い、人々の繰り広げる道徳的な議論を額面通り受け取らないようにしよう。それらは戦略的にその場ででっち上げられた正当化である場合が多いからだ。

基本のメタファーは、「心は〈乗り手（rider）〉と〈象（elephant）〉に分かれ、〈乗り手〉の仕事は〈象〉に仕えることだ」である。〈乗り手〉とは、言葉の流れや明確なイメージなど、私たちが持つ意識的な思考を、また〈象〉とは、残った九九パーセントの心のプロセス、すなわち私たちの気づかないところで生じるが、実際には行動のほとんどを支配しているプロセスを指す。（高橋洋訳）

若返り工学のプロジェクトが直面しているもっとも大きな困難は、論理的な根拠に基づいた批判ではない。緊急に調整が必要なのは、そうした批判の奥にある動機であるが、こうした動機があることに気づいていないことも多い。我々が議論をしなければならない相手は象使いではない。象と直接話し合う方法を見つけなければならないのだ。

恐怖をコントロールする

動物が恐怖を感じるというのは間違いなく事実だ。はっきりとした死の恐怖に直面すると、動物の代謝システムは突然違うギアに入る。アドレナリンとコルチゾールが腺から分泌されて、心拍数が速くなり、差し迫る危険についての情報を得るために瞳孔が開き、暴力的な行動に備えて、筋肉と肺の血流が増える。闘争と逃走、両方の準備をするのだ。そこで緊急の自己保存のための行動に最大のエネルギーが回され、消化などほかの身体的処理速度が遅くなる。周辺視野は狭くなり、今そこにある危機だけにより集中できるようになっている。音が聞こえなくなる場合もある。

動物が差し迫った命の危険に晒されている時に、恐怖はそのもっとも重要な役割を果たす。その状態では、体は現在の苦境を生き延びることに最適化する。しかし、この状態は長期の生存にはまったく向いていない。その反対に、パニック状態では注意力が制限され、思考の幅が狭くなり、消化が機能しなくなり、体が痙攣《けいれん》したり震えたりすることもある。膀胱と括約筋が緩んで中身を排出するのは、襲撃者がいる際には嫌悪感を与える利点はあるかもしれないが、それ以外の状況では健康な社会生活には適さない。

ヒトは死について事前に明確な想像をする能力があるが——これは差し迫った危険がない状況での話

だが――その能力のせいで身体に備わった恐怖システムによる管理という問題が発生する。死について考えることに没頭してしまったら、正常な身体機能は働かなくなる。さらに悪いことに、動物心理のもうひとつの側面として、恐怖は伝染するのだ。ある動物の群れの一個体が近くに捕食者がいることに気づくと、群全体が即座に迷いなく行動できるようになっている。同様に、あるひとりの人間がパニック状態になると、その感情が即座に広がる。これはパニックになるような対象物が何もない場合でも起こる。

しかし恐怖のコントロールは人間社会において重要な問題だ。話は有史以前の原初の時代、人類が自己を意識する、計画を立てる、内省的な考察をするなどの能力を獲得し始めた時期に遡る。若い時にはとても健康で元気だった集団のひとりが弱々しくなっていくのを見ているうちに、原初のヒトは自分、それに大切にし、愛している人たちもみなも同じように衰えていくのではと気づく。つまり、個人の生存のために必要で、偶発的な状態で感じるものだった死の恐怖が、外的な脅威というきっかけがなくても、心の中に湧き上がってきて、恐ろしさのあまり動けなくなるものになったのだ。

さらに、肉食獣や敵の軍団に襲われる死があり得るのを意識することは、ほかのことと同様に、リスクへの強い忌避感をもたらす。短期のリスクを減らすような行動、たとえば洞窟の奥に潜んでいるなどは、長い目で見ると、その集団にとってはいい行動とは言えなかったかもしれない。

こうした理由から、生き延びることができたヒトは、いつかは死ぬのだという恐怖をコントロールする社会的、心理的な仕組みを作り出したのだろうと考える。そうでなければ、その集団は恐怖で何もできなくなっていたはずだ。こうした仕組みは様々なやり方で、死は恐ろしいものではないと否定している。その仕組みとは、神話、同族意識、宗教、恍惚となるトランス状態、それに霊的なものとの接触などだ。その後、社会的慣行や伝統を伝える、あるいは自分が所属している大きな集団を存続させるなど、違う形による肉体的な死の超越という考え方が加わる。こうした考え方は、我々の社会哲学の要素、自分たちが何者であるか、どのように社会に存在しているか、それから我々の社会がもっと大きな宇宙の中ではどのように存在しているかなどと結びついている。

その社会哲学は、常にすぐそこに存在している死の恐怖に対抗できるよう、精神を安定させておくための重要な要素を提供している。しかしこのため、社会哲学に反すること、その哲学には大きな欠陥があることを示すものなら何でも、それ自体が精神衛生に危険をもたらす。これを感知した我らが内なる象は正気を失い、我々にありとあらゆる理不尽な行動をさせる。すると我々の内なる弁護士である乗り手があわてて来て、その行動を正当化する。

ここで今述べたのは、哲学者アーネスト・ベッカーがピューリッツァー賞を受賞した一九七三年の著書『死の拒絶』で紹介し、広く認められた分析だ[209]。

死の拒絶を超えて

ベッカーは『死の拒絶』の冒頭にこう書いている。

死を予想すると不思議なほど精神が集中する、とジョンソン博士は述べている。本書の主題は、死はそれ以上のことをなすということ、つまり死の観念、死の恐れは他の何ものにもまして人間という動物にたえずつきまとうものだということである。死は人間活動の推進力である――それというのも、人間の活動の主たる仕組みは、死という宿命を避け、何らかの方法で死が人間の最後の運命だと

いうことを否認して死を克服することにあるからだ。（今防人訳）

『サイコロジー・トゥデイ』誌の寄稿編集者サム・キーンは『死の拒絶』に序文を寄せ、その中でベッカーの哲学を「四本の糸で編まれた紐」だと述べている。

・世界は恐ろしいところだ。
・人間の行動の元となる動機は、生来感じている不安を制御し、死の恐怖を否定する生物としての必要性である。
・死の恐怖は非常に圧倒的なので、意識しないで過ごそうとしている。
・悪を倒そうという我々の英雄的企ては、世界にさらに悪を増やすという逆説的な効果を生んでしまう。

ベッカーの説は圧倒的だ。人間の歴史は我々が認めたくない力によって形作られていることを示そうとする数少ない論考のひとつだ。

・ガリレオは、地球は宇宙の中心ではなく、小さな惑星のひとつにすぎないと主張した。
・ダーウィンは、人類が神によって創造されたのではなく、人類よりも下等なサルの子孫であると示した。
・マルクスは、階級闘争と社会的疎外感の役割を強調した。

・フロイトは性的抑圧を強調した。
・ベッカーは、死の現実を否定したいという人類の願望を強調した。

こうした大規模な説にはつきものであるが、ベッカーの説にもこう批判する者たちがいた。証拠はどこに？　悲しいことに、ベッカーは自身でそれに答えることができなかった。結腸がんで倒れ、『死の拒絶』がまだ刊行されないうちに亡くなってしまったのだ。サム・キーンは序文で、初めてベッカーに会った時の痛切な記録を書いている。ベッカーは死の床についていたのだ。

私が病室に入っていった時、アーネスト・ベッカーの第一声はこうだった。「君はまさに死の床にいる私のところにやって来た。私がこれまでに死について書いてきたことが試される。そして人がどのように死ぬのか、どんな態度を取るのかを示す機会を得たのだ。威厳ある堂々とした態度で死んでいくのかどうか、その時にどんなことを考えるのか、人はどのように死を受け入れるのか……」

アーネストと私はこれが初対面だったが、私たちはすぐに深遠な会話を交わした。彼の死がとても近づいていて、さらに彼のエネルギーが非常に限られていたので、無駄なおしゃべりをする気にはなれなかった。私たちは死に直面した状態で死の話をした。がんを患っている状態で悪について語った。アーネストのエネルギーが尽きたので、その日はそれ以上話すことはできなかった。それから数分間、私たちは黙ったままそこにいた。最期の「さようなら」を言うのはつらかったし、彼はこの日の言葉が印刷される時にはもうこの世にいないことが、ふたりともわかっていたからだ。ナイトスタンドには紙コップに入った医療用のシェリーがあって、そのおかげで私たちは最期の儀式をすることができた。ふたりでそのワインを飲んだ後、私は病室を去った。

しかしほかの研究者たちもやって来て、ベッカーの説を肉づけする経験的証拠を提供した。「実験実存心理学」と呼ばれることもある分野の証拠だ。この新たな仕事を包括的にまとめたものが、社会心理学者ジェフ・グリーンバーグ、トム・ピジンスキー、シェルドン・ソロモンによる二〇一五年の著書『なぜ保守化し、感情的な選択をしてしまうのか――人間の心の芯に巣くう虫』だ[210]。

原題 *The Worm at the Core*（邦訳書では副題）に使われている言葉は、哲学者ウィリアム・ジェイムズの一九〇二年の著書『宗教的経験の諸相――人間性の研究』から引用したものだ。著者らはジェイムズの言葉に賛同して引用し、コメントしている[211]。

ウィリアム・ジェイムズが一世紀前に提唱したように、死はまさに人間のありようの芯に巣くう虫であることは、いまやきちんと証明されている。私たち人間は死ぬという知覚は、人生のほぼあらゆる領域で思考、感情、そして行為に、深く広い影響をおよぼす――意識にのぼっていようがいまいが。人類史上つねに、死の恐怖は芸術、宗教、言語、経済、そして科学の発達を導いてきた。エジプトにピラミッドを立て、マンハッタンの世界貿易センタービルを破壊した。世界中で争いを引き起こしている。もっと個人的レベルでは、死すべき運命の認識のおかげで私たちは高級車を好み、健康に悪いほど肌を焼き、クレジットカードを限度額まで使い、狂ったような運転をし、敵と戦いたがり、たとえそのためにテレビ番組でヤクの尿を飲まなくてはならなくても、つかの間でも有名になりたいと願う。（太田直子訳）

存在脅威管理理論

グリーンバーグ、ピジンスキー、ソロモンの三人は「存在脅威管理理論（Terror Management Theory）」を略したTMTという新語を作った。これはアーネスト・ベッカーのアイデアを彼らが発展させたものだ。アーネスト・ベッカー財団のウェブサイトにはTMTについての記述がある。[212]

TMTが前提にしているのは、人類はほかのありとあらゆる形態の生物と同様に、生殖のための自己保存の傾向を持っている一方で、表象的思考の能力があるおかげで、自意識や過去を振り返り未来について考えることができるのは人類だけの特質だということである。ここから、死は避けられないものであり、いつ、どんな理由で訪れるのかは予想も管理もできないという認識が生まれる。

文化的な世界観を発展させ、保持することで弱体化させてきた恐怖の〝管理〟が、死を意識したせいで危うくなるかもしれない。人類はみな現実に対して共通の認識を持っている。それは、生に意味や価値を与えることで実存的恐怖を最小化するためのものだ。すべての文化は宇宙の始まりを物語ったり、良い行いの規範を決めて、その文化の命ずるところに従って行動した者には不死が得られると約束したりすることで、生命には意味があると思わせている。字義通りの不死は、すべての宗教で魂や天国や来世や生まれ変わりという形で得られることになっている。象徴的な不死は、大国に属したり、巨万の富を築いたり、注目すべき業績を残したり、子供を持ったりすることによって得られる。

心の平安を得るには、個人が自分自身を意味の世界で価値がある人間だと認識することが必要だ。これは関連の基準を伴う社会的役割によって達成される。自尊心は、この基準に達したり上回ったりした時に得られる感情だ。

このウェブサイトには、ＴＭＴを裏づける三つの経験的証拠が示されている。

（一）自尊心の不安緩衝機能は、一時的に自尊心が高まった際に不安と心理学的な覚醒が下がることを示す研究によって明らかにされた。

（二）自分が死ぬことをどう思うかと訊くことによって死をより意識させると（あるいは死を描いた絵を見せたり、葬儀場の前で質問をしたり、「死」や「死者」というような言葉をサブリミナル効果を使って見せたりすると）、同じ文化の人々には肯定的な反応をし、異なる人々には否定的な反応をすることによって、文化的な世界観を守らなければという気持ちが強くなる。

（三）文化的な世界観と自尊心の実存的機能は、心に抱いている文化的信念が脅かされた時に無意識に死が心に浮かびやすくなることから実証されている。

ＴＭＴの影響で、ほかの形の人間の社会的行動に関する実証的研究が行われるようになった（現在は五〇〇件以上が行われている）。そのテーマは次のようなものだ。攻撃、固定観念化、規則や意味を求めること、うつ病と精神障害、政治的傾向、創造性、性、恋愛の愛着と対人の愛着、自己意識、無意識の認知、殉死、宗教、集団同一視、嫌悪、人間と自然の関係、身体的健康、リスクテイキング、法的判断。

要約すると、健康寿命を延ばすという考えに多くの人が感じる抵抗には、根深い原因がある。何か論理的な理由を言うかもしれないが（たとえば「ものすごく歳を取っていて、信じられないほど気難しい人々を何千万人も抱えて人類はどうすればいい？」）、この論理はその立場を取る本当の動機ではない。

健康寿命を延ばすことへの彼らの抵抗感は、我々が信念と呼ぶものに根差している。コロラド大学のトーマス・ピシュチンスキーはSENS6のカンファレンスで行った「人間の寿命を長期に延ばすことへの抵抗の矛盾を理解する――死の恐怖、文化的世界観、客観主義という幻想」という発表で、この態度について説明している[213]。

健康な期間を延ばすことへの抵抗という矛盾

これもピシュチンスキーの講演の題名で触れているのと同じ〝矛盾〟だ。誰もが死にたくないが、人間が老化を巻き戻し、寿命を大幅に延ばすことについて、多くの人々が異義を唱える。これは凝り固まった「不安緩衝システム」――文化と哲学が合わさったもの――の働きのせいで、ヒトが長い健康寿命を持てるという考えに反対しているのだとピシュチンスキーは説明している。この不安緩衝システムは、もともとは我々が本当は無期限の長寿を心の底では強く望んでいるが、手に入れることができないという不穏な事実に適応するための反応なのだ。

現代に至るすべての歴史を通じて、永遠の健康寿命への憧れは、我々を取り巻くすべてのものと非常に相容れない。死は避けられないものに思える。それを認識することで恐怖によって崩れ落ちてしまうリスクを減らすためには、人間の有限性や必ずやって来る死について非生産的に考えないようにする、もっともらしい理屈や技が必要だ。ここで文化の主要な役割が登場する。不安緩衝システムを作り、持続させることだ。重要な社会的ニーズを満たし、文化のこうした側面は深く根づいていく。

文化は我々の意識下のレベルで働いていることが多い。我々はそうした隠された様々な働きの原因も効果も知らないまま、気づけば動かされている。しかし、こうした信念に安心感を持っている。特に〝我々と似た人々〟も同じ信念を持っていると、社会的にその正しさが認められていると感じる。この信念（十分な論拠のない信念）は我々の正気を保ち、社会の機能を維持するのに役立っていて、さらには個々人が衰弱し、死んでいくための心の準備にも役立っている。

はっきりさせておきたいのは、ここでの〝信念〟とは、老化を受け入れるパラダイムを持ち続けることに内在するもので、多くの宗教で述べられているような超自然的な〝死後の生〟が関わってくる場合も、そうでない場合もある（それは人による）。しかしどんなケースでも、信念には、その社会における良きメンバーはその時が来たら死を受け入れること、個人がその原則を無視したら社会が機能しなくなること、個人の人生の基本的な意味は社会の長期的な繁栄や伝統を継続させることが含まれている。

新しい考えがこの信念と相容れなかった場合、信念の支持者は無意識のうちにこの考えを、ゆっくり考えてみようともせずに攻撃する。その動機は、自分たちの核心となる文化と信念を守るためだ。こうした文化や信念は彼らの人生の意味を形作っている。彼らはたとえその新しい考えが、自分たちの健康な人生を永遠に送りたいという隠された願いのよりよい解決策だったとしても、それと戦う。逆説的だが、彼らは死を恐れるあまり、死なないという考えに動揺してしまうのだ。こうした考え同士には精神的なつながりはないにもかかわらず、彼らは疎外されたと感じてしまう。要するに、彼らはその信念のせいで合理性を失ってしまうのだ。

ピシュチンスキーはさらに、我々の不安緩衝システムは精神的免疫システムであり、精神的苦痛を引き起こすような新たな考えが入ってくると、それを破壊しようとするというたとえも用いている。身体の免疫システムと同様に、精神的免疫システムも不具合を起こして、実際にはより健康にしてくれるような考えを攻撃してしまうことがある。

オーブリー・デ・グレイもこのテーマについて書いている。二〇〇七年の著書『老化を止める7つの科学――エンド・エイジング宣言』の第二章で次のように述べている。[214]

> 読者の皆さんは、自分たちが非難されているのではないかと思われるかもしれない。だが、そうではない。なぜなら、ここまでの私の文章は、老化と戦わねばならない理由に関する論理だけを扱ってきたが、人生は論理がすべてではないからだ。多くの人が強く老化を擁護するのには、非常に単純な理由がある。それは、今では根拠に乏しいものとなったが、ごく最近まで、完全に理にかなった理由だった。最近まで、誰も老化を抑止する方法について一貫したアイデアを持っていなかったので、老化は避けられないものだったのである。そして、自分であろうと他人であろうと、老化という恐ろしい運命に直面して、何もできないとしたら、みじめなほど短い人生をそのことに心を奪われて過ごすよりは、それについて考えないようにする（折り合いをつける、と言ってもいい）ことが、心理学上まったく理にかなったことなのだ。その心理状態を持続させるためには、この問題に関連するあらゆる外見上の合理性を捨てなければならない。そして必然的に、その不条理を徹底させるために、恥ずかしいほど不当な会話のテクニックを駆使することは、ささやかな代償なのである。（高橋則明訳）

この分析の中でデ・グレイは「多くの人が示す非常に不合理な言動」を説明するために「老化を容認するトランス状態《プロ・エイジング・トランス》（老化を自然で避けられないものと考えること）」という言葉を使ってい

る。[215]「デスイズム」と呼んでいるライターもいる。たとえばFight Aging!というウェブサイトには「アンチ・デスイストのＦＡＱ」というコーナーがある。[216]「老化を受容するパラダイム」という言葉のほうが望ましいだろう。こちらのほうが侮蔑的ではなく、すでに加熱している議論の雰囲気を少し落ち着かせられるかもしれないからだ。

象を動かす

無意識の傾向を表している〝象〟の方向を変えることについてのジョナサン・ハイトのすばらしいアドバイスに戻ろう。たとえば老化を受容するパラダイムの件のように、この傾向が間違っていると気づいた時、どうしたらそれを変えることができるだろうか。次の文章は『社会はなぜ左と右にわかれるのか』の第三章「〈象〉の支配」からの引用だ。[217]

〈象〉は〈乗り手〉よりもはるかに大きな力を持っているが、絶対的な独裁者ではない。では〈象〉はいつ理性の声を聞くのだろうか？　道徳的な問題に関して私たちが考えを変えるのは、おもに誰かと話し合っているときだ。人は自分の考えに反する事実をあえて探そうとはしない。だが他の人が代わりに間違い探しをしてくれる。というのも、私たちは、他人の考えなら、そこにいともたやすく間違いを発見できるからである。論争になると、人はほとんど考えを変えようとしなくなる。〈象〉は論争相手から遠ざかろうとし、〈乗り手〉は相手の挑戦を、むきになって論駁《ろんばく》しようとするのだ。

しかし相手に愛情や敬意を抱いていれば、〈象〉はその人に向かって歩み寄り始め、〈乗り手〉は相手の主張に真理を見出そうと努めることだろう。〈象〉は自分が背負っている〈乗り手〉の反対意見に応えて、考えを簡単に変えようとはしないかもしれないが、それでも友好的な〈象〉がいるというだけで、あるいは友好的な〈象〉の乗り手の優れた議論によって、容易に態度を軟化させるはずだ。

……

通常は、弁護士が依頼人から指示を受けるように、〈乗り手〉は〈象〉からきっかけを受け取るが、両者に数分間会話させると、〈象〉は〈乗り手〉の助言に耳を傾け、外部の情報を取り入れるようになる。つまり、まず直感が生じ、通常の状況下ではそれをきっかけに戦略的な思考が引き起こされるのは確かだが、両者の関係をより双方向にする方法はあるということだ。……

〈象〉は道徳心理学の中心的な位置を占める。もちろん思考も、とりわけ人と人がやり取りする際に、そしてその活動を通して別の直感が引き起こされる場合、大きな役割を果たす。〈象〉は支配する。だが、愚か者でも独裁者でもない。思考が、友好的な会話、あるいは情動的な満足をもたらしてくれる小説、映画、ニュースなどで提供される場合は特に、直感は思考によって形成され得る。（高橋洋訳）

ということは、健康寿命を延ばすことで得られる結果が望ましいのか、望ましくないのかというような議論を呼ぶ問題においても、我々には〈象〉の意見を変える方法が三つあることになる。人々は理解しにくいトピックにおいて、こういうアドバイスなら受け入れやすいだろう。

（一）見知らぬよそ者よりも、友人や同じ集団に属している人など、〝我々の仲間〟と認識している人からのアドバイスである場合。
（二）〝心を動かす小説、映画、ニュース〟などで肯定的に扱われている場合。
（三）〈象〉が自分の要求がよく理解され、強く支持されていると感じるような文脈で述べられている場合。

最初の条件はテクノロジー・マーケティングのよく知られた原則に合致する。〝キャズム（溝）を超え〟、新しいテクノロジーの市場を少数のアーリー・アダプターからもっと規模の大きなアーリー・マジョリティーへと拡大していくタイミングで、企業はマーケティングのアプローチを変える必要があるというものだ。ジェフリー・ムーアは一九九一年の著書『キャズム――ハイテクをブレイクさせる「超」マーケティング理論』におけるこの考えで注目を集め、[218]そこからエベレット・ロジャーズの一九六二年の著書『イノベーションの普及』も注目を浴びた。[219]概要は次のようなものだ。新たなアイデアのアーリー・アダプターたちは先見者《ヴィジョナリー》として行動する準備ができているが、メインストリームの市場は〝群れについていけ〟が強い本能となっている現実主義者たちに支配されている。概して、こうした人々は自分が所属する集団の誰かがそれを導入し、勧めているのを見てからでないと、そのやり方（あるいは考え）を採用しようとしない。

ここには重要な示唆がある。若返りの実現を肯定するパラダイムのように、擁護者やスローガンなどによってすでに最初の支持集団を獲得した新たなアイデアは、そこから支持者になるかもしれない社会の大勢に話を聞いてもらうために、変わる必要があることが多い。たとえば不死、つまり精神転送［訳注：人間の心をコンピュータなどの人工物に転送すること］は、若返り工学の初期の支持者には好意的に受け入れられたが、もっと幅広い層の支持を得る段階では逆効果だった。長寿配当の支持を表明する可能性のある人たちには、死を打ち負かすと話すことによって嫌われてしまうかもしれない。

(二)と(三)の条件は、先ほど述べたSENS6における別の演者の発表で述べられている。その演者とはクイーンズランド大学のメア・アンダーウッドだ。彼女の発表の題名は「寿命の延伸に関してコミュニティはどんな保証をするべきか？ 映画に描かれたコミュニティの姿勢とその分析」である。[220]

アンダーウッドはその発表で『ファウンテン 永遠につづく愛』、『永遠に美しく』、『ハイランダー 悪魔の戦士』、『インタビュー・ウィズ・ヴァンパイア』、『バニラ・スカイ』、『ドリアン・グレイ』など人気の映画の中では、若返りを試みる者が悪いイメージで描かれていると指摘している。こうした映画では、若返りを望む者は感情的に未成熟で、利己的で、無謀で、人の邪魔をし、心が狭く、概して嫌悪すべき人物だと暗示されている。こうした映画の主人公は、冷静で、論理的で、称賛に値し、健全な精神を持っていると描写された末に、自らの寿命を延ばさないことを選択している。

それとは反対に、寿命を延ばすことに肯定的な印象を与える映画はずっと少ない。ロン・ハワードが監督した『コクーン』は、その中でももっとも有名な例だろう。人気映画でネガティブなイメージのステレオタイプが多いのは、間違いなく、ユートピアものよりディストピアものの映画のほうがヒットしやすいからだろう。しかしステレオタイプのハリウッド映画は、既存の文化的規範に沿って作ることで人気を得ている。だからこうした映画は、一般の人たちの間にすでに広がっている寿命の延伸についての視点を反映し、強化したものなのだ。

・寿命を延ばすと退屈で同じことの繰返しになる。

・長期に渡る人間関係はつらいものになる。
・寿命を延ばすと慢性の病気に苦しむ期間も長くなる。
・寿命を延ばせる者は不公平に偏って分布している。

こうした否定的な視点に対抗し、老化を受け入れるパラダイムから社会を解放するために、アンダーウッドは若返りコミュニティのための次のようなアドバイスをしている。

（一）寿命延伸に関する一般の人々の〝呆れるほどの愚かさ〟を厳しく非難しないようにする。
（二）寿命を延ばすための研究と寿命を延ばす技術の適用が、倫理的に管理されて行われるという安心感を与え、そうであるように見せる。
（三）寿命を延ばすことは〝自然に反し〟あるいは〝神の真似事をしようと〟しているのではないかという人々の懸念を緩和する。
（四）寿命を延ばすことは健康寿命を延ばすことにつながると保証する。
（五）寿命を延ばすことで性別や生殖がなくなるわけではないことを保証する。
（六）寿命を延ばすことが社会の分断を悪化させないこと、寿命を延ばした人たちは社会の負担にならないことを保証する。
（七）寿命の延伸を理解するための文化的な枠組みを作る。

この本を書いている我々は、このアドバイスに従うことを目標にしている。若返りの技術が活気づくことによって生まれる新しい社会について、前向きなイメージを伝えることが必要だ。寿命が延びるだけでなく人生が広がるということを理解するための、新たな文化的枠組みを作るのだ。死の終わりへと進んでいくために、まずは死の恐怖そのものを手放さなければならない。

第7章

良い、悪い、専門家のパラダイム

永遠に生きるか、ぎりぎりになって死にたい。

一九六〇年、グルーチョ・マルクス

命が永遠でないなら、なぜ生まれたのか？

一九六二年、ウジェーヌ・イヨネスコ

このような科学的な世界観でものを見る人は、不確かさの深い淵に臨む畏怖と神秘に打たれることでしょう。しかしその広大で深遠な規模を見れば、そのすべてが、単に悪と闘う人間の姿を見守る神の舞台として、用意されたなどという説は、どう考えても的外れとしか思えません。（大貫昌子訳）

一九六三年、リチャード・ファインマン

議論をしている時、どちら側も深い精神的、社会的ルーツに基づいた主張である場合、意見を変えるのはとても難しい。老化を避けられないものとして受け入れるか、あるいは老化のない〝ヒューマニティ＋《プラス》〟社会を作る可能性を理解するかという議論は、まさにそれに当てはまる。しかし、同じく手に負えないように見えた議論が、最後には前進した例に励みを見出し、いくつかのヒントを得ることもできる。

目の錯覚と精神的パラダイム

同じものが二通りに見える目の錯覚は、みなさんもよく知っているだろう。たとえば、見方によってアヒルにもウサギにも見える絵[221]。壺にも、見つめ合うふたつの顔にも見える絵もある[222]。ある絵——正確にはアニメーションだが——は、バレリーナが右方向に回っているようにも左方向に回っているように見えて、落ち着かない気持ちになる[223]。こうした例が示している重要な点は、同時にふたつの視点を持つのが不可能であることだ。我々の脳は、ある観点からまったく別の観点に移ることはできるが、同時に両方を持ち続けることはできない。

科学が進歩する時にも似たようなことが起こる。ただしこの場合は、ある観点から別の観点に移るのはさらに難しくなる。ここで対立する観点は、ある分野のそれぞれ別の科学的な説だ。たとえば、一六世紀に普及していた「動く物体は力を加えないと静止する」というアリトテレスの説と、ガリレオが唱える「動く物体は自然な状態では直線上を一定の速度で動き続ける」という新しい説が衝突した。あるいは二〇世紀には、かつては定説となっていた「大陸は地球の歴史の最初からずっと今の場所に固定されていた」という説と、「南アメリカとアフリカはかつて隣接していたが、超大陸が分裂してそれぞれの大陸が離れていき、はるか昔に再構成された」という新説が衝突している。

医学界でも科学的なパラダイムの衝突の例はある。「老化を受け入れる」パラダイムと、それと対立する「若返りは実現すると考える」パラダイムの衝突をこれから検証する。しかしまずは、大陸移動説という、興味深く非常に示唆に富む例をよく見てみよう。主流派の地質学者たちはこの〝あまりにスケールが大きく、あまりにすべてに関わり、あまりに野心的な〟説に敵意を示したが、当時そう思ったのは無理もないことだった。この事実は、現在、若返りに批判的な人々が〝問題にならない〟と否定してしまう前に考え直す理由を与えてくれるだろう。

科学界の敵意

二〇世紀に子供時代を過ごした人は、地図を見つめて、南アメリカとアフリカの輪郭が似ていることを不思議に思わなかっただろうか？　この巨大なふたつの大陸が、かつては、もっと大きな、すべての大陸がひとつになっていたかたまり、超大陸の一部で、そこから分かれて離れていったなんてことはあるだろうか？　その純粋な想像力はさらに、北アメリカの東側の海岸線が北アフリカとヨーロッパ大陸の西側の海岸線と幅広い地域で一致するのではと考えるかもしれない。これは奇妙な偶然なのか、それとも何かもっと根本的なことを示しているのか？

主流派の地質学者たちは、そんな説には抵抗した。彼らにとって地面はしっかりと固定されたものだった。その反対の説など、うぶな子供が考えるようなことで、真面目な科学者（と彼ら自身が言っていた）が考えるようなことではなかった。

そんな主流派とは反対の意見を述べるアルフレート・ウェゲナー（一九一二年以降）とアレクサンダー・デュ・トワ（一九三七年以降）は、有史以前の超大陸から、それぞれの大陸が何らかの状況で分裂して移動したことを裏づけるデータをさらに集めたが、正統派の人々はその証拠を無視した。ウェゲナーとデュ・トワは、今ははるか遠くに離れているふたつの大陸の端から見つかる化石の植物や動物の種類が驚くほど類似していることを指摘し、過去には隣接していたのではないかと示唆した。さらに、それぞれの大陸の端の地層の岩石まで驚くほど一致していた。たとえばアイルランドとスコットランドのある地域の岩は、カナダのブラウンズウィックとニューファウンドランドの岩と、とても類似している。

しかしウェゲナーはアウトサイダーだった。天文学の論文で博士号を取ったし、専門は気象学（天気予報）で、地質学に関しては専門家としての経験がなかった。既存の考えをひっくり返した彼は何者だ？実際、マールブルク大学での講師としての仕事は無給だった。これも彼が信頼に値しない印ではないか？彼を誹謗する者たちは批判すべき点を山ほど見つけた。

・真偽の疑わしい一致を示そうと、一生懸命厚紙を切り抜いて作った大陸の輪郭は、正確だとは言いがたい。これは偶然の一致で、一目見ただけで興味を引かないのがわかる。
・ウェゲナーの北極探検家と高空飛行の気球乗りとしての経歴からわかるのは、彼が〝軸が定まらない病〟と〝落ち着かない上っ面病〟であることと一致する。
・ずっと固定されていると考えられていた地面の一部である大陸が、実際に漂っていったという仕組みは、はっきり示されていない。

正統派の地質学者だったシカゴ大学のローリン・チェンバーリンは、一九二六年にニューヨークで行われたアメリカ石油地質家協会の会議で激しく非難をした。[224]

ウェゲナーの仮説を信じるには、これまで七〇年に渡って研究してきたことをすべて忘れて、一からやり直さなければならない。

この時の会議で、イェール大学の地質学者チェスター・ログウェルはこう叫んでいる。

この仮説を並外れた厳しさで精査しなければならないと我々は主張する。これを受け入れることは、あまりに長い間信じられていて、我々の科学の必要不可欠な部分に近くなっている説をすべて捨てることになるからだ。

数十年後、リチャード・コニフは『スミソニアン』誌に「大陸移動説が偽科学だとみなされていた時代」という記事を書いている。(225)

年長の地質学者たちは新規入会者たちに、大陸移動説にわずかなりとも興味を示した者はそこでキャリアが終わると警告していた。

イギリスの著名な統計学者であり、地球物理学者でもあるハロルド・ジェフリーズ（ケンブリッジ大学教授）も大陸移動説に強く反対していた。彼の意見では大陸移動説は〝問題外〟であり、その理由は地球の表面にある大陸の地盤を押して移動させるほどの力はどこにもないということだった。これは根拠のない憶測ではない。ペンシルベニア州立大学のウェブサイトにあるジェフリーズの伝記のページには、彼が自らの意見の根拠にするために膨大な量の計算をしていたことが書かれている。(226)

この説に関して彼が主張している主な問題点は、ウェゲナーの大陸移動の方法についての考え方だった。ウェゲナーは、大陸は単に海洋性地殻の表面をかき分けながら進んでいったとしか述べていない。ジェフリーズは、地球は硬すぎてそんなことはあり得ないということを計算で示した。ジェフリーズの計算によると、大陸プレートが海洋性地殻をかき分けられるほど地球が軟らかかったら、山地は自重で崩壊するだろうと述べている。

ウェゲナーはまた、大陸は地球の内部に影響を与える潮の満ち引きの力によって、西のほうへと移動していったと述べている。ジェフリーズは、潮の満ち引きがそこまで強かったら、地球の自転は一年以内に止まってしまうと計算している。基本的にジェフリーズは、地球は硬すぎて、地殻が大きく動くことは不可能だと主張している。

大陸移動説の反対者たちは、はるか遠くに離れた大陸同士の植物相や動物相が驚くほど似ている理由について自説を述べている。たとえば、問題の各大陸はある時期、ベーリング海峡でアラスカとシベリアがつながっていたのと同じような、細い橋状の陸地でつながっていたかもしれないではないか。反対者のひとり、チェスター・ロングウェルはさらに無茶な示唆をしている(227)。

もしも南アメリカとアフリカの一致が元々のものでなかったら、確実に我々の不満を発生させる悪魔の装置だ。

つまり、ふたつの意見が衝突していた。ふたつのパラダイムが競い合っていたのだ。どちらのパラダイムも、完全にみなを満足させるような答えのない問題に直面していた。偶然の問題、仕組みの問題だ。こういうケースでは、権威ある科学者たちの意見は、証拠のどれかが持つ重要性よりも彼らの生涯を通じての哲学に基づいている。科学史家のナオミ・オレスケスは、アメリカのトップクラスの地質学者たちにとっては特に重要だったふたつの要素を指摘している。[228]

アメリカ人にとって科学的に正しい方法と言えば、実験に基づき、帰納的で、観察で得られた証拠を、ほかの可能性はないかを測りながら検討するものであった。良い理論は穏当で、研究対象から離れないものだ。……良い科学は反権威主義的で、民主主義に似ている。良い科学は自由な社会のように多元的だ。もしも良い科学が良い政府の見本になるのなら、悪い科学とはそれを脅かすもののことだ。アメリカ人の目にはウェゲナーの研究は悪い科学に見えた。まずは理論が先にあり、それからその証拠を探している。すぐにひとつの解釈の枠組みに絞りすぎている。スケールが大きすぎ、統一されすぎていて、野心的すぎる。つまり、独裁政治のように思えたのだ。……

アメリカの人々が大陸移動説を受け入れられなかったのは斉一説のせいでもあった。二〇世紀の初めまで、現在から過去をどう解釈するかの方法論の原則は、地質学の歴史に則った解釈から外れることができなかった。多くの人がこれが唯一の過去の解釈だと信じ、斉一説が地質学を科学に成長させたのだから、それなしでは神が七日間で地球を作ったことの証拠や化石などがみな無意味になってしまう。……しかし大陸移動説によると、熱帯緯度の大陸には必ずしも熱帯の植物ばかりが分布しているわけではない。これは大陸と海の再構成がすべてをいっぺんに変えたからだという。ウェゲナーの説は、現在は過去にとって重要なポイントであるとは限らないという恐ろしい可能性を提示したのだ。現在は地球の歴史のなかでただの一瞬にすぎず、ほかの瞬間とまったく変わりがないということを。

これはアメリカ人が喜んで受け入れられない考えだった。

大陸移動について考えが変わる

ディープ・ラーニングのパイオニア、ジェフリー・ヒントンは大陸移動説への頑固な抵抗に関して、もうひとつの推論を提供してくれる。彼は、昆虫学者だった自身の父親の経験を述べている[229]。

私の父は昆虫学者で、大陸移動説を信じていた。一九五〇年代の初め、大陸移動説は馬鹿げていると考えられていた。再び注目されたのは五〇年代半ばになってからだった。三〇年か四〇年ほど前にアルフレート・ウェゲナーという人が考えた説だが、彼は再注目されるところを見ずに亡くなった。この説はアフリカと南アメリカはぴったり組み合わせられるという途方もない考えが元になっていたので、地質学者たちは笑いものにしただけだった。彼らは、大陸移動説はまったくのでたらめであり、完全な妄想だと言った。

私は父が非常に興味深い議論をしていたのを覚えている。それは、あまり遠くまで移動できず、飛ぶこともできない水甲虫の分布についてだった。こうした水甲虫はオーストラリアの北沿岸に生息していて、どんなに長い時間が経過しても、ある小川から別の小川へと生息域が広がることはない。そして多少の違いはあるものの、同じ水甲虫がニューギニアの北沿岸に現れたのだ。そんなことが実現するには、ニューギニアがオーストラリアから離れて、ぐるりと向きを変えた、つまりニューギニア北岸がかつてはオーストラリアにくっついていたとしか考えられない。この議論で「甲虫は大陸間を移動することはできない」という主張に対する地質学者たちの反応は非常に興味深かった。彼らは、その証拠を検討することを拒んだのだ。

このエピソードからは、解決不能な袋小路に行き着いてしまった時、違う説を信奉する人々は、自分たちには説明のできない証拠を見ようともしないということがわかる。実際、その袋小路は何十年もそのまま存在していた。その後、幸いなことに、良い科学が広まった。何人かの科学者たちは非常に頑固なままだったが、科学界全体は新しい重要な証拠の可能性を否定しなかった。そして新たな証拠が現れたのだ。

まずは一九五〇年代に、地質学者たちが古磁気学という新たな分野に注目し始めた[230]。古磁気学は、岩や堆積物の中に残留する磁気の方向を調べる分野だ。この方向は先史時代の岩石から現代の岩石に至るまで異なっていて、計測技術の進歩により興味深い様々なパターンを見られるようになった。科学者たちは結論に達した。その岩ができた時に地球の磁極が違うところにあったか、あるいはその岩が果てしない時間をかけて地球上の長距離を移動したかのどちらかだと。このデータを地質学者たちが詳しく調べれば調べるほど、大陸移動説の基本的な部分が裏づけられた。たとえば、インドで採取された岩のサンプルは、インドがかつては赤道の南に横たわっていたと強く示している（インドは現在、完全に赤道の北側にある）。

第二に、海底の海溝や熱水噴出孔や海底火山を調べると、地盤が動いたことがさらに実証される。海底が広がったことによって大陸プレートが分裂し、離れていったという説の根拠になった。多くの科学者たちにとって、ある調査の結果が判断の決定打となった。オレスケスはそのストーリーを紹介している。

一方で地球物理学者たちは、地球の磁場が頻繁に逆転していることを実証した。磁場の逆転と海底が裂けて広がったことから検証可能な説が生まれた。……もし地球の磁場が逆転している間に海底が分裂し、その後玄武岩によって海底が形成されたら、この経過が、正常な磁気と逆転した磁気を持つ岩に平行な何本もの〝縞〟状の層になって記録されているはずだ。

第二次世界大戦以降、アメリカ海軍研究局は軍事目的で海底の研究を支援していて、膨大な量の磁気データが収集された。アメリカとイギリスの研究者たちがデータを解析し、一九六六年には……この説が実証された。一九六七〜六八年に、大陸移動の証拠と海底が裂けて広がったという証拠が組み合わされ、地球全体のスケールの理論になった。

ついに科学界全体の意見が、かなり急速に一致した。海底の分裂および拡大と、それによる大陸移動の洗練された詳細なモデルを実証するデータが、次々と出てきたからだ。

それと同時に、かつては科学者たちが大陸移動説に反対しがちになる原因となっていた強力な哲学的姿勢――〝過激でない〟説が好まれ、その傾向のために激変説よりも斉一説が信じられていた――が勢いを失った。こうした哲学はおそらく一般的な判断基準にはなるが、強力な論理的根拠と先見性を持った説を封殺するには力が足りなかった。

手を洗う

大陸移動説のパターンは、医療現場での手の消毒にも当てはまる。最初の悲しい被害者、アルフレート・ウェゲナーは自説が広く認められるはるか以前、一九三〇年にグリーンランドでひっそりと亡くなったが、次のケースの被害者はイグナーツ・ゼンメルヴァイスという人物だ。

ゼンメルヴァイスは病院内の衛生状態を改善するために実験的なデータを集めたが、当時、彼の説は好意的には迎えられなかった。彼はひどい鬱状態になり、精神科の施設に閉じ込められ、そこで看守になぐられ、拘束衣を着せられた。入院から二週間後、四七歳で亡くなった[231]。

その二〇年ほど前の一八四六年、若きゼンメルヴァイスはウィーン総合病院産科の主任という重要な地位に就いた。この病院には産科外来がふたつあった。街の人たちは第一産科の死亡率（一〇パーセント以上）が第二産科（四パーセント）よりもずっと高いことを知っていた。第一産科では、出産後、産褥《さんじょく》熱で亡くなる女性がたくさんいた。ゼンメルヴァイスは、この差の原因を解明しようと非常に努力した。そしてついに、第一産科の外来に勤務している医学生たちが死体の解剖を行った後に、産科外来に来て、女性患者たちを診察していることに気づいた。これは経験に基づく鋭い観察力だ。

この観察から彼は、第一産科の死亡率が高い原因は研修医たちの手に付着した死体の何らかの非常に微小な成分にあるのではないかと推測し、塩素を使った手洗いのルールを決めて徹底した。このやり方をすると、従来の水と石けんによる洗い方では落ちない医師たちの手の死臭がなくなった。死亡率は急激に下がり、一年でゼロになった。

現代の我々から見ると、「当たり前じゃないか！」と言いたくなってしまう。むしろ、それ以前には消毒をしていなかったことのほうが驚きだ。しかし、これはルイ・パスツールが細菌説を普及させる何十年も前の出来事なのだ。当時、病気は〝悪い空気〟（瘴気《しょうき》）によって伝染すると考えられていた。実際、細菌の存在はまったく知られていなかったので、当時の医学界の主流派は、きちんとした手洗いを徹底するべきだというゼンメルヴァイスの主張を受け入れなかった。

一〇〇年後にアルフレート・ウェゲナーに向けられた攻撃と同じように、ゼンメルヴァイスの主張もあまりに範囲が広すぎるとみなされた。影響が大きすぎ、混乱を生じさせると思われたのだ。ゼンメルヴァイスは、病院で起こる病気の大部分はたったひとつの原因、衛生状態の悪さによるものだと主張した。これは、当時の医学界に浸透していた「それぞれの病気にはそれぞれの原因があり、だからそのケースに応じて診察と治療を考えなければならない」という原則と正面から衝突するものだった。すべての原因は衛生状態の悪さだとするのは、あまりに従来の考えからかけ離れたものだったのだ。

面倒な手洗いをしなければならないことを嫌がる医師たちもいた。自分たちの清潔さが通常の紳士の基準に達していないようだという意見に気分を害した。彼らの不潔さのせいで、患者が死んでいるとはどうしても考えたくなかったのだ。

ゼンメルヴァイスはヨーロッパ中で次々と革命が起こった一八四八年、ウィーン総合病院での職を失った。産科部長は政治的に保守的で、ゼンメルヴァイスの兄弟がハンガリーのオーストリアからの独立運動に関わっているせいで、彼を信頼していなかった。この政治的な違いが、もともとあった個人間の軋轢《あつれき》を悪化させた。ゼンメルヴァイスは病院を去って、その後任にはカール・ブラウンが就いた。驚いたことに、ブラウンは外来でゼンメルヴァイスが改革したことを、ほとんど元に戻してしまった。ブラウンは後に刊行した教本に産褥熱の三〇の原因のリストを載せていて、二八番めにゼンメルヴァイスの死体の成分の微細な粒子が挙げられているが、あまり強調はされていない。[232] 〝悪い空気〟が多くの病気の原因であるという瘴気説に基づいて、衛生状態の徹底から換気システムを重視することへ方針が変わると、第一産科での産婦の死亡率はまた上がった。

その結果、この画期的な発見があったこの病院でさえ、従来の伝統的な考えの圧力のせいで、発見後も数多くの女性たちが不必要に死ぬことになった。ヨーロッパ中で同じ状態が続き、ジョン・スノー、ジョセフ・リスター、ルイ・パスツールらの研究を通して、細菌説を裏づける証拠がいくつも積み上がるまで変わらなかった。一八八〇年代には消毒薬での手洗いの実施が標準的になり、瘴気説は細菌説によって覆された。

これが最初の例ではなく、最後の例でもないが、医学界で確立されていた慣行のせいで、「何よりもまず害をなすなかれ」という、まさに医療という仕事の根幹となる原則をまったく実現できていなかった。医師たちの誤った考えのせいで、不潔な状態が続き、患者に不必要な害を数多く与えてしまった。ヒポクラテスの誓い［訳注：医師の職業倫理について古代ギリシャの医師ヒポクラテスに宣誓する文］から外れてしまった原因のひとつは知識のなさではあるが（細菌説がまだなかった）、既存の慣行や考え方に固執しすぎていたのも大きな原因だ。

老化を受け入れるパラダイムは、このパターンに当てはまっていると思う。この考えがなくならない原因のひとつは知識（若造りのバイオテクノロジーによる進歩）がないことだが、既存の慣行や考え方に固執し続けているのも原因だ。この考え方がすっかり染みついている人は、もちろん違う意見だろうが。

医学のパラダイムシフトと抵抗

イグナーツ・ゼンメルヴァイスは「根拠に基づく医療《EBM》」の重要なパイオニアだとされることが多い。彼は産褥熱の原因に関する自らの仮説を検証するために、医療スタッフの行動を変え、それによって死亡率が変化したことを確認した。彼はまず第一産科と第二産科の死亡率の違いの原因となりそうな要素をひとつずつ検証し、排除していくことから始めた。社会経済状況の違い、分娩時の母親の体勢の違いなどだ。消毒薬による手洗いを実施した結果の変化は劇的だった。

しかしこのエビデンスは、〝悪い空気〟(瘴気)が病気の原因であるはずだという医学界内の対立する考えからは理解されなかった。瘴気説を採る人たちは死亡率の変化の原因を、換気設備の改良など別の要素に求めようとした。残念ながら、ほかの説との違いを見るための厳密な実験などは行われなかった。今日、我々が治験を行う際に適用するガイドラインは、ゼンメルヴァイスが自説を発表した後も、当時はまだ理解されていなかった。そのガイドラインにはこうした項目がある。

・コントロール:新しい治療を受ける患者は、その治療を受けない〝コントロール〟群(治療の代わりにプラセボ薬を投与される)と比較されなければならない。そしてコントロール群の人たちには、自分たちがコントロール群だとできる限り気づかれないようにしなければならない。
・無作為化:コントロール群と介入群の患者は、偏り(意識的と無意識のいずれも)が出て結果がわからなくなるのを防ぐために、無作為に選ぶこと。
・統計の重要性:自然に起こり得る偶然の偏りで結果が惑わされないように、治験方法を計画すること。特にサンプル数が少ないデータを重視しすぎてはいけない。
・再現性:毎回違う医療従事者のチームで複数回、治験を行うこと。同じ結果が出たら、その治療の効果を信頼できる可能性が上がる。

実際、「根拠に基づく医療(EBM)」という言葉が登場してからまだ数十年しか経っていない。EBM

に関する最初の学術論文が発表されたのは一九九二年だ[233]。この言葉は、すでに広く行われていた「臨床判断」と区別するために導入された。臨床判断とは、医師たちが自らの直感や勘――その医師が長年の経験によって身につけてきた直感と勘に基づいて、治療方針を決めるというものだ。臨床判断をよく使われている言葉で言い換えると「医療技術」だ。

一九七二年に刊行された『有効性と効力――医療についての考察』で、スコットランドの医師である著者アーチー・コクランは〝臨床判断〟に頼ることの問題点を強調している[234]。コクランは、同業者である医療従事者たちの考え方と行っている医療行為について激しく批判している。彼は次の点を指摘している。

・これまでの公衆衛生の改善は、医学的な治療そのものより、清潔さなど環境要因の改善によるものがかなりの部分を占める。
・医師は患者から何らかの薬の処方や治療を施してほしいという大きなプレッシャーを受けていて、その治療の効果に臨床的な根拠がない場合でも、それを実行することがある。
・ある治療を受けた後に回復した患者がいたという事実は、その治療の効果を実証するものではない。別の要因（時間が経って自然治癒したなど）による回復かもしれないからだ。
・その治療が効いたと患者自身が感じたとしても、これもその治療の効果を実証するものではない。

コクランは、この本を書いた当時の文化一般が〝実験〟よりも〝意見〟に重きを置く傾向があると述べている[235]。

今でも一般の人々と医療関係者の一部に、仮説の検証について、意見と観察と実験の相対的価値に非常に大きな誤解があるようだ。

この二〇年間の言葉の使い方で驚くほどの変化があったのは、ほかのタイプの根拠に比べて「意見」という言葉が増加し、「実験」という言葉が減少したことだ。「意見」の増加は間違いなく様々な要因によるものだが、そのなかでも一番大きかったのはテレビのインタビュアーとプロデューサーの影響だと私は確信している。彼らはすべてを簡潔で劇的で白か黒かにしようとする。根拠についての議論はすべて、長ったらしくて退屈でわかりにくいとして切り捨てられてしまう。私はテレビのインタビュアーが誰かのある発言について、その人に根拠を尋ねているのを見たことがない。幸い、通常はそれで問題ない。インタビュアーは（ポップミュージシャンの宗教観の話題などで）話を面白くしようとしているだけだ。しかし、医学的な話題を扱う時は重要になる。

「実験」の運命はまったく異なっている。……ジャーナリストたちが多用するようになり、価値を下げてしまい、……今では「何でも試してみよう」という古い意味で使われている。だから〝実験的な〟演劇、絵画、建築、学校などという言葉が際限なく使われている。

コクランは医療行為の良いところもたくさん述べている。将来の研究のテンプレートになるような良い例を示している。たとえば結核の効果的な治療は、第二次世界大戦後、無作為に選んだコントロール群を使う治験によって発展した。コクランは、コントロール群を用いた〝治療的〟、〝予防的〟処置の治験を実施した医師たちは、判事や校長などほかの専門職の人々よりずっと先進的であったと称賛している。しかしコクランが指摘している通り、医学の歴史には、広く根づいていた考えが後に注意深く行った実験によって間違っていたと実証された例がたくさんある。

・扁桃摘出は、特に子供の場合、かつては万能の治療と考えられていて、広く実施されていた。しかし一九六九年にその根拠を否定する論文（「決まりきった手術――扁桃の切除」）が発表され、今では実施の数が非常に減っている。

・結核を治療するために金化合物のサノクリシンを投与することは、一九二〇年代にアメリカで広く行われていた。一九三一年にある医師が四六人の患者の治験結果を示して、「非常によく効く」と述べた。しかし、その治験にはコントロール群が用いられていなかった。四六人全員にこの薬が投与されていたのだ。同じ年にデトロイトの医師たちが、二四人の結核患者から無作為に選んだ一二人にこの薬を投与する治験を行った。投与されない患者たちにはそれと気づかれないように、生理食塩水を注射した。その結果は決定的だった。コントロール群のほうが生存率が高かったのだ。かつて夢の薬と謳われていたサノクリシンには、まったく効果がないことがわかったのだ。

・結核の治療には寝たきりの安静を強制することがずっと行われていた。しかし一九四〇年代と五〇年代の治験で、そのようなやり方には効果がなく、むしろ患者には害があるとわかった。仰向けの体勢では咳がひどくなる。この結果の発表後、世界中のサナトリウムが廃止された。

コクランは、臨床経験豊富な医師でも、自分たちの主張とは異なり、誤りを犯すことがあるという例も示している。ドルイン・バーチは二〇〇九年の著書『薬を飲む――薬に関するすばらしい考えとその飲みにくさについて小史』で次のエピソードを紹介している。[236]

心電図（ＥＧＧ）は、心臓の収縮に伴って生じる微弱な活動電流を記録するものだ。……心臓専門医は他科の医師に比べ、心電図を読む高い能力があると主張している。コクランは、無作為に選んだ複数の心電図のコピーを上級心臓専門医四人に送り、所見を求めた。四人の所見を比較すると、一致した部分は三パーセントしかなかった。心電図を読めば〝真実〟がわかるという彼らの自信は実証されなかったようだ。少なくとも一〇〇回のうち九七回はどこか間違っていた。

コクランは同様の実験を歯科の教授たちに行っている。同じ患者について診断を求めたところ、一致したのは基本的に一点だけだった。それは歯の数だ。

一九八八年にコクランは亡くなり、その後一九九三年に始まったコクラン共同計画というプロジェクトに、その名前が冠されている。この共同計画の概要は次のように述べられている[237]。

コクランは、健康に関してより適切な意思決定がなされるためにある。

過去二〇年にわたり、コクランは健康に関する意思決定のあり方を大きく変化させる手助けをしてきた。

コクランは、人々が治療について十分な情報を得たうえで選択できるように、最良のエビデンスを収集、要約してきた。……

コクランは、質の高い情報を用いて健康上の意思決定をしたいと考える人のためにある。医師、看護師、患者、介護者、研究者、出資者に関係なく、コクランが提供するエビデンスは、あなたの医療知識と意思決定をより良いものにする強力なツールとなるだろう。

世界一三〇カ国以上の三万七〇〇〇人のサポーターが、商業的なスポンサーやほかの利益相反の制限を受けることなく、信頼性の高いアクセス可能な健康に関する情報を生み出している。

アーチー・コクランたちが切り開いた「根拠に基づく医療」というビジョンを現実化したコクラン共同計画は、近年、非常に重要な役割を果たしていると認識されている。二〇〇九年までに『コクランレビュー』は、その公式サイトから三秒に一件の割合でダウンロードされている。[238] 最近ダウンロード数が多かったレビューのなかには次のようなものがある。[239]

・緊張型頭痛に対する鍼治療
・分娩中の女性のケアにおける、助産師主導の継続モデルと他のモデルとの比較
・地域に住む高齢者の転倒を防止するための介入
・健康な成人に対するインフルエンザ予防のためのワクチン

すべての分野における直感的な〝臨床判断〟は、実験によるエビデンスを注意深く調べることで補うことができる。そのエビデンスには専門家の予想に反するものも多い。

歴史を知らないと、根拠に基づく治療に向けられた敵意のせいで、どれだけ普及が難しかったかを想像できないだろう。従来の臨床判断による批判が広く抵抗を示していた。

・上級医たちは、苦労して獲得した知識が白か黒かの根拠に基づく治療によって過小評価されるのを

恐れた。

・患者を、新しい医学書に載っているようないくつかのステレオタイプに無理に当てはめるのではなく、個々人として治療される必要があると主張したのも、前項のような医師が多かった。

瀉血

それでは最後にもうひとつ、わかりやすい例を挙げよう。瀉血、つまり患者の体から血液を除去する施術は、主にヒルを用いて、医学的な治療として二〇〇〇年以上もの間広く行われていた。この治療が勧められていた症状は、ニキビ、喘息、糖尿病、痛風、ヘルペス、肺炎、壊血病、天然痘、結核など膨大な数にのぼっていた。初期の著名な支持者としては、コスのヒポクラテス（紀元前四六〇～三七〇年）、ペルガモンのガレノス（一二九～二〇〇年）などがいる。時々著名な批判者が現れることもあり、そのなかには一六二〇年代に血液が体内を循環している経路を発見したウィリアム・ハーヴェイも含まれていたが、瀉血はそのまま広く行われ続けた。D・P・トーマスは二〇一四年にエディンバラ王立内科大学のジャーナルでこう書いている。(240)

かつて医師たちが瀉血を行った熱意は、現代から見ると異常に思える。パリ大学医学部長のギー・パタン（一六〇一～七二年）は、妻の胸の〝体液の流出〟に対して一二回、息子の熱が続くことに対して二〇回も瀉血を施し、自身にも〝鼻風邪〟に対して七回行っている。チャールズⅡ世（一六三〇～八五年）は発作で倒れた後に瀉血され、ジョージ・ワシントン（一七三二～九九年）は激しい喉の痛みを訴えて、四時間で四回も瀉血を施された。この時ワシントンから放出された血液の量は二・八～五・一リットルと推測されている。ワシントンは屈強な男性だったが、その体力をもってしても主治医たちの誤った治療には耐えられず、命を落とした。このような治療がワシントンの死を早めたようだ。

トーマスはさらにベンジャミン・ラッシュの例も紹介している。

ベンジャミン・ラッシュ（一七四六～一八一三年）はアメリカの著名な医師であり、独立宣言に署名したひとりでもある。彼は瀉血が最良の治療法だと信じていた。……フィラデルフィアに黄熱病が蔓延した一七九三年には、患者に瀉血を施し、下剤を投与している。……

ラッシュの治療法は、従来のやり方を熱心に信じ続けることの危険に対して手痛い教訓であり、どんな治療も批判的に検証し、根拠に基づく評価が必要であることを浮かび上がらせている。

瀉血の体系的なデータは一九世紀から収集され始めた。一八二八年、フランス人のピエール＝シャルル・アレクサンドル・ルイは肺炎の患者七七人から収集したデータを分析し、瀉血は、よく言っても、回復の見込みにはほとんど効果がないとしか言いようがないと示した。しかし臨床の内科医の多くはその結果を無視し、自分たちの経験に裏づけられて**いる**と思っているやり方を続け、ヒポクラテスやガレノスから脈々と続く伝統の重みを信じていたのだ。

一九世紀の後半、エディンバラ大学のジョン・ヒューズ・ベネットは、アメリカとイギリスの病院での生存率の追加データを詳しく検討した。たとえば、エディンバラ王立病院で自身が一八年間に診察した一般的なケースの肺炎一〇五件では、一例も瀉血を行わず、死者も一人もいなかった。それとは対照的に、この病院でほかの医師に瀉血を受けた患者は、少なくとも三分の一が死亡していた。しかしこのデータにもかかわらず、ヒューズ・ベネットは同業者から激しい批判を受けることになる。D・P・トーマスはこうコメントしている。

現代から見ると、ルイとヒューズ・ベネットのパイオニアとしての功績に関するもっとも驚くべき点はおそらく、特に肺炎の治療に関して、彼らの強力な証拠を医学界が受け入れるのがどれだけ遅かったかだ。ヒューズ・ベネットは、病気の特定にも治療にも、実験室での観察や結果の統計的な分析を用いたもっと科学的な方法を取り入れようとしていた。しかしこの方針は、臨床判断だけに基づいた、自分の経験を頼りにし続けたい伝統的な臨床医たちとは相容れなかった。瀉血に関する論争は、この治療法への批判は増していたものの、一九世紀の後半とさらには二〇世紀になっても長い間続いた。

二〇一〇年に『ブリティッシュ・コロンビア・メディカル・ジャーナル』でゲリー・グリーンストーンは、瀉血はなぜこんなにも長い間、二〇世紀の半ばまで行われ続けたのかについて考察している。[241]

瀉血がこんなにも長い間なくならなかった理由を我々は不思議に思う。一六世紀にヴェサリウスが、一七世紀にハーヴェイが、ガレノス解剖学と生理学に重大な誤りを見つけていたのに。しかしI・H・ケリッジとM・ローは「瀉血がこれほど行われ続けたのは、知的な特異例ではなく、治療の判断において続く、社会的、経済的、知的圧力の動的な相互作用の結果だったのだろう」と述べている。
病態生理学への理解が進んだ現代の我々は、こうした治療法を笑いたくなるかもしれない。しかし、現在実施されている医療を一〇〇年後の医師たちはどう思うだろう？　彼らは我々が抗生物質に頼りすぎることにも、同時に多数の薬を投与する傾向にも、放射線治療や化学療法のような広範囲すぎる治療にも驚くのではないか。

〝今から一〇〇年後〟のことは気にしなくていい。一〇年から二〇年後には、老化という現象にほとんど注意が向けられず、若返りのバイオテクノロジーが多くの人の興味を引いていない現在の医療の状況を、驚きとともに振り返ることになるだろう。

しかしここまでに見てきたように、パラダイムには大きな影響力がある。ケリッジとローの言葉から引用して同じ気持ちを違う言葉で表せる。医療行為は「社会的、経済的、知的圧力の動的な相互作用」から生じるのだ。

もちろん、専門家だけでなく、誰もが間違うことがある。この章を皮肉に締めくくるなら、アメリカの美人コンテストの女王で、一九九四年のミス・アラバマ、一九九五年のミス・アメリカであるヘザー・ホワイトストーンの驚くべき洞察を思い出してみよう。美人コンテストに出場中、永遠に生き続けたいかと訊かれた彼女は、こう答えたのだ。(242)

私は永遠には生きません。人は永遠に生きてはいけないからです。もしも人が永遠に生きることになっているなら、永遠に生きてもいいでしょう。でも私たちは永遠には生きられません。だから私は永遠には生きないんです。

第8章 プランB——冷凍保存

死後、冷凍保存されるのは、想定されるなかで二番めに悪い出来事だ。一番悪いのは冷凍保存されずに死んでしまうこと。

二〇〇五年、ベン・ベスト

人体冷凍保存が詐欺だったら、もっとずっとうまくマーケティングをし、今よりはるかに普及しているだろう。

二〇〇九年、エリーザー・ユドコウスキー

人体冷凍保存は実験だ。あなたはコントロール群と実験群のどちらに参加したい？

二〇一七年、ラルフ・マークル

我々の予測では、ヒトの若返りのための最初のバイオテクノロジーの治療は二〇二〇年代に商業化され、二〇三〇年にはナノテクノロジーの治療が続き、それから二〇四五年には老化を完全にコントロールし、巻き戻すことができるようになるだろう。それまでは、残念ながら人は死に続ける。これまで生きた人の大半にとって、若返り工学の実現は遅すぎた。今世紀やこれまでの世紀ですでに年老いて死んでいるか、まだ生きていても、効果的な若返り治療が広く利用できるようになる前に死ぬ可能性が高いからだ。どちらの場合も若返り以前の時代に属している。

しかし広い若返り工学業界のなかでは、若返り以前の時代の人間にも再生という希望があると示唆する研究者もいる。こうしたアイデアは、本書のこれまでの章で説明してきた〝プランA〟の根本的な代替や補足になる。

永遠への架け橋

ここまでの章でも述べた通り、永遠の人生はあと数十年で実現可能になる。しかし、それまではどうする？ 悲しいことにそれまでの間、人は死に続け、現時点では自分自身を比較的よい状態で保存するには冷凍保存しか方法がない。人体冷凍保存は、プランAの人間の永遠の生が実現するまでの〝プランB〟だと言える。

現代の人体冷凍保存、いわゆるクライオニクスは、一九六二年にアメリカの物理学者ロバート・エッチンガーが著書『不死への展望』の中で、老化を含む、その時点では治療法のない病気が医学の進歩によって将来は治せるようになっているのを期待して、患者を冷凍すること（実際には低温保存）について考えていると述べたことから始まった[243]。人間の体を冷凍保存したら、そのまま死んでしまうように思えるかもしれないが、エッチンガーは今日では死んでしまうと思うような状態でも、未来にはそこから再生させることができると主張している。同じ主張が、死のプロセスそのものに当てはまる。医学的な死の初期の段階が将来は覆せるようになるかもしれないのだ。エッチンガーはこの考えを徹底的に検討し、死んだばかりの人を冷凍すれば命を救えるかもしれないと示唆した。そして彼はこの考えに基づき、四人の同僚とともに一九七六年にクライオニクス研究所をミシガン州デトロイトに設立した。最初の患者はエッチンガーの母親で、一九七七年にその遺体が冷凍保存された。彼女の遺体は、液体窒素の沸点であるマイナス一九六℃で冷凍保存されている。

一方でカリフォルニアでは、フレッドとリンダのチェンバレン夫妻が一九七二年にアルコー延命財団（一九七七年までは「固体冷凍保存のためのアルコー協会」という名称）を設立した。一九七六年、フレッド・チェンバレンの父が最初の被験者として、脳を保存するために頭部だけを冷凍保存された。アルコーはその後、地震の多いカリフォルニアから離れるため、一九九三年にアリゾナ州スコッツデールに移転し、名誉理事長にイギリスの哲学者で未来学者のマックス・モアが就任した。彼はこう述べている。(244)

我々はこれを救急医療の延長だと考えている。……今日の医療があきらめていることを代わりにやるだけだ。こう考えてみてほしい。五〇年前、あなたが道を歩いていた時、誰かが目の前で倒れ、呼吸が止まっていたら、それを確認したあなたは、その人は死んでいると言って、それで終わりだっただろう。今日では、我々は違う行動をする。心肺機能蘇生など様々な手を尽くすだろう。五〇年前なら死んでいるとみなされた人は、今ではそうはみなされない。クライオニクスも同じだ。我々はただ、状態の悪化を止め、もっと医学が進んだ未来で治してもらおうというのだ。

頭部だけの冷凍を選択する患者もいる。経済的な理由からそうする人もいれば、人のアイデンティティーと記憶は脳に保存されているから、体全体を冷凍保存する必要はなく、体は違うテクノロジーで再建できると考えている人もいる。

クライオニクス研究所では全身の冷凍保存しかやっていないが、アルコー財団では頭部の冷凍保存と全身の冷凍保存の両方を行っている。現在まで、クライオニクス研究所が遺体を冷凍している患者は二〇〇人近く、会員は一〇〇〇人以上に達していて、アルコー財団の患者（そのうちの約四分の三は頭部のみ冷凍保存）と会員の数もほぼ同じだ。アメリカのこの二大冷凍保存センターに毎月新たな患者と会員が加わっている。どちらの施設でもDNAや組織の冷凍サンプル、そしてペットなどの動物の遺骸も冷凍保存している。クライオニクス研究所の料金は全身の冷凍保存で二万八〇〇〇ドルから三万五〇〇〇ドルだ〔別途、高額なSST（待機・安定・輸送）費がかかる〕。アルコー財団の料金は頭部の冷凍保存が八万ドル、全身の冷凍保存は二〇万ドルである（高額なSSTを含む）[245]。

患者数も会員数もまだそれほど多くないので、二〇〇五年までは実質的にクライオニクス研究所とアルコー財団のふたつしか人体冷凍保存を行う組織はない状態だった。そして同年、モスクワ郊外にクリオロス社が設立された。現在ではアルゼンチン、オーストラリア、カナダ、中国、ドイツ、アメリカのカリフォルニア州、フロリダ州、オレゴン州の小さな組織が、人体を冷凍保存する新たな施設をすでに作ったり、これから計画している。二〇一五年に設立された中国のシャンドン・インフェン生命科学研究所には国内の患者が一〇人ほど冷凍保存されているという。オーストラリアのサザン・クライオニクスとスイスのヨーロピアン・バイオスタシス財団は二〇二二年にクライオニクスセンターを開設したが、本書執筆時点ではまだ冷凍保存患者はいない。

クライオニクスの仕組み

現時点ではまだ冷凍保存から蘇生した人はいない。しかしそれは、その患者の冷凍保存時の死因になった病気の治療法がまだ解明されていないからだ。しかしテクノロジーの指数関数的な進歩のおかげで、数十年のうちに患者たちを蘇生させることができそうだ。アメリカの未来学者レイ・カーツワイルは、二〇四〇年代には冷凍保存した患者の最初の蘇生が始まると述べている。最後にこの処置を受けた患者がもっともよい技術で保存されていると思われるので、最後の患者から蘇生を始め、最初の患者を最後に蘇生させるとしている。(246)

この考えは、すでに冷凍保存を行っている生きた細胞や組織、小さな生物によって証明されている。動きの遅い小さなクマムシは多細胞の微生物で、体内の水分の大半を二糖類のトレハロースに置き換えることで、細胞膜の結晶化を妨げ、生存することができる。脊椎動物にも数種類、冷凍状態に耐えられるものがいて、完全に凍った状態で生活機能を停止して冬を生き延びるものもいる。カエル、カメ、サンショウウオ、ヘビ、トカゲには凍った状態で生き延び、低温の気候を越冬した後に完全に復活する種類がいる。南極や北極の近くに生息する細菌、菌類、植物、魚、昆虫、両生類には、極寒の環境で生きられるように凍結保護物質を持つよう進化した種類がいる。

イギリスの科学者で、地球をひとつの生命体として見たガイア理論を提唱したことで有名なジェームズ・ラブロックは、動物を凍らせて、その後復活させようと試みたおそらく最初の人物だ。一九五五年、ラブロックはラットを何匹か〇《ゼロ》℃で凍らせ、マイクロ波を使った電気透熱装置で蘇生させることに成功した。近年では、アメリカ国防高等研究計画局（ＤＡＲＰＡ）が人工冬眠研究に資金を供給し始めた。ここで言う人工冬眠とは、心臓と脳の〝スイッチを切って〟その患者に必要な医療が受けられる時代まで眠らせるもので、人体冷凍保存のステップのひとつだと考えられる。

今日では卵子、精子、さらには胚嚢《はいのう》まで冷凍し、未来に復活させることになっている。冷凍された卵子と精子は動物の繁殖に使われているし、ヒトの胚嚢も冷凍保存され、その後、先天的な問題などもなく発達させることができている。また今は、血液、臍帯《さいたい》、骨髄、植物の種《たね》、様々な組織のサンプルなどが冷凍後、解凍されている。クライオニクスの最近の大きな成果のひとつは、二五年間冷凍保存されていた胚嚢から二〇一七年に無事誕生したことだ。

今、冷凍保存されている人々は、将来、もっと進んだ技術で蘇生されると我々は信じている。クライオニクスの生存能力を示す科学的報告が増えている。クライオニクスを支持する公開状に、オーブリー・デ・グレイやアメリカの科学者で人工知能の〝父〟のひとりとされているマーヴィン・ミンスキーなどの権威ある科学者たちも署名している。ミンスキーは二〇一六年に亡くなり、その遺体が冷凍保存されている。(247)

クライオニクスは、手に入る限りのテクノロジーを用いて、人体、特に脳の保存を目的とする正統な科学に基づいた真剣な試みである。未来の蘇生技術には、ナノテクノロジーを用いた医療による分子レベルの治療や、高度に進んだコンピュータ、細胞の成長の詳細なコントロール、組織の再生などが用いられると予想されている。

こうした発展を見ると、クライオニクスを今日可能な限りの最適な方法で行えば、後にその人を完全に健康な状態で復活させるのに必要な神経的な情報を保存できる可能性が十分にある。

クライオニクスを選択した人の権利は重要で、尊重されるべきだ。

二〇一五年、リバプール大学、ケンブリッジ大学、オックスフォード大学の科学者たちがイギリス国内で、人体冷凍保存も含むクライオニクスの研究と適用を振興するクライオニクス研究ネットワークを立ち上げた。[248] こうした進歩のおかげで、世界中でさらに多くの人々が、人体冷凍保存は可能であり、すでにそれが実証されていることを理解している。二〇一六年にクライオニクス協会は、スペイン、アルゼンチン、メキシコで、クライオニクスの支援と促進をする組織を開始した。[249]

ロシアのクライオニクス――クリオロス社を訪問

クライオニクスをよく知る人は、アメリカにある二大クライオニクス施設の名前を聞いたことがあるだろう。ミシガン州デトロイト郊外のクライオニクス研究所とアリゾナ州スコッツデールにあるアルコー財団だ。しかし、ロシアの未来学者ダニエル・メドベージェフが率いる、モスクワ郊外に二〇〇五年に創設された新しい組織はそれほど知られていない。

私たちは二〇一五年にメドベージェフに会った際、セルギエフ・ポサードにあるクリオロス社の施設を訪問することができた。セルギエフ・ポサードはモスクワの北東七〇キロメートルほどの歴史ある美しい宗教の街で、一四世紀に聖セルギウス・ラドネシスキーによって創設されたロシア最大級の修道院、トロイツエ・セルギエフ大修道院を見に観光客がやって来る。ロシアの聖人や君主の墓所があるセルギエフ・ポサードは、人体冷凍保存を行う場所に非常に適していると言えるだろう。クリオロス社は急速に成長し、終末期の患者のためのホスピスなどの附属施設の建設と、さらに研究を進めるための人体冷凍保存設備の拡大を行えるよう、今の場所で施設を拡張するか、モスクワ近郊の別の場所に移転するかを検討している。

クリオロス社の成長はアルコーやクライオニクス研究所と比べると驚くべきスピードだ。クリオロス社は一〇年あまりの間に、すでに五〇人以上の人と犬、猫、鳥、齧歯類《げっし》のチンチラなどの何十匹ものペットを冷凍保存している。クリオロス社の患者第一号リディヤ・フェドレンコは、二〇〇五年、最初のコンテナ、〝クライオスタット〟（真空低温槽）の準備ができるまでの数カ月間、ドライアイスで保存されていた。メドベージェフの祖母も患者で、現在、頭部だけ冷凍保存されている。クライオニクス研究所と同じように、クリオロス社はクライオスタットを使っている。クライオスタットとはファイバーグラスあるいは樹脂製のコンテナを液体窒素で満たしたもので、アルコーが使っているような個別の真空フラスコの安価な代替品だ。クリオロス社では患者やペットや組織はみな、同社特製の大きなふたつのクライオスタットに保存されている。クリオロス社では新しい設備を作るのに十分な経験が蓄積されたので、スイスに新しいセンターを設置する計画がある。

クリオロス社では頭部の冷凍保存は一万二〇〇〇ユーロ、全身の冷凍保存は三万六〇〇〇ユーロで、SST費用は別途かかるが、これは患者の居場所によって大きく異なる。動物や組織の冷凍保存はもっと安く、大きさや特殊な条件などで値段が変わる。この一〇年間にクリオロス社にはロシア内外から患者がやって来ていて、イタリア、オランダ、スイスなどのヨーロッパ諸国、さらにはもっと遠くオーストラリア、日本、アメリカからもやって来ている。アルコーの場合、患者の約半数は頭部のみの保存だ。クリオロス社の比較的早い成長を見ると、効果的で手が届く価格のサービスが冷凍保存の普及に役立つようだ。

ここでまた我々は、生命は生きるためにあるのであり、死ぬためにあるのではないと主張したい。我々は二一世紀半ばまでに老化は治療できるようになると予想しているが、それが実現しなかったとしても、老化への宣戦布告は必要不可欠だ。その一方で、クライオニクスは予備の計画だ。永遠の生命の実現（プランA）が可能であるということも、クライオニクスの実現可能性（プランB）も、すでに概念実証が行われている。可能なことがわかったのだから、それに早くやればそれだけ人類にメリットがあることがわかっているのだから、技術的な問題を解決するためにさらなる科学的進歩が必要だ。どの生命も失われていくのは悲劇だ。その人個人の悲劇であるばかりでなく、社会全体にとっても損失だ。しかしそれは止められる。死の終わりがやって来るのだから、我々は人類の無限の人生を実現させるために行動する。人体冷凍保存万歳！

未来行きの救急車

救急車は医学史上もっとも重要な発明のひとつだと言える。怪我や病気で医学的に緊急な状態になっている人がいる時、すぐに救急車がやって来るかどうかで生死は大きく分かれる。〝いた場所とタイミングが悪かった〟人たち、つまり医学的な処置が必要だが、すぐにそれを得られる場所にいなかった人たちだ。しかし救急車には設備も医薬品もプロの医療スタッフもそろっていて、彼らを治療する場所まで運んでくれる。

救急車の個々の出動コストに関しては粗探しをする者がいるかもしれない。救急車はもっとコストを削っても出動要請の大半に応えられる、などと批判してくる者もいるだろう。しかし救急サービスそのものに関して文句を言う人はなかなかいない。病院から離れた場所で急な怪我や病気になったら、ただ単に運が悪かったね、そのまま運命を受け入れるべきだなどと言う人はいない。怪我をしている両親や子供や兄弟のために救急車を呼んだ家族のことを、自分勝手だとか大人気ないなどと言う人もいない。危険な目にあった場所から救急の医療処置をちゃんと受けられる場所へと素早く安全に運ぶことを求めるのは当然だと、社会全体が受け止めている。こうすることによって、怪我をした人は治療を受ける機会が得られ、その後何十年も生きられるかもしれない。

一方で病気にかかる〝タイミング悪い〟という部分について、よく考えてみよう。彼らはそのままでは死に至る病気にかかっているが、それは三〇年ほど待てば医学で治せるものだ。こういう人に〝未来行きの救急車〟を用意することはどうなのだろうか？ ここでは仮にこうした〝救急車〟がうまくいく可能性が五パーセントだとする。詳しく言うと、ここで検討する方法は、その人の低温保存で、深い昏睡状態と同じ、通常の生理的活動を停止させて保存する方法だ。こういう救急車の実現は歓迎すべきだろうか？ それともこのままでは死んでしまう人に、こういう手段のことは考えないようにと言うべきか？ その人に、つまりはストイックに自らの運命（差し迫った死）を受け入れるようにと言うべきか？ そしてもしもその人の家族が、将来、その人とまた会ったり話したりしたいからと、こういう救急サービスを望んだら、利己的で未成熟だと非難すべきだろうか？

もちろん、このたとえは完璧ではない。救急車は患者を病院までの空間を運ぶものであり、これまでに成功した実績が十分にある。しかしクライオニクスで患者の体を低温の活動停止状態で何十年も未来へ運ぶという旅は、まだ一度も完結していない。私たちはクライオニクスの患者が保存されている円柱型の保存槽の写真を見た。全身が収められていることもあるし、頭部だけの場合もある（未来のテクノロジーでは、ヒトの脳からその人を再生できると予想されている）。しかし将来、患者を無事に再生できるように科学が発展するという保証はない。

クライオニクスに対する反対意見は若返り工学に対する反対意見とそっくりだ。批判している人たちはクライオニクスは成功できない、と言う。低温状態の人を目覚めさせるのは技術的に果てしなく困難だと。

不凍液や抗凍結剤などの高性能な薬品を注意深く使ったとしても、極度の低温まで冷やす過程で人体は修復できないダメージを受けるだろう。こうした薬品はそれ自体が毒であるし、大きな臓器は冷却する過程で壊れるだろう。そもそもクライオニクスは倫理的に間違っているから、検討すらするべきでないなどと主張する者もいる。貴重な資源を濫用しているとか、邪悪な妄想だとか、金目当ての詐欺だとか、もっと悪いものだとか、根拠もないのに断言する。

我々はこうした批判には、若返り工学に対する似たような批判に対するのと同じく、まったく同意できない。どちらのケースでも、批判の大半は正しい情報に基づいていないか、誤った論理などの（表面には出ていない）何らかの動機があったりする。若返り工学もクライオニクスも工学上の課題が難しいことは認める。しかしどちらの場合も、実現不可能だという根拠は見当たらない。近いうちに、質の高い解決策が生み出されるだろう。どちらのケースでも、きちんとした成果を上げている先駆者たちがいて、完全な技術的解決への道筋はすでに示されている。

クライオニクスの先駆者は低体温療法という分野だ。一九九九年、研修医アンナ・ボーゲンホルムはノルウェー北部の人里離れた山の急斜面で山スキーをしていた時に、凍った小川に転落してしまった。レスキュー隊のヘリコプターが到着した時には、氷の下の川の水に八〇分間も浸かっていたので、血流が四〇分間も停止していた。『ランセット』誌には「事故による低体温症で一三・七℃にまで体温が下がった心停止の状態から蘇生した」と報じられている。[250]『ガーディアン』紙の「生死の間——低体温療法の力」という記事でデイヴィッド・コックスが詳細を書いている。[251]

トロムソの北ノルウェー大学病院に運ばれた時には、ボーゲンホルムは心臓が二時間以上も停止した状態だった。深部体温は一三・七℃にまで下がっていた。臨床的にどんな観点からも死亡したと言える状態だった。

しかしノルウェーには「体が温かくなって死亡が確認されるまでは死んでいない」という三〇年ほど前からの古い言い回しがある。北ノルウェー大学病院の救急救命部長マッズ・ギルバートは経験から、極寒の状態がかえって彼女を生存させている可能性がごくわずかながらあると知っていた。「この二八年間に三四人が、事故による低体温症の心停止状態から、人工心肺装置を使って体を温められて三〇パーセントが生還している」と彼は語る。「重要なのは心停止の前に冷却されたか、心停止の後に冷却されたかだ」

コックスは重要な生理機能が関わっていると説明する。

体温が下がっていくと心臓が止まり、体が必要とする酸素が、特に脳細胞で減る。心停止が起こる前に生命維持に不可欠な臓器が十分に冷却されていたら、血流が止まると避けられない細胞死がすぐには起こらなくなり、救急救命チームが救命を試みる時間が生まれるのだ。

「低体温症は諸刃の剣であり、そこが興味深い」とギルバートは語る。「一方で人を守ることがあり、もう一方で生命を奪うこともある。しかし、低体温症をどのようにコントロールするかが一番の問題だ。アンナはおそらくかなりゆっくりと、しかし効率的に冷やされたので、心臓が停止した時、脳はすでに冷えていて、酸素をほとんど必要としない状態になっていた。心肺蘇生（ＣＰＲ）がうまくいけば、脳に三〇～四〇パーセントの血流を与えると、心臓を蘇生させるための時間を七時間ほど稼げる」

幸い、ボーゲンホルムはほぼ完全に回復した。一〇年後、彼女は生命を救ってもらったあの病院で放射線科医として働いている。ボーゲンホルムは事故で低体温症になったが、複雑な医学的処置を行う際に、あえて低体温症を起こさせることで時間を稼ぐ方法が実施されることが増えている。ケヴィン・フォングは著書『極限の医療』で、[252]二〇一〇年に行われたエズメイル・デズボッドの治療について書いている。[253]

エズメイル・デズボッドは自身の症状に悩まされ始めていた。胸に圧迫感を感じ、非常に痛むこともあった。Ｘ線断層撮影により病気が発見された。胸部大動脈に動脈瘤があった。心臓から続く大動脈の支脈が腫脹していたのだ。そのためこの血管は二倍に膨れ上がり、直径はコカコーラの缶ほどになっていた。

エズメイルはいつ爆発するかわからない爆弾を胸に抱えているような状態だった。動脈瘤は、別の部位に発生した場合は比較的簡単に切除できる。しかしエズメイルの場合、動脈瘤は心臓に近く、簡単にはいかない。大動脈は心臓から上半身へ流れる血液を運んでおり、脳などの組織に酸素を供給する役割を果たしている。動脈を治療するためには、心臓を停止させて血流を止めなければならない。正常な体温でそれを行えば、酸素欠乏によって脳にダメージが起こり、三分か四分ほどの停止で、障害が残るか死に至る。

エズメイルの主治医である心臓外科の専門医ジョン・エルフテリアデスは、超低体温循環停止状態で手術を行った。人工心肺装置を使ってエズメイルの体温を一八℃まで下げ、心臓を完全に停止させた。それから心臓と循環が停止している間にエルフテリアデスは複雑な処置を施した。時間と闘いながら、仮死状態で手術台の上に横たわる患者に複雑な手術をした。……

それは繊細な手術だ。

エルフテリアデス医師は低体温循環停止のエキスパートだが、毎回、信じられないような気持ちになるという。脳に不可逆的なダメージを起こさずに元に戻すには、血流が止まってから四五分しか時間がない。しかし、低体温症を用いずに手術をするとしたら、その時間はたった四分しかないのだ。

エルフテリアデス医師は一秒も無駄にできない状況で、緻密で効率的に手術を進めた。大動脈の病変部分を一五センチメートルも切除してから、人工血管に置き換えなければならない。この時点でエズメイルの脳の電気的活動は検知できない。呼吸も停止し、脈もない。身体的にも生化学的にも死んでいる人と区別がつかない状態だ。

「身体的にも生化学的にも死んでいる人と区別がつかない状態」という言葉は強調する必要がある。しかしそれでも彼は復活することができる。フォングは続ける。

三二分後、手術は完了した。我々チームがエズメイルの凍った体を温めると、すぐに彼の心臓は勢いよく鼓動を再開し、見事に血液を循環させて、脳に三〇分ぶりに新鮮な酸素を供給した。

フォングは翌日、集中治療室にいるエズメイルを訪ねた際のことをこう報告している。「彼は目を覚まし、元気だった。ベッドの脇にいる彼の妻は、彼が無事戻ってきたことをとても喜んでいた」

妻が夫とうれしい再会ができるチャンスを誰が否定できるだろうか？　それでもやはりクライオニクスの反対論者たちは、クライオニクスによる冷凍保存の末に大切な友人や家族と再会する喜びを得たいと思う多くの人々のチャンスを否定するだろう。彼らは、超低体温循環停止法をクライオニクスについての推定の根拠にするにはあまりにその隔たりが大きいと言うだろう。クライオニクスで用いられる温度——液体窒素の温度——はずっと低く、停止する時間もずっと長い。それに対して我々は、この隔たりを本当に超えることができると考える信頼できる根拠を述べよう。

凍らない

成功したクライオニクス技術の先駆者の二例めは、〇℃以下のさまざまな環境において冬眠状態で生きている生物が存在するという事実だ。たとえばホッキョクジリスは毎年最長で八カ月冬眠しているが、その間の深部体温は平熱の三六℃からマイナス三℃にまで落ち、体表面の温度はマイナス三〇℃にもなることがある。『ニューサイエンティスト』誌の記事を紹介しよう。[254]

ホッキョクジリスは血液が凍らないように、水分子が周りに氷の結晶を作ってしまう血中の粒子すべてを取り除いている。これにより血液は〇℃以下でも液体の状態を保つ。過冷却という現象だ。

北極と南極に生息する様々な魚は、淡水では氷結する温度以下の海水の中で生きている。彼らはいわゆる不凍タンパク質（ＡＦＰ）の助けによって血液が凍らないので、生きていけるようだ。ＡＦＰは氷の結晶の形成を抑制する。昆虫、細菌、植物などにはＡＦＰを利用している種がいる。[255] 驚異的なのはアラスカカブトムシの幼虫で、ガラス化という状態になって、マイナス一五〇℃でも生きていると報告されている。[256]

超低温サバイバルのチャンピオンは緩歩動物の〝クマムシ〟だ。クマムシは非常に小さく、体長は一ミリメートル以下だ。進化的に非常に古く、五億年前のカンブリア紀から存在している。『ＢＢＣアース』という番組についての記事によると、クマムシはクライオニクスに使用されている液体窒素の温度（マイナス一九六℃）以下でも生存できるという。この記事は、一九二〇年代にベネディクト会の聖職者ギルバート・フランツ・ラームによって行われた実験について触れている。[257]

ラームは……［クマムシを］マイナス二〇〇℃の液体空気に二一カ月浸し、マイナス二五三℃の液体窒素に二六時間、マイナス二七二℃の液体へリウムに八時間浸した。その後、水に放されたクマムシは、すぐに元気に生き返った。

現在では、クマムシのなかには絶対零度よりわずか上の二七二・八℃で凍りついても死なないものがいることがわかった。……クマムシは、自然界には存在せず、研究室でしか作り出すことのできない、原子が実質的に静止するほどの超低温の環境にも耐えられるのだ。

低温環境でクマムシが直面するもっとも大きな危機は氷だ。細胞内に氷の結晶が形成されると、ＤＮＡなどの不可欠な分子が破裂してしまうかもしれない。

魚などの動物のなかには、細胞の氷点を下げる不凍タンパク質を作って、氷が形成されないようにしている種もある。しかしクマムシからは、こうした不凍タンパク質は発見されていない。クマムシはその代わりに細胞内に氷ができることに耐えられるようだ。氷の結晶によってもたらされるダメージに耐えられるのか、あるいはそのダメージを修復できるのだ。

クマムシは氷核形成タンパク質という化学物質を作り出している。この物質により、氷の結晶は細胞の内側ではなく外側に形成され、重要な分子を守る。糖類のトレハロースも分泌されて、細胞膜を破るような大きな氷の結晶ができるのを防いでいる可能性がある。

本書の前半の章で紹介した寿命を変動させることができるモデル生物の線虫は、本章にも重要な役割で登場する。今回注目すべきなのは、線虫の個体が、超低温（液体窒素の温度）で生命活動を休止し、その後蘇生したプロセスを記憶していることだ。この実験は、アリゾナ州テンペのアドバンシング・テクノロジー大学教授だったナターシャ・ヴィタモアが行い、その後スペインのセビリア大学のダニエル・バランコが行った。二〇一五年に『リジュヴェネーション・リサーチ』誌に発表された彼らの論文「ガラス化し、蘇生した線虫における長期記憶の持続」のアブストラクトから、この実験の記述を引用する。[258]

冷凍保存の後、記憶は取り戻せるのか？　我々の研究は、この長年の疑問に線虫を使うことで答えようとするものだ。線虫は、革命的な発見につながった生物学研究では有名なモデル生物だが、冷凍保存後の記憶回復の実験に使うのは今回が初めてだ。我々の研究の目的は、ガラス化から蘇生させた後の線虫が記憶を回復するのかどうかを調べることだ。線虫の幼虫に感覚の刷り込みをするという方法で、匂いによる感覚応答における学習により動物の行動が形成されていること、その学習は成虫になってガラス化から蘇生した後にも回復されたことを確認した。実験の方法は、化学物質のベンズアルデヒドを使って第一期幼虫に嗅覚の刷り込みをし、第二期幼虫の時期に時間をかけて冷却し、ガラス化した後に蘇生させ、成虫の段階で記憶を回復できているのかどうかを調べるため、走化性アッセイを行った。その結果、冷凍保存後も記憶が保持されていたので、線虫の（長期記憶という形での）嗅覚刷り込みをコントロールするメカニズムは、ガラス化やゆっくりとした冷却によっては変化しなかったことを示している。

ヴィタモアが『ＭＩＴテクノロジーレビュー』誌に共著で発表した論文「クライオニクスを取り囲む科学」には、線虫のこの結果の重要性が述べられている。議論の対象になっているのは、ヒトの記憶と意識が冷凍保存に耐えられる可能性があるかどうかだ。ヴィタモアたちはこう述べている。[259]

ヒトの意識の基礎となる脳の分子的、電気化学的な状態の詳細は、ほとんど解明されていない。しかし、わかっているエビデンスによって、記憶を記号化し、行動を決める脳の機能は冷凍保存の間も、その後も保存できるという可能性が示された。

冷凍保存はすでに世界中の実験室で用いられ、動物の細胞やヒトの胚嚢やまとまった組織を最大三〇年も保存できている。生体サンプルを冷凍する時には、ＤＭＳＯやプロピレングリコールのような凍結防止剤が加えられ、組織の温度はガラス転移点（通常はマイナス約一二〇℃）以下に下げる。この温度では分子の運動が一三桁分も遅くなり、生物学的な時間を停止することができる。

どんな細胞の生理学も完全には解明されていないが、事実上考えられるすべての細胞の冷凍保存に成功している。同様に、記憶、行動などその人のアイデンティティそのものの神経学的な基盤は圧倒的に複雑であり、この複雑さを理解するのは、その保存とは大きく異なる問題だ。

ヴィタモアたちは、線虫の実験による記憶が冷凍保存に耐えたというエビデンスを強調している。

何十年もの間、線虫の実験では液体窒素の温度で冷凍保存し、その後蘇生させることが多かった。今年、嗅覚の刷り込みの長期記憶について調べる手法を用い、著者のひとりが、線虫が冷凍保存前に学習した行動を忘れていなかったという発見を公表した。同様に、記憶のメカニズムである、ニューロンの長期増強も、冷凍保存後のウサギの脳の組織で損なわれていなかったことが示された。

ヒトの心臓や腎臓のように大きな臓器を可逆的に冷凍保存することは、細胞を保存するよりも難しいが、実現されれば移植用の臓器の供給を大幅に増やせるので、公衆衛生上の利点が大きく、活発に研究されている分野だ。この分野の研究は進んでいて、ヒツジの卵巣やラットの脚の冷凍保存後の移植に成功しているし、ウサギの腎臓をマイナス四五℃まで冷却した後に回復させられるようになった。こうしたテクノロジーの進歩のために努力することは、脳もほかの器官と同じく、現在の方法、あるいはこれから開発される方法で適切に冷凍保存できるという考えに間接的な根拠を与えることになる。

クライオニクスの関係者たちが使用する保存方法を〝冷凍〟よりむしろ〝ガラス化〟と表現していることに注目しよう。その違いはクライオニクスサービスを実施する組織のひとつ、アルコーのウェブサイトで、わかりやすい図とともに明白に説明されている。その重要な結論はこれだ[260]。

氷ができないので、ガラス化は組織を痛めることなく、固めることができる。

この点を考えると、クライオニクスに反対する著名な人々がクライオニクス全体の信用を傷つけるために、果物や野菜、たとえばイチゴやニンジンをいったん凍らせて、解凍後の組織が損なわれていることを芝居がかったやり方で実演してみせることは驚きだ。彼らは「クライオニクスはどうしてこんなに愚かしい？」と嘲りそうな勢いだ。我々はお返しに「どうしてこの反対論者たちは基本的な事実を恐ろしく誤解しているんだ？」と嘲りたくなる。こうした反対論者は（体外受精には欠かせない）ヒトの胚嚢の冷凍保存が成功していることを本当に知らないのだろうか？　彼らは、二一世紀医療研究所のグレッグ・フェイらが二〇〇二年にウサギの腎臓のガラス化に成功し、マイナス一二二℃まで冷却してから解凍させ、ほかのウサギへの移植手術に使い、それが成功したことを知らないのだろうか？[261]

ここまで見てきたように、もう論理的な議論ではなくなっている。ふたつのパラダイムの間の大きな溝の新たな例であり、有害な心理的プレッシャーのせいで、クライオニクスの可能性を真剣に考えられなくなっている人々がいるのだ。クライオニクスがうまくいくかもしれない可能性が、多くの人が自らに言い聞かせてきた「良い人は、老化と死が避けられないものであることを受け入れ、その結論に異を唱えたりしない」という考え方への大きな脅威となるからだ。だからこの結論を受け入れて違和感なく暮らしてきた人々は、クライオニクスの世界観に誤りを見つけようとするのだ。これが彼らが、率直に言うと真剣に検討するに値しないような技術的な問題、経済的な問題、社会的な問題をよく考えもせずに繰り返すばかりである理由だ。イギリスの哲学者マック・モアはこう説明している[262]。

五〇年か一〇〇年後の我々がこのことを振り返る時、首を振って、こう言うはずだ。「みんな、いったい何を考えていたんだ？　ただ健康を害しただけの、生きるのにほとんど支障がなく、冷凍保存も可能だったかもしれない人を、火葬にしたり、土の中に埋めたりしていたなんて」

クライオニクスに押し寄せる波とそのほかのテクノロジー

クライオニクスについては様々な視点からの意見がたくさんある。クライオニクスに対して発生したこうした異議や誤解をすべて列記するには非常に時間がかかる。この分野に対するとっかかりとして興味深いものは、二〇一六年三月にウェブサイト Wait But Why にアップされたティム・アーバンの「クライオニクスはなぜ正しいのか」だ[263]。

この記事にはさらに多くのヒントがある。また、アルコーのウェブサイトにある「心を保存し、生命を救う」を読むと多様な視点を知ることができるかもしれない[264]。

クライオニクスについての我々の結論を述べ、我々がそれを可能であると思うばかりでなく、この先数年で大いに発展すると考える理由も述べておきたい。

・人体冷凍、長期の保存（そしてすべてがうまくいった場合の）最終的な蘇生にかかる費用は、今では生命保険でカバーすることができる。

・患者の数が大幅に増えれば、それぞれの患者が負担する金額は何桁分も下がる。〝規模の経済〟として知られる原則の恩恵だ。
・〝老化を受け入れる〟パラダイムが社会に広く受け入れられている間は、クライオニクスについて検討し、その後実際に契約書にサインすることに社会的、心理的に強いプレッシャーがかかる。しかし若返り工学の革新的な発見がもっと知られるようになった結果、このパラダイムが衰えれば（そうなると我々は信じている）、クライオニクスを考えてみようという人が増えるだろう。
・人体冷凍保存に関心が集まれば、クライオニクスの最近の進歩について調べる人も増えるだろう。テクノロジー、工学、サポートネットワーク、ビジネスモデル、組織的枠組み、より多くの人々にこの分野のことを知ってもらうためのコミュニケーション手段など。こうした進歩の結果、起こる革新により、クライオニクスという選択肢の魅力が加速する。
・クライオニクスの支持を表明するエンターテインメント、ビジネス、学術、芸術などの分野の著名人が増えると、一般の間でも、クライオニクスを支持することに不安を感じなくなる人がぐっと増える。

クライオニクスは、ＢＲ（若返り以前）時代からＡＲ（若返り以降）時代へ運んでくれる唯一の手段というわけではない。しかし確かなのは、老化を覆せる日が近づいている今だからこそ、クライオニクスは世界に広がり続けるだろうということだ。現在は、不死でない最後の世代と不死の最初の世代がともにいるのだ。未来に復活するという選択肢が、まだ確率は低いものの存在するとわかっているのに、死んで火葬や土葬にされたくはない。

ここで議論している〝過激な代替案〟とは、主に人体冷凍保存のことを指しているが、それが唯一の選択肢ではない。人体冷凍保存は、医学が進歩し、どこかの時点で非常に強力な若返り治療が実現するという可能性を根拠に行われている。治療法がない何かの病気で亡くなり、クライオニクスによって保存されている患者も、未来の治療法によって治癒することができる。原則的にその治療法を使えば、その患者はすばらしい健康状態に戻れるはずだ。そうしている間に、彼らを液体窒素で無期限に保存することが比較的手頃な価格で行えるようになるだろう。さらに、冷凍保存のほかにエンバーミング（遺体衛生保存）、プラスティネーション（遺体の水分と脂肪分の一部を樹脂に置き換える）など、ほかの方法を研究している科学者たちもいるが、そちらにもそれぞれ問題はある[265]。

脳の別の保存方法も研究されている。不可欠なのは、死亡時のシナプスの構造を保存することだ。さらに、その人がまだ生きているうちに脳のつながりの内容を読むことができる方法やテクノロジーもある。すでに五〇〇個以上のニューロンから情報を得ることができるデバイスがあり、読めるニューロンの数はさらに指数関数的に増え続けていくだろう。

コンピュータ科学的には、我々はまだ脳の複雑さを理解し始めたばかりだ。ヒトの脳には一〇〇〇億近いニューロンがあり、現在、この世で知られている限りもっとも複雑な構造物だ。しかし人工知能の研究は進んでいる。研究者たちは、二〇年から三〇年で完成し、ヒトの脳よりも複雑な構造物を作り出せると推測している。カーツワイルの「収穫加速の法則」（ムーアの法則を発展させたもの）は、コンピュータの性能が指数関数的に上がっていくことを示したが、この法則によると、人工知能は二〇二九年にチューリング・テストをクリアし、二〇四五年には〝テクノロジーのシンギュラリティ〟に到達すると予測できる。この時点で、人工知能と人間の知性の区別はつかなくなるだろう。そうなれば知識も記憶も経験も感情も、コンピュータやインターネット（いわゆる〝クラウド〟）にアップロードできるようになり、人間よりも拡張できる優れた記憶を持てるようになるのだ。

人工の記憶も、人工知能の容量や処理速度も進歩し、増大するだろう。これらはみな、テクノロジーが進化を続けることによって人工知能が発展していく加速的なプロセスの一部だ。人類は今、意識と知性において、生物としての進化からテクノロジーとしての進化への新たな道に踏み出したばかりなのだ。カーツワイルによると、〝コンプトロニウム〟（仮説的な〝プログラム可能な〟素材のユニット）一キログラムは理論上毎秒5×10^{50}のオペレーションを処理でき、脳は理論上毎秒$10^{17}\sim10^{19}$のオペレーションを処理できる（複数の推算による）。脳と比べるとコンプトロニウムがどれだけのレベルなのかがわかる。だから我々には、まだ何桁分も発達し、既存の生物学的な脳からポスト生物学的な脳へ移っていける未来があるのだ。これはすべて生命の拡張と延長の一部なのだ。だからこそカーツワイルは著書『心の創り方』をこう締めくくっている[266]。

宇宙に知能を浸透させ、それが非生物的知性の形になった人間の知性と融合し、知的にその運命を決定するというのが、我々の宿命なのだ。

第9章 未来は我々にかかっている

現在の真の科学の急速な進歩を見ていると、早く生まれすぎたと残念に思うことがある。一〇〇〇年後には人類の事物に対する力がどこまで高まっているか、想像もつかない。……すべての病気は確実な方法で予防されたり、治療されたりしていて、老化さえもその例外ではなく、寿命は旧時代の尺度を超えて、自在に延長されているだろう。

一七八〇年、ベンジャミン・フランクリン

これで終わりではない。まだ終わりの始まりですらない。しかし、おそらくこれは始まりの終わりだ。

一九四二年、ウィンストン・チャーチル

永遠の生は人類の望みだ。そしてその実現が近づいている。

一九九九年、ビル・クリントン

そう、私は死を選ばない。実際、死ぬつもりはない。

二〇一七年、セルゲイ・ブリン

若返り工学のプロジェクトは、この三〇年で非常に大きな進歩を遂げた。老化は以前に比べてずっと詳しく解明されている。さらに、ここまで述べてきたように、この先二〇年から三〇年の間に進歩が加速すると予想できる根拠がたくさんある。この進歩によって臨床生物工学的医療が生まれ、さらに理論上の解明を進めるうえでも役立つだろう。二〇四〇年には老化という恐ろしい病気が、現在のポリオや天然痘のようにほぼ撲滅されているという、信頼できるシナリオがある。

それでも、不確定要素はたくさんある。結局、どの薬が健康寿命にとって短期的にもっとも大きな効果があるのか、あるいはAIのどのアルゴリズムが、もっとも遺伝子経路の変更の解明に役立つデータを与えてくれるかなどのような細部が不確定だというだけではない。もっと根本的な、若返り工学プロジェクト全体を危うくする可能性などの問題があるのだ。

若返りを排除する道筋にある最大の障害は何なのかを、もっと詳しく見てみよう。若返り工学の可能性についての講演で聴衆から投げかけられる質問のなかでも、答えるのがもっとも難しいものだ。

技術的にさらに問題がある?

時々、問題が予想よりもずっと難しいことがある。核融合のことを考えてほしい。一般に、核融合の実現は三〇年後だと、ずっと言われてきた。『ディスカバー』誌に掲載されたナサニエル・シャーピングの「核融合はなぜ常に三〇年先なのか?」は、核融合産業での経験を要約したものだ。(267)

核融合はずっとエネルギー研究の〝聖杯〟だとされてきた。核融合によってクリーンで安全で自己完結したほぼ無限のエネルギーが供給されることを意味するからだ。核融合は、一九二〇年代にその存在を示す理論が最初にイギリスの物理学者アーサー・エディントンによって示されてから、科学者とSF作家の両方の想像力をかき立ててきた。

核が融合するというのは非常にシンプルな概念だ。水素の同位体がふたつあるとしよう。そのふたつをものすごい力で衝突させる。ふたつの原子が本来起こる反発力を超えてぶつかって融合する時、その反応から膨大なエネルギーが生まれるのだ。

しかし大きな成果を得るためには、それだけ莫大な資金が必要で、何十年もの間、水素燃料を一億五〇〇〇万℃にまで加熱し、その温度を維持しなければならないという問題と戦ってきた。……最近の進歩としては、ドイツでヴェンデルシュタイン７-Ｘ実験炉が一億八〇〇〇万℃に近い温度で試験運転をすることに成功した。それから中国では、温度は低かったものの、核融合装置ＥＡＳＴで核融合のプラズマを一〇二秒持続させることに成功している。

こうした前進があっても、研究者たちは何十年もの間、核融合装置を稼働させるまでにはまだ三〇年かかると言い続けてきた。聖杯に向かって何歩も近づいているのに、何がわかっていないかもわかっていないことがはっきりしてきたのだ。

問題は一歩進むごとに、これまでに劣らぬ新たな難問が現れる、つまり答えをひとつ見つけると、さらに複数の問題に直面するということだ。

ヴェンデルシュタイン７-ＸとＥＡＳＴでの実験は、通常は融合実験に使われる「ブレイクスルー」という言葉で語られている。こうした前進はとても喜ばしいが、問題全体から考えると、とても小さな一歩でしかない。核融合エネルギーの実現を達成するには、こうしたブレイクスルーをひとつではなく、おそらく一〇ぐらい重ねていかねばならない。

「次のレベルに行くには何が必要なのかを、我々はまだわかっているとは思えない」カリフォルニア州にある国立点火施設長のマーク・ハーマンは語っている。「我々はまだ科学的な仕組みを探っているところだ。不安要素をいくつか取り除けたかもしれないが、それが取り除けたとしても、まだほかに問題が隠れているのでは？　もちろんほぼ確実に隠れている。そしてそれがどれだけ困難な問題なのかまだわかっていない」

若返り工学のプロジェクトのこれからにも同じような難問が待ち構えているのだろうか？　おそらく健康寿命の様々な側面を強化するような新たな改良を人体に加えると、そのたびに問題が出てくるだろう。たとえば免疫システムを強化すると、免疫システムが通常の体の機能に必要な細胞を攻撃するようになってしまうかもしれない。Ｉ型糖尿病でも攻撃的になりすぎた免疫システムが、正常なインスリンを産生している膵臓のランゲルハンス島細胞を破壊してしまうのと同じだ。そこで、こうした望まない副作用を防ぐための介入を行うと、さらに問題が起こるかもしれない。同様に、テロメアを長くすることで、がんの発生率が上がるかもしれない。意外に見えるが、あり得ることだ。

今後、こうした技術的問題が致命的になってしまうとは思わない理由のひとつは、人類よりも寿命が長い動物——無視できるほど老化が少ないものも含む——の種がほかに複数いるのがわかっているからだ。それでも理論上は、何か人類に特有の要素が、老化を無視できるほど少なくする際の障害になる可能性がある。これから判明する何らかの理由で、若返り工学の場合も、核融合の経緯と同じように、実用化が何度も先に延びるかもしれない。

どちらにしても、簡単に説明できるような問題でも、解決には膨大なプロセスが必要になるかもしれない。フェルマーの最終定理と呼ばれている数学の定理が、そのよい例だ。この定理は一六三七年にピエール・ド・フェルマーによって数学書の余白に書き込まれた。それは「等式 $a^n + b^n = c^n$ には3以上の整数解が存在しない」という簡潔な記述だった。しかし、この定理の証明に数学界全体が三五八年も費やすことになった。一九九五年にアンドリュー・ワイルズが『数学年報』誌に二編に渡ってその証明を発表した時は、一二〇ページ以上の全体のうち、一〇ページ近くを割いて過去の数学の論文について述べている。(268) この世紀をまたぐ証明の物語を知ったら、おそらくフェルマーはショックを受けるだろう。実際、フェルマーはすでに定理の証明を終えていたが、この余白に書ききれなかっただけなのだから。

核融合やフェルマーの最終定理と比較しても、若返り工学の前途に解決できない技術的な障害があるとは思えない。見込みのある工学技術がひとつだけではないようだからだ。むしろ、若返り治療の方法は多くの種類が研究されている。

さらに、核融合エネルギーの進歩が遅い原因は単に技術的な困難さだけではない。シャーピングは『ディスカバリー』誌の記事で、核融合プロジェクトは資金不足で、国際的な協力が政治的に難しいために滞っていると書いている。

科学的問題以上の困難がある。

最終的な問題は資金だ。もっと支援が得られれば研究をもっと早く進められるという声を複数から聞いた。資金調達の困難さは科学研究の世界では新しいことではないが、核融合エネルギーは完成まで三〇年近くかかるせいで特に難しい。実現すれば利益があることは明らかだし、エネルギー危機や環境の変化などはすでに今日問題になっているが、核融合研究からその恩恵が得られる日はずっと先なのだ。

投資したらすぐに結果がほしいという我々の欲望が、核融合研究への熱意に水を差してしまうと、核融合実験炉ＩＴＥＲの広報責任者ラバン・コルデンツは語る。

「我々はサッカーの監督が二年で結果を出さなければ交代してほしいと思い、政治家の任期は二年か四年か六年だ。投資の見返りを得るには短すぎる」と彼は言う。「一〇年で実現できると言うのは、すごく難しい」

アメリカの核融合研究は年間に六億ドル弱の資金を得ているが、そこにはＩＴＥＲへの支援も含まれている。二〇一三年に米エネルギー省が一年間に要求する予算三〇億ドルと比べると少額だ。エネルギー研究全体の予算はアメリカの年間歳出の八パーセントに当たる。

「エネルギーの予算や軍事開発予算を調べてみれば、ここに当てられている額が多くはないことがわかるだろう」とマックス・プランク・プラズマ物理研究所の部長トーマス・ペダーセンは語る。「ほかの研究プロジェクトと比べると、とても高額に思えるが、原油生産や風力発電や再生可能エネルギーへの補助金を見ると、それよりはるかに少ないことがわかる」

シャーピングは、核融合研究の進歩は結局、政治的意思の問題だと言う。

核融合エネルギーの実現は常に三〇年先だ。

しかし、ゴールは少し前から見えていて、一歩進むごとにその山は低くなっている。その道のりは曲がりくねっていて見通しがきかず、技術的なものばかりでなく、政治的、経済的な障害にも阻まれている。コブレンツ［・ハッチ］・ニールソンと［ドゥアルテ・］ボルバは、核融合が疑いなく実現可能なゴールだと述べている。それでもそのゴールに到達するには、どれだけ我々が望んでいるかにかかっている。

「トカマク型の父」と呼ばれるソビエトの物理学者レフ・アルツィモヴィッチは、この状況をもっともうまく言い表している。

「社会が必要とする時に、核融合は実現される」

この側面に関しては、核融合と若返り工学を比べるのはとても適切だ。

・どちらの場合も技術的に非常に困難な問題があるが、決して解決不可能ではない。

・こうした問題を解決して進歩するには、大規模な国際的協力体制が必要だ。これは、この章で後に述べるような政治的な支援に基づいている。

・この国際的協力体制がどれだけ早く構築され、どれだけ支援が得られるかどうかは、社会が核融合の実現をどれだけ求めているかによる。

これは余談だが、もしもフェルマーの最終定理の証明に明らかに人類の存亡がかかっていたとしたら、もっと早くに証明されていただろうと我々は考えている。危機の際の強迫観念は奇跡的な成果を生むことがある。ただし優秀な頭脳の持ち主による共同作業が力を発揮できるようなインフラがなければ、それは実現しない。

市場の失敗？

テクノロジーの発展に対する賢明な規制、もっと一般的に言うと、確かな情報に基づく政府による誘導の必要性は、数多くの報告によって強調されている。こうした報告はみな共通して、経済的自由市場は、規制を加えなければ、最善とは言い難い結果を生み出し、本当に悲惨なことになるというものだ。

そのひとつの例は、患者の大多数が貧困層である病気の治療薬を開発する優先順位を製薬業界がいつも下げてしまうことだ。この問題に対処するために、二〇〇三年に「顧みられない病気の新薬開発イニシアティブ」（ＤＮＤｉ）という組織が立ち上げられた。ＤＮＤｉのウェブサイトには、こうした〝顧みられない病気〟の考えさせられる状況が載っている。[269]

・マラリア　サハラ以南のアフリカで一分にひとりの子供が死亡している（一日当たり子供一三〇〇人）。

・小児におけるヒト免疫不全ウイルス（ＨＩＶ）感染症　世界中で一五歳以下の子供二六〇万人がＨＩＶウイルス感染症患者であり、その多くがサハラ以南のアフリカ在住で、一日当たり四一〇人が亡くなっている。

・フィラリア症　一億二〇〇〇万人が象皮病、二億五〇〇〇万人が河川盲目症を罹患している［訳注：どちらも原因は糸条回虫（フィラリア）］

・アフリカ睡眠病　アフリカの三六カ国に蔓延している地方病で、二一〇〇万人が感染の危機に晒されている。

・リーシュマニア症　九八カ国で発生し、世界中で三億五〇〇〇万人が危機に晒されている。
・シャーガス病　ラテンアメリカの二一カ国で蔓延しており、その地域ではマラリアより多くの死亡者を出している。

要約には次のようにある。

顧みられない病気は、今も発展途上国では罹患率も死亡率も高い。顧みられない病気は疾病の世界的負担の一一パーセントを占めているのに、二〇〇〇年から一一年の間に認可された八五〇種類の新薬のうち、顧みられない病気への使用を指示されているものは四パーセントしかない（認可されたＮＣＥ（新規化学物質）では一パーセントのみ）。

製薬業界も出資者の利益のために動いていることを考えれば、この状況に驚きはない。たとえば二〇一四年の初めにグリン・ムーディは、製薬業界の巨人バイエル社について記事を書いている。「バイエルのＣＥＯ曰く、我々は貧しいインド人ではなく富裕な西洋人のために薬を開発している」という見出しがつけられたこの記事は、バイエルのＣＥＯマージン・デッカーの次の発言を引用している。[270]

「インド人のためにこの薬を開発したのではない。この薬を買うことができる西洋の患者のために開発したのだ」

このポリシーは、バイエル社が追求する営利目的と一致する。出資者である株主の、最大の利益を得るようにという要求と一致する。だからＤＮＤｉは〝代替モデル〟を提唱し、次のように組織としてのビジョンを述べている。

顧みられない病気の患者の生活の質（ＱＯＬ）と健康を改善するために、代替モデルを使ってこうした病気の治療薬を開発し、関連分野の新たなツールを公平に利用できるようにする。

こうした非営利目的のモデルは公的部門によって運営され、多様な人々が協力し合って、市場原理による研究開発の範囲から外れてしまう顧みられない病気の治療薬を研究・開発する必要があると周知する。彼らは患者たちのニーズに対応することで、社会的な責任とリーダーシップを構築している。

グリン・ムーディは、先ほど引用したバイエルのＣＥＯデッカーズの冷徹な発言について述べた後に、製薬企業各社は過去には利益以外の動機も持っていたことを指摘する。彼は一九五〇年のジョージ・メルクの言葉を引用している[271]（傍点は著者による）。

「我々は薬が人々のためにあることを忘れないようにせねばならない。利益のためではない。利益はついてくる。それを忘れなければ、必ずいつか利益はついてくる。肝に銘じていればそれだけ、利益は大きくなる。……」

「新薬や、今は治療できない病気の治療法や、栄養失調で苦しむ人を助ける新たな方法を開発したり、理想的なバランスの食事を世界的な規模で作り出したとしても、我々は身を引いて、もう目標を達成したと言うことはできない。我々の手で最高の成果をすべての人に届ける手段を見つけるまで、我々は休むことはできないのだ」

金銭的利益の追求という狭い動機による市場原理に、人類全体をよくするようなテクノロジーを持った企業（そのテクノロジーを独占しているかもしれない会社）が支配されるかどうかを決めるのは何だろう？金銭的な動機ばかりでなく、ほかの要因が働くべきだ。

自由市場は、その特質である最適な取引と富の増大という要素によっても失敗することが多い。賢い監視と市場規制については『ニューヨーカー』誌のジャーナリスト、ジョン・キャシディの二〇〇九年の著書『市場はいかに失敗するか――経済破綻の論理』の議論がよく書かれている。[272]

この本には、キャシディが「ユートピア経済」と呼ぶ概念についての広範で説得力のある調査が述べられた後に、この概念への様々な批判が収録されている。この本自体はアダム・スミス、フリードリヒ・ハイエク、ミルトン・フリードマン、ジョン・メイナード・ケインズ、アーサー・セシル・ピグー、ハイマン・ミンスキーなどをカバーする経済学思想史の優れたガイドになっている。[273]

この本の重要なテーマは、市場は実際に時々失敗をしていて、大恐慌を引き起こす可能性もあり、政府の監視と介入のある部分は、どちらも非常時には大惨事を避けるために不可欠であるというものだ。まったく新しいテーマではないが、多くの人が反対し、キャシディの本ではその議論がわかりやすく並べられている。

「ユートピア経済」は、その名前の通り、個人やその代理をする組織による自己利益の追求は、市場経済を通じて、良貨がすべてを駆逐する結果になるという見方が広まっていると、キャシディは述べている。

この本は最初の八章で、ユートピア経済思想の歴史を好意的に描いている。その中で彼は、自由市場が勝利した例を挙げ続けながらも、一方で政府の介入やコントロールが必要だったケースも述べている。そして次の八章を費やして、ユートピア経済に対する批判の歴史を振り返っている。この部分は「事実に基づいた経済」と題されて、次のようなトピックを扱っている。

・ゲーム理論（〝囚人のジレンマ〟）
・行動経済学（ダニエル・カーネマンとエイモス・トベルスキーが最初に提唱した）大惨事に対する近視眼的行動を含む。
・人口過剰の問題とその影響（公害など）中央集権化された集団行動によってしか十分な対策ができない。
・情報を隠すことの問題点と〝価格シグナル〟の失敗
・独占的な状態に近くなると競争力がなくなる。
・銀行のリスクマネジメントポリシーの欠陥（〝通常営業〟から大きく逸脱した結果をあまりに過小に見積もりすぎている）
・助成金の非対称な構造の問題
・投資バブルの心理の蔓延

こうした要因すべてが、市場が最善の解決策に辿り着くのを阻害する。キャシディはまとめで、ユートピア経済の四つの〝幻想〟をリストアップしている。

（一）調和の幻想　自由市場は常によい結果を生む。
（二）安定の幻想　市場経済は安定している。
（三）予測可能という幻想　利益の配分は予想できる。
（四）ホモ・エコノミクスの幻想　個人は合理的であり、完璧に情報を知ったうえで行動する。

こうした幻想が経済思想の様々な部分に根づいている。こうした幻想は、テクノリバタリズムの楽観主義、つまりテクノロジーは政府の介入なしでも、テロリズム、監視、環境破壊、極端な気候変動、新たな病原体の脅威、高齢者の医療費の増大などの社会および気候問題を解決できるという楽観主義の根底にもある。

実際、近代では、自由市場と革新的なテクノロジーが合わさって、非常に大きな推進力になってきた。しかしその力をフルに発揮するには、どちらにも賢い監視と規制が必要だ。実際、こうした監視や規制がないと、社会は持続可能な豊かさと健康長寿をみなが得られる時代を迎えるのではなく、新たな暗黒時代に突入してしまう。

良いことをする悪い方法？

ここまでの節で政治的な議論に落ち着かない気持ちになった読者のために、この節では政治から離れ、〝哲学〟と言うべき分野に移ろう。

若返り工学のプロジェクトにとって最大の脅威は、どんな行動が立派なのかについて、人々の心に混乱した考えがはびこることだ。立派な行いをしたいと思っている人たちでも、その影響で善より害をなす考えを持ってしまうかもしれない。社会的、心理的プレッシャーのせいで混乱したら、意識的にせよ無意識にせよ、老化を受け入れるパラダイムから抜け出せなくなるだろう。個人的な哲学から自分自身や他の市民に害を与える行動を取ってしまうかもしれない。

特に、進行する老化と差し迫った死はある種の〝自然の摂理〟であり、それを受け入れることは称賛に値する態度だと信じている人たちは、健康寿命を大幅に延ばせる手段に反対しがちだろう。意識的にも無意識にも、こうした手段を不公平だとか、バランスを欠いているだとか、偏っているだとか、貪欲だとか、利己的だとか、未成熟だとか、思いがちだろう（それは間違っている）。

そういう思い込みから抜け出せない人は、老化がすでに与えられた運命だと受け入れるようなプロジェクトに人々の時間や労力を費やすことを選ぶだろう。たとえば、近隣の人たちが高齢者とコミュニケーションを取るような活動や、低額で交通手段を提供するとか、〝ケア付き〟の設備の改善などをサポートすることを選ぶかもしれない。ほかにも、より多くの人が若い時や中年期に事故や病気に見舞われずに、高齢になるまで生きられるようにするプロジェクトには支援をしやすいだろう。あるいは、すべての年齢の人たちが教育を受けられる機会を増やすようなプロジェクトはサポートするだろう。彼らは、こうしたプロジェクトはみな立派で、良い行いだと信じているのだ。しかし、良い行い
をするもっとよい方法がある可能性については目を瞑っている。

「もっとよい方法で良いことをしよう」というフレーズは、二〇一五年に刊行されたウィリアム・マッカスキルの著書名*Doing Good Better*（邦訳『〈効果的な利他主義宣言〉！――慈善活動への科学的アプローチ』）でもある。マッカスキルは最年少の二八歳でオックスフォード大学教授に就任した。そしてこの本の副題

は「効果的な利他主義でどれだけ違いを出せるか」である。マッカスキルは自身のウェブサイトで、この本についてこう述べている。[274]

世界をもっと良い場所にしたいと思っているだろうか？　あなたは人権、環境などに配慮した製品を買ったり、慈善事業に寄付したり、善行をしようとボランティアをしているかもしれない。けれど、それが実際にどれだけ役に立っているか、知っているだろうか？

この本では、多くの方法ではあまり効果はないけれど、もっとも効果的な方法に絞れば、世界をもっと良い場所にする、とてつもなく大きな力をみな持つことができると述べている。

こうした冷たい計算には好感を持たない人もいるだろう。人間味がないと感じるかもしれない。けれど効果的な利他主義は、こうした重要な事柄をしっかり考えないと、人類の状況を改善する力が足りないかもしれない。人類が置かれた状況を改善するとほのめかすようなジェスチャーをすることでいい気持ちになることでなく、人類が置かれた状況を本当に改善することが目的なら、何を優先すべきかを考え直さなければならない。

こうした考え直しとは、老化の撲滅による健康寿命の延伸が非常に費用対効果の高い介入であるかを検討することであり、若返り治療によって障害調節生存年（ＤＡＬＹ）が大幅に延びた時にそう判断できるだろう。

オーブリー・デ・グレイは二〇一二年にオックスフォードでの「アンチエイジング研究の費用対効果」というプレゼンテーションで同じ内容を主張している。[275]

・死の予防を本気で考えるなら、世界中のすべての死の約三分の二の原因になっている要因、すなわち老化をもっと注視せねばならない（すべての死には、加齢関連疾患による死、つまり老化しなければ死ななかった数が含まれる）。

・その高い割合（先進国では九〇パーセント以上）から、老化は「疑いの余地なく世界でもっとも深刻な問題」だと言える。

・さらに死の前に老化によって機能が衰え、障害が増えていく年月があることを考えると、老化の撲滅の重要性はさらに高まる。

・老化を遅らせる治療をすると、心身の衰えや加齢関連疾患の始まりを遅らせられるというメリットがある。さらに、身体レベルと細胞レベルでの老化によるダメージを修復することによって、衰弱や加齢関連疾患を無期限に予防できる可能性がある。これによって障害調節生存年を予想より延ばせるかもしれない。

・若返り医療を大きく進歩させるのには、それほど膨大なコストは必要ない。五年から一〇年に渡って年間五〇〇〇万ドルほどの資金を得られれば、ＳＥＮＳが中年期のマウスを劇的に若返らせたと報告している方法をヒトに適用できるまで進歩させるのに十分だ。

・それまで特別な治療を受けていなかった中年期のマウスが、若返り治療を受けた後に、残りの健康寿命を五〇パーセントも延ばしたという結果が出て以降、たくさんの資金が集まった。各国の政府、実業界、慈善家たちが、この時みな、こうした治療のヒトへの適用によって生まれる多大な可能性を認識し、理解したのだ。

緊急のタスクは、マウスの若返りの明確な実証によって一般の人々の心に根本的な変化が起こるまでの間、短期的な研究資金の必要性を論理的に擁護することだと、デ・グレイは述べる。この短期的な知的擁護は、人々が改めて物事を冷静に考え直し、そしてたぶん効果的な利他主義を実践し始める時間を作るために行う。しかしそれでも、一般の人々の心に深く根づいた〝老化を受け入れる〟考えを乗り越えるには、まだまだたくさんの労力や効果的なマーケティングが必要だ。

人々の無関心？

無気力を克服し、世界を変えるために個人ができることは、大まかに言ってふたつある。直接に世界を変えるか、世界を変えることの重要性を人々にわかってもらうかだ（そうすれば誰かが代わりに世界を変えてくれる）。つまり実際に何かに参加するのでも、様々な活動について、それがどれだけすばらしいかをほかの人に話すのでもいい。

前者には行動が必要で、後者には考えることが必要だ。エンジニアや起業家やデザイナーなどは前者を始められる。後者のほうは、基本的に誰でも、その考えの重要性を語れる人なら可能だ。

我々はどちらの方法も好きだが、後者はいろいろな批判に晒されることを知っている。現代は誰もがすぐに発信できる時代であり、無数の人々がパジャマ姿でもソファの上でくつろいでいる状態でも「いいね！」のボタンを押すことができ、いわゆる〝怠け者の社会運動《スラックティヴィズム》〟（もう少し気取った言い方では〝安楽椅子活動家〟）をけなすのが流行になってきた。批評家のエフゲニー・モロゾフは、ナショナルパブリックラジオの記事「スラックティヴィズムという勇敢な新世界」でこうした活動を非難し、萎縮させた[276]。

〝スラックティヴィズム〟はネット上の活動でいい気分になることをうまく表した言葉で、そういう活動は政治的にも社会的にもまったく影響力がない。〝スラックティヴィスト〟の活動に参加する者に、意味のある影響を世界に与えたような幻想を抱かせるが、実態はフェイスブックのグループに参加しようと言っているだけだ。これまでに署名したり、自分の連絡先全部に転送したりしたオンラインの嘆願書を覚えているだろうか？　それはおそらくスラックティヴィズムに当てはまる。

〝スラックティヴィズム〟は怠惰な世代にとっては理想的な活動形態だ。バーチャルな空間でも十分に活動できるなら、座り込みに行って逮捕されたり、警官に暴力を振るわれたり、現実の場所でうるさくキャンペーンをして拷問されたりするリスクをわざわざ冒す必要があるだろうか？　メディアがブログからソーシャルネットワーク、ツイッターまで、すべてをデジタル化することに執着していることを考えると、気高い目的を持っていれば、マウスをクリックするたびに、ほぼ必ずメディアの注意を引くことが保証されている。ただしこのメディアの注目は、必ずしもそのキャンペーンの効果につながらず、二次的な価値しかない。……

ここでの本当の問題は、スラックティヴィストになるという選択肢があるために、以前なら現実の生活でデモやリーフレットや労働者団体という形で権威に抗議していたであろう人たちが、代わりにネット上で、フェイスブックの膨大な数のグループに参加するだけになってしまいがちなことだ。この場合、非常に効果的なツールであるデジタルの自由化によって、民主化と地球規模の市民社会を実現するという目的から遠ざかる結果になってしまう。

我々はこのネガティブな評価とは反対に、若返りには計り知れない可能性があることと、同じテクノロジーを誤用し続けることによる計り知れないリスクがあることを一般社会に周知するための戦いでは、オンラインでの擁護活動には非常に重要な役割があると考えている。たとえば、中東などの数カ国の政府にこの数年間で起こった変化には、ソーシャルネットワークが大きな影響力を持っていた。

ソーシャルネットワークだけでなく、活字やラジオやテレビなどの伝統的なメディアも今も重要だ。映画、音楽、本、講座、詩、絵画などの伝達手段も同等に重要だ。ユーチューブの動画だってたくさんの人を動かすことができる。「なぜ老化するのか？　老化は永遠に終わらせるべきか？」というすばらしい動画は、投稿から最初の四カ月間で四〇〇万人以上の人々が視聴した[277]。ユーチューブでもっとも再生された動画（二〇二〇年現在）、「デスパシート」のミュージックビデオの最初の一年間の再生回数四六億回とは比べ物にならないけれど、何もないよりはずっといい[278]。

人間の寿命の延長と拡張の両方を含む、アンチエイジングと若返りについての考えを爆発的に広めることが必要不可欠だ。病気のない無期限の若さという新しい概念と、その利点は公平に誰にとっても得られるものだという内容を伝えるミームを作って〝バズらせる〟のが理想的だ。

もうひとつ、無関心を打破するコミュニケーション手段として述べる価値があるのは、たとえば、スウェーデンの哲学者でオックスフォード大学教授のニック・ボストロムのすばらしい短編小説だ。二〇〇五年に書かれた『ドラゴン暴君の寓話』については、そのすばらしさを序論ですでに紹介している。この英雄譚《たん》では、老化を受け入れるパラダイムを、架空の国の市民たちが何百年も巨大なドラゴンの要求を受け入れ続けてきたことになぞらえている[279]。

ドラゴンは人々に血も凍るような貢物を要求していた。その恐るべき食欲を満たすために、毎晩、日が暮れるとともに、ドラゴン暴君が住む山の麓《ふもと》に一万人の男女の生贄《いけにえ》を差し出させていたのだ。ドラゴン暴君はこの不運な人々がやって来ると同時に食べてしまうことも、山の中に閉じ込めて、何カ月も何年も衰弱させてから、最後に食べることもあった。……

この英雄譚は二〇一八年にユーチューバーCGP・グレイによって魅力的な動画になり、すでに再生回数が八〇〇万回に達している(280)。

マックス・モアも豊かな想像力を持った哲学者だ。一九九九年に彼が発表した「母なる自然への手紙」の思慮深さに驚かされたことは今も忘れない。その冒頭を紹介しよう(281)。

母なる自然へ

お忙しいところを失礼しますが、あなたの子供たちである我々人類からあなたに言いたいことがあって、やって来ました（あなたから父に伝えてもらえますよね？　私たちは父を見たことがないので）。あなたがそのゆっくりとしているけれど充実した分散型の知能を用いて、私たちに数多くのすばらしい特質を与えてくれたことを感謝しています。あなたは私たちを、単純な自己複製型の化学物質から何兆個もの細胞がある哺乳類に育て上げてくれました。あなたは私たちに地球を自由に使わせてくれました。あなたは私たちに、たいていの動物たちよりも長い寿命を与えてくれました。あなたは私たちに複雑な脳を与え、言語や理性や先のことを考える能力や好奇心や創造性を授けてくれました。あなたは私たちに、自己理解と他者への共感を可能にする力を与えてくれました。

母なる自然よ、あなたが私たちをこのように作ってくれたことを心から感謝しています。あなたがベストを尽くしてくれたことに疑いはありません。それはそうなのですが、私たちは言わなければなりません。あなたがヒトを作る時にいろいろな意味でうまくやれなかったことを。あなたは私たちを病気や怪我で傷つきやすくしました。あなたは私たちに老化して死ぬことを強いています。私たちはやっと知恵を身につけ始めたところです。私たちの身体的、認知的、感情的プロセスへの意識を低く設定しましたね。あなたはほかの動物たちのような鋭い感覚を与えないことで、それを隠してきましたね。あなたは私たちをごく限られた環境でしか生きられないようにしました。あなたは私たちを、記憶力は限られ、衝動のコントロールは弱く、強い同族意識と外来者に対する嫌悪感を持つように作りました。そして、あなたは私たちに、自分たちの取扱説明書を渡すのを忘れました！

あなたが作り上げてくれた私たちは輝かしい存在ですが、重大な欠陥もあります。あなたは一〇万年ぐらい前から、私たちのさらなる進化には興味を失っているようですね。あるいはあなたは、私たちが自らで次のステップへと進むのを待っているのかもしれません。どちらにしても、私たちは幼年期の終わりを迎えました。

私たちは人間の構造を改良する時がやって来たと決心しました。

私たちは決して軽い気持ちや、不注意で失礼な気持ちではなく、慎重で知的に、すばらしい結果を求めてこれを行います。あなたが私たちのことを誇りに思ってくれるようにしたいのです。これから数十年に渡って、私たちは批判的で創造的な思考に導かれながら、バイオテクノロジーのツールを用いて、自分たちの構造にいくつかの変更を行います。特に、この人間の形態や特質に以下の七つの改良を加えることを宣言します。

改良１：老化と死の暴虐にこれ以上耐えません。遺伝子改変や細胞操作や人工臓器など、必要な手段を何でも使って、私たちは自らに永続する生命力を与え、寿命をなくします。それぞれの人が自分の人生の長さを決められるようにします。……

人類全体にも一人ひとりにもさらなる改良をする権利を留保します。最終的な完成形を目指すのではなく、テクノロジーが許す限り、独自の価値観による新たな良い形を追い続けていきます。

あなたの子供、野心的な人間より

指数関数的な成長？

うまくいけば、〝老化を受け入れる〟考え方から抜け出せない人々の心に地殻変動を起こして新たな説を受け入れられるようにし、〝若返りの実現〟を心から支持できるように変える助けになるかもしれないものを、次に挙げる。短い動画、ネット上の力強いブログ記事、深い感情がこもった詩、目を引くアニメーション、ウィットに富み、韻を踏んだ五行詩、巧みなジョーク、演劇、コンセプトアート、短い小説、盛り上がるテーマソング、みなで唱えられるコール、スローガン、画像とそれに関連する印象に残る言葉を組み合わせた、想像力を掻き立てる〝ミーム〟。すべてが人々の無関心を打ち破って、世界中の若返りテクノロジーの成長を加速する助けになる。

そしてスラックティヴィストたちが、これまでに創造されたものの中からもっとも良い作品を見つけて、強調してくれたら、その作品はさらに注目を浴び、老化を認めるパラダイムという要塞の弱体化を速めることができる。これこそ我々が心から喝采したいことだ。一度、心の持ち方が変わってしまえば、その後には行動が続く。下準備さえできれば、新しい考え方はすぐに広まるだろう。

もちろん難しいのは、その考えにとっていつがよいタイミングなのかを知ることだ。早すぎるタイミングで「狼が来た！」と何度も叫んでいたら、その人も、その人の支持者も信頼を失う。しかし今こそ、人類が老化を撲滅できるし、するべきだという主張を広める機が熟していると考える理由が複数ある。多くの根拠があるのだ。

・無視できるほど老化のスピードが遅い動物たちの例
・遺伝子操作により大幅に寿命（と健康寿命）を延ばすことができる
・幹細胞治療というすばらしい可能性
・ゲノム編集技術ＣＲＩＳＰＲ《クリスパー》の革新的な可能性
・ナノ手術やナノボットなど、ナノ医療の実現可能性が増えていること
・人工臓器作製の成功への初期段階の兆候
・老化の七つの原因にターゲットを絞った研究プロジェクト
・ほかの加齢関連疾患とともに、がん治療の新たな考え方の進歩を促進
・高性能のＡＩを使ったビッグデータの分析から出ている有力な結果
・長寿配当による莫大な額の経済的利益を示す金融モデル
・ほかの技術分野における予想外の急速な進歩の例
・ほかのプロジェクトの活動家たちが人々の心を急速に変えた例

こうした根拠によって老化の撲滅という考えが広く受け入れられる環境ができるが、それでも本当にこ

の考えを擁護するというタスクは残っている。

・様々な人々にこの考えを伝えるためのもっと効果的な方法を見つける。
・この考えに異議を唱える人々の意見を分析し、その異議に対するよい返答の仕方を見つける。
・この考えに異を唱えたいと人々が思う背景を尊重（あるいはただ単に無視）しながら、段階を踏んで、できればその背景を変える。

こうしたタスクをやり残してしまうと、この考えは少数の人々にしか興味を持たれずに、衰えていってしまう。その場合は、老化を受け入れるパラダイムがそのまま支配的であり続ける。公的な資金も個人からの出資も、若返り工学以外の分野に行ってしまう。規制というハードルは根強く存在し、若返り治療を発展させ、実行しようとしている革新者たちの努力を阻む。そして毎日一〇万人以上もの人々が、加齢関連疾患など、本来は避けられたはずの病気で、これからも死に続ける。これは、老化の撲滅の可能性に対する社会全体の無関心が続いた結果の犠牲だ。

過去の奴隷制の廃止から、未来の老化の排除へ

奴隷制の廃止は、人類の歴史のなかでも重要な転換点と言えるだろう。イェール大学の歴史学の大家デイヴィッド・ブリオン・デイヴィスの権威ある著作『非人間的な束縛――新世界における奴隷制の興亡』について、(282) ボストン大学のドナルド・イェルザはこう分析している。(283)

数百年に渡って奴隷制廃止の嘆願が寄せられ続け、長年この問題について議論をした末に、一八〇七年三月、イギリス議会で奴隷貿易禁止法が可決された。一八〇七年五月一日から、奴隷商人は合法的にイギリスの港から出港できなくなった。ナポレオン戦争の後、イギリスの一般市民の間で奴隷制廃止の声は高まっていた。そして、その大衆からの強いプレッシャーが議会に届き、イギリスの奴隷は徐々に解放された。一八三三年八月、議会は奴隷制廃止法を可決し、大英帝国中の奴隷解放の準備が進められることになった。大西洋の両側の奴隷制廃止論者たちが歴史上すばらしい人道的偉業であると歓呼した。実際、アイルランドの著名な歴史家ウィリアム・エドワード・ハードポール・レッキーは、一八六九年に「疲れを知らず、高ぶらず、名誉もない、奴隷制に対するイギリスの十字軍は、きっとこの国の歴史で三つか四つの完璧に高潔な行いのひとつに数えられるだろう」と述べている。

しかし、著名な歴史家であるデイヴィッド・ブリオン・デイヴィスは、新世界における奴隷制度についての大著の中で、イギリスの奴隷制廃止論について、「矛盾し、複雑で、不可解ですらある」と述べている。これによって六〇年以上にも渡る歴史学的論争が巻き起こされた。問題は、死刑廃止論者の動機と奴隷制度反対に対する人々の感情の盛り上がりの記述の仕方だった。デイヴィスは、奴隷貿易のような経済的に重要なものが、基本的に宗教上や人道上の理由によって廃止されたということを歴史家として理解しがたいとほのめかしている。結局、一八〇五年には「植民地プランテーション経済はイギリスの貿易全体の五分の一を占めていた」とデイヴィスは書いている。ウィリアム・ウィルバーフォース、トーマス・クラークソン、トーマス・フォウェル・バクストンという著名な奴隷制度廃止論者が、〝非人道的な束縛〟との闘いはキリスト教に基づくものだと述べているが、ほかの物質的な要因も確実にあったはずだ。奴隷制度廃止論と資本主義と自由市場のイデオロギーについての検証に、たくさんのインクが費やされた。そしてこの調査の結果、奴隷制度廃止の気運は、実際にイギリスの経済的利益に反していて、それを人々が認識していたことがわかった。

それでは、経済的な大惨事を引き起こすかもしれない人道的改革が主張され、成功した理由はどう説明できるだろう？　デイヴィスは、経済、政治、イデオロギーという要因の相互作用を認めるのは重要であり、倫理観が〝狭い自己利益を超えて真の改革を成し遂げた〟ことの重要性を認識しなければならないと述べている。

デイヴィスの分析によってわかるのは、次のようなことだ。

・奴隷制の廃止は、避けられなかったわけでも、奴隷制度にそうなる要素が内在していたわけでもない。
・奴隷制度廃止に対する強い反対論もあった。アメリカ、イギリス両国で、賢く熱心な人々が反対していた。彼らはほかの要素とともに、経済状況が悪くなることを懸念していた。
・奴隷制廃止論者の主張は、人としてより良くあるべきだという考えに基づいている。奴隷売買の過酷な束縛と隷属の強制をやめ、それによって何百万人もの人々がより良い未来を過ごせるようになる。
・奴隷制度廃止運動は市民活動家が大きく進めた。パンフレットや講演や請願や地方議会などを用いて。

一八世紀に始まり、一九世紀の間に勢いがついた奴隷制廃止論は、勇敢で賢く、辛抱強く、強い信念を持った男女の活動家たちのおかげで、最終的に時機を得た。アメリカの南北戦争も奴隷制度に大きく関係していて、一八六五年にアブラハム・リンカーン大統領によって、すべての州で奴隷制度が最終的に廃止された。こうして、奴隷制度は世界から徐々に姿を消していった。最後は、一九六〇年代にアラブ首長国連邦のどこかで廃止された。イギリスで廃止されてから一五〇年以上後のことだった。

二〇世紀の後半、違うところで始まり、二一世紀になって勢いがついた老化の排除も、奴隷制度の廃止と同じように、これから時機を得ることができるだろう。人類の未来を圧倒的に良くする考えなのだ。何十億人もの人々がより良い未来を過ごせるようになる。しかしこのプロジェクトには、高度な技術、つまり信頼でき、誰もが受けられる治療の実現だけでなく、勇敢で賢く、辛抱強い活動家が、若返りに敵対している（あるいは無関心な）人々を、それを強く支持するように変える必要があるのだ。

雑音でシグナルが消されてしまう？

若返り工学を擁護する活動を称賛するために、ネット上や本の中にあるこのプロジェクトに好意的な言葉を何でも書き連ねようというわけではない。まったく違う。実際、若返りを支持するための言葉の多くは逆効果だからだ。

・それぞれの強壮剤や療法などに関する性急で根拠のない主張がされている。
・その商品を一般に認知させて売り上げを伸ばすために、特定の実験の結果を曲解して伝えている。

・高度な内容を誤解を招くように単純化し、うんざりするほど繰り返している。
・実際には確立された科学的プロセスを注意深く踏んでいる批判的な研究者の能力や動機について、根拠なくおとしめるような主張をしている。
・善意だが誤解している人々によって、間違っていると十分にわかっている主張が、単純さや不注意のせいで、そのまま繰り返され続ける。
・本当は危険な治療を受けるよう勧められている人がいる。

こうした誤った主張は様々な形で反動が起こる危険がある。

・患者が惑わされ、害を与えられないように、議会などが規制を強め、その結果、有益な革新も〝いんちき万能薬〟の売り手と一緒に締め付けられてしまう。
・有力な学術機関が評判が傷つくのを恐れて、この分野そのものから撤退しようとする。
・研究者たちが、すでに行われ、結果がわかっている研究を二重に行ってしまう（そこで得られた知見が質の低いコミュニケーションの中に埋没してしまう）。
・一般の人々は、これから実現する若返り治療の話を聞き飽きて、この分野は疑わしく、嘘だらけだと判断してしまう。
・得られたかもしれない資金が、まったく違う分野のプロジェクトへと回されてしまう。

こうした理由から、若返り工学を推進するコミュニティでは自身の知識をしっかりと管理せねばならない。熱心なメンバーの新規加入は歓迎だが、彼らはそこからすぐに、その時点での最善な知識レベルへと追いつかなければならない。オンラインでこうした知識にアクセスするべきだ。

・この先で若返りプロジェクトにどんな進歩があるかの信頼できるガイドとして、そのコミュニティの予想。
・老化に関する様々な説の長所と弱点。
・現在開発中や申請済みの治療。
・「ブリッジ２」の治療が可能になるまで、健康で生き延びるためのライフスタイルを取り入れることは、チャンスを大きく広げる。
・この分野全体の歴史（かつての誤りを不必要に繰り返さないため）。
・若返り工学について政治的、社会的、心理的、哲学的な側面から広く知る。
・現在どんなプロジェクトが支援を求めているのか、そしてそのコミュニティはどのプロジェクトを支援する価値があると判断しているのか。
・新たな支援者を得たり、批判に返答したりするために、その時に効果がありそうな様々なミームを知る。
・そのコミュニティに足りないスキルを知る。様々なスキルについて、若返りの実現のためにどう活かすのが最善なのかを知る。
・実際にどんな部分で意見が分かれているのか、そのコミュニティはその解決のためにどんな方法を取ろうとしているのか。

・そのコミュニティが抱えているリスクと、それをどう軽減していこうとしているのか。

この本では、ここに挙げたトピックの多くをカバーしてきたつもりだ。しかし、若返り工学という分野は目まぐるしく変化している。みなさんが本書を読む頃には、内容が古くなったり、漏れたりしている部分があるかもしれない。もっと最新の、網羅的な情報を知りたい場合は、巻末の参考文献中にあるそのコミュニティのウェブサイトを参照してほしい。Lifespan.io（老化治療のクラウドソーシング）[284]、Forever Healthy（人間の健康寿命を大幅に延ばすというミッションのための人道的イニシアティブ、私的財団）[285]、Party for Health Research（ともに加齢関連疾患と闘う）[286]などのオンラインの情報源も勧める。

はっきりさせておきたいのは、若返り工学をこれから支援しようとする人は膨大な量の情報を消化してからでないと、どこかの公開フォーラムで発言してはいけない、というわけではない。そのコミュニティの若返り工学についての最良の知識は蓄積し、検索しやすく、興味を引く状態にしておくべきだ。そうすれば、だれかがあるトピックについて公の場で発言したいと思った時に、すぐにその内容についてコミュニティ内の最高のアドバイスを見つけられる。彼らが、現在の問題について精通していて、支えてくれる、頼れる人々と知り合って、話し合うことができるようにもしておくべきだ。こうした会話から何か新たな知見が生まれたら、オンラインにアップすれば、知識の蓄積がまた増える。結果として、若返り工学のプロジェクトは前進し続けられる。

実際に変化を起こすには？

この章では、若返り工学のプロジェクトが直面している大きなリスクについて述べた。このプロジェクトが、関係者が予想もできなかった克服できないほど大きな技術的な問題によって停滞してしまうかもしれない。不用意な言動で、重要な支援者になるかもしれなかった人を遠ざけ、とても必要としている助言や資金を得られないかもしれない。

老化を受け入れるパラダイムが支配的であり、社会に無関心が広がっているせいで、得られるはずだった支援が得られないかもしれない。あるいは支援者のなかには、実際に支援するより、混乱を拡大して、最終的にプロジェクトの障害になってしまうような人もいるかもしれない。

テクノロジーに後ろ向きな政治家たちが、若返り医療の実現に必要な研究に対して大きな障害を作るかもしれない。テクノロジー自由主義者たちが誤って公共政策を廃止し、意図せずに経済を崩壊させてしまうかもしれない。気候温暖化の暴走や毒性の高い病原体、テロリストの大量破壊兵器使用などの、すでにあるリスクによって新たな恐ろしい暗黒時代の幕を開けてしまうかもしれない。

さらにこの章では、若返り工学の支持者がこうしたリスクに対処し、負のリスクとともにありながら、前へ進む力を高めるためにできる行動も述べた。読者のみなさんには、自分の強みを活かせるのはどの行動か考えてみてほしいと、我々は願っている。

その答えは人によって違うだろう。しかし次の六つのタイプの行動は、特に注目に値すると思う。

第一に、若返り医療の一端にでも関わっているコミュニティと強いつながりを持とう。どのコミュニティが自分を前進させてくれるのか、自分たちが手伝えることは何かを理解することによって、ほかの人々にも良い影響を与えることができる。その結果できたネットワークのきずなは、この先、困難に直面する際に大きな力を与えてくれるだろう。

第二に、若返り工学を様々な側面からよりよく理解する必要がある。科学、この先の展望、歴史、哲学、理論、関わっている人物、枠組み、公開質問状などだ。より詳しく理解することで、自分にできる貢献がよくわかってきて、ほかの人がどんな貢献をするべきかを決める手助けもできるだろう。特定のトピックについての理解を、ナレッジベースやウィキなどを作成したり編集したりすることで、保存する手伝いができることもある。

第三に、我々の多くは様々な種類のマーケティングに関わることができる。マーケティングメッセージ、プレゼンテーション、動画、ウェブサイト、記事、本などを創作し、発表することができるかもしれない。特定の人々に向けて、そのトピックについてのコミュニティの解釈を深めてもらえるよう発信することができるかもしれない。（若返り工学推進への新たな支援者を得られそうな）インフルエンサーと時間をかけてコミュニケーションを取り、よりよい関係を築くのもいいかもしれない。さらには政治的能力を身につけたり、人の心を動かす力を磨いたり、同盟関係を結んだり、連帯関係を築いたり、政治家が利用しやすいような形式で法案の草稿を書いたりするのも有効だ。

第四に、若返り工学の未解明な点についての研究に携われる人もいるだろう。正式な教育機関に所属して行ってもいいし、民間の研究・開発部門で行ってもいい。〝市民科学《シチズンサイエンス》〟として、アマチュアの立場で研究をしてもいい[287]。

第五に、特に価値があると判断したプロジェクトに出資をすることは、多くの人に可能だろう。特定の資金調達活動に参加してもいいし、個人の資産を寄付してもいい。もっと資金を得るために転職してもいい。そうすれば、自分がもっとも関心を抱いているプロジェクトにさらに多く寄付することができる。

最後に、重要なことは自分の能力をフルに発揮することだ。人類の社会が良いほうにも悪いほうにも大きく変換できる現在は、歴史的観点から重要であることを理解し、日々の〝通常の生活〟によって気を逸らされたり、やる気を失ったりしない方法を見つけねばならない。

人類のもっとも古くからの探求のクライマックスを、ただ興味を持って見物するだけではなく、時には応援の声をかけることで、探求者のひとりになれるのだ。生活の中で優先していけば、我々はみな本当に変化を実現できる。

結論　その時が来た

時機を得た思想ほど強いものはない。

一八七七年、ヴィクトル・ユーゴー

できると思えば可能で、できないと思えば不可能だ。

一九四六年、ヘンリー・フォード

がんを、心疾患を、認知症を撲滅できるかはどうかは問題ではない。問題は、いつ撲滅するかだ。

二〇二一年、マイケル・グレーブ

我々が生きているこの時代はすばらしい。指数関数的な変化とすべての価値の崩壊が起こる、人類史上、類を見ない時代だろう。我々は、不死ではない最後の世代と不死の最初の世代の間に生きている。死の終わりを公に宣言する時が来たのだ。そうしなければどうなるかは明白だ。我々が死を殺さなければ、死が我々を殺す。

これは歴史上もっとも重要な革命、老化と死に対する革命を開始する合図だ。人類の祖先みなの最大の夢でもある。老化は、これまでも現在も人類最大の敵だ。我々が倒さねばならない共通の敵なのだ。

残念ながら今のところ、老化の克服は科学的にも技術的にも実現できていない。何十億年も前の単細胞生物からの、長くゆっくりとした生物の進化の道のりで初めて、命がけのレースの途中でトンネルの向こうに光が見えてきたのだ。我々は死と戦っている。生命をかけた戦いであり、我々の武器は科学とテクノロジーだ。

一八六一年、戦争が続いた一九世紀のヨーロッパで、フランスの作家ギュスターヴ・エマールは小説『略奪者』で次のような考えを述べている(288)。

残忍な銃剣よりも力強いものがある。それは今まさに時機を得た思想だ。

その思想は時とともに進化し、さらに著名な同時代人、ヴィクトル・ユーゴーは一八七七年に同様の言葉を『ある犯罪の歴史』の中で述べている(289)。

人は軍隊の侵略には抵抗するが、思想の侵入には抵抗しないものだ。

あるいは、近年よく引用されている言い換えられたバージョンはこうだ。

時機を得た思想ほど強いものはない。

老化との戦いと若返り工学の推進は、理論から実践の段階に移る時が来た。我々には、世界でもっとも多くの人に苦しみを与える原因を滅ぼす、倫理的な義務と責任がある。今こそ死の終わりを宣告する時だ。この待望の瞬間がやって来たことに気づいている人々が世界中にいる。我々は技術を手に入れた。次は倫理的義務を果たさねばならない[290]。ドイツ、アメリカ、ロシアには老化との戦いを目標として明言している政党も出現した。こうした積極行動主義やその活動家は、小規模なグループでも過小評価してはならない。アメリカの人類学者マーガレット・ミードは、人類を変えられるのは、意識を持ち、行動を起こした人だけだと述べている[291]。

深く考え覚悟を決めたからといって、少人数では世界を変えられない、などと思ってはならない。実際に世界を変えてきたのは、そういう人たちだけだ。

もうひとつ、歴史的に重要な例を振り返ると、アメリカの大統領ジョン・F・ケネディが一九六一年に一〇年以内に月に人を着陸させるという大きな目標を発表した時だ。これは非常に困難な目標で、当初はまったく不可能だと思われていたが、もっとも楽観的な予想よりも二年早い一九六九年には達成された。もうひとつ、ケネディの有名な言葉を引用するが、ここでは「アメリカ」と「アメリカ人」という言葉を「不死」と「不死を推進する者」に置き換えてみよう。

不死を推進する者たちよ、〝不死〟が自分に何をしてくれるのかを問うのではなく、自分が〝不死〟のために何をできるのかを考えるのだ。

我々は無期限の寿命とか無期限の寿命延伸という言葉がより正確だと繰り返しているが、みなすぐに不死（あるいは少なくとも〝無死〟）という考えを理解する。今こそ我々は、こうした考えを元に人類全体の共通の敵に対する世界的なプロジェクトを構築しなければならない。「永遠の若さプロジェクト」のために地球上の全員が団結すればいいのではないか。

マンハッタン計画やマーシャルプラン、アポロ計画、ヒトゲノムプロジェクト、国際宇宙ステーション、ヒューマン・ブレイン・プロジェクト、国際核融合実験炉、欧州原子核研究機構など数多くの数百万ドルをかけた大規模なプロジェクトがこれまでに世界を変え、今も世界を変え続けているという成功例を元に、人類全体が連携する包括的なプロジェクトを始めるべきだ。

科学者や投資家や大企業や小規模なスタートアップなどが、みなでヒトの老化と若返りに直接取り組んでいる。我々には科学力があり、資金がある。そして人間の苦しみの一番の原因を取り除かなければならないという倫理的な責任もある。歴史上で初めて我々は実現できるし、実現しなければならない。人類のもっとも古く、もっとも大きな夢を叶えなければならない。

繰り返しになるが、我々は忘れてはならない。世界中で、来る日も来る日も、毎日一〇万人以上の人々が加齢関連疾患で亡くなっていることを。次はあなたかもしれないし、あなたの大切な人かもしれない。我々はそれを防ぐことができる。我々はそれを防がねばならない。早ければ早いほどいい。しかし、それにはあなたの助けが必要だ。死との戦いは人類みなの戦いなのだ。ひとりではできなくても、みなで力を合わせればできる。

イギリスの進化生物学者J・B・S・ホールデンは、変化のプロセスのまったく革命的な発展は心の中で始まると述べている。(292)

人がある考えを受容するまでに、通常は四つの段階を経るのではないだろうか。

（一）こんなのは価値のないたわごとだ。
（二）これは興味深いが、誤った視点だ。
（三）これは本当だが、あまり重要ではない。
（四）私がいつも言っていた通りだ。

あなたの生命にとっても、私の生命にとっても、すべての人の生命にとっても、これは革命だ。我々の目の前にただひとつの可能性と、達成すべき歴史的な偉大な任務がある。このきわめて重要なプロジェクトを考える時、もっともひどい誤りは、始まる前に戦いから降りてしまうことだ。若い状態で過ごせる長く充実した人生を得られるチャンスは、リスクよりもはるかに大きい。

その未来が今日から始まる。その未来はここから始まる。その未来は我々とともに始まる。その未来は今日あなたとともに始まる。あなたでなければ誰が？　今日でなければいつ？　ここでなければどこから？　老化と死との戦いに参加しよう！　死に終わりを！

エピローグ

「老化」この言葉を聞いて、あなたはどう感じるだろうか？　老いていくのは恐ろしい？　体が衰えていく？　老いるのは仕方のないこと？　死に近づいていく？

多くの人は「老化」に対して半ば諦めのような感覚を持っているのではないだろうか？　日本の厚生労働省が公表した統計によると、老衰による死亡数は死因の第三位になっている。

今まで老化して死んでいくのが当たり前と思っていた我々にとって、本書が提唱する「死がなくなる」というアイデアはとても衝撃的だ。まるでSF映画の世界の話だが、その時代は間もなくやってくる。過去四〇年で日本人の平均寿命が約二〇年延びていることを考えれば、死がなくなると考えるのも、あながちあり得ない話ではない。

日本での死亡原因の約一〇パーセントは老衰であり、世界一の高齢化社会である日本にとって老化はれっきとした社会課題である。この社会課題の解決の一端を担ってくれるのが本書である。

今、不老不死に関しての研究はアメリカを筆頭にヨーロッパ、アジアなど世界各地で加速度的に進んでいる。著者のホセ博士とは、フィンランドの不老長寿に関してのカンファレンスで出逢い、スペインで再会したが、彼自身の不老長寿に関しての研究への情熱は類稀なるものがある。また共著者のデイヴィッド博士も「寿命延長」に関しての知識が豊富である。シンギュラリティなど近未来への予測や知見があり、彼もテクノロジーや科学の進化により我々の寿命が大幅に延びると予測している。また著者たちが本書で提唱する「老化＝病気」という今までの日本にはなかった概念が非常に興味深い。
人類にとっての最大の共通の敵は何だろうか？　新ウイルス？　戦争？　飢餓？　間違いなく「老化」だろう。この老化さえ克服できれば、人類は新たな視点を得て、人生一二〇年時代に希望を持って臨むことができるだろう。本書を読むことで世界最先端の「アンチエイジング」について著者の様々な健康への知見を理解でき、また「老化を克服するための最適なガイド」として日本の読者に役立つ一冊になるだろう。

株式会社ヒューマンプラスＣＥＯ、『バイオハック』著者　井口　晃

付録——地球生命のビッグヒストリー

二つの可能性がある。我々人類は宇宙でひとりぼっちなのか、そうではないのか。どちらも同じぐらい恐ろしい。

一九六二年、サー・アーサー・C・クラーク

長寿と繁栄を。
yIn nI' yISIQ 'ej yIchep（クリンゴン語で）
dif-tor heh smusma（バルカン語で）

二二六〇年、バルカン星出身のUSSエンタープライズ号副長スポック

我々の小さな星、地球の歴史とその生命の進化の全体像を把握するため、ここに、はるか遠くの過去から近未来までの関連する情報をまとめた。その目的は、生命の進化を長期的な視点で理解し、自然の指数関数的変化を考えるためだ。

ビッグヒストリーとは、これまでの地球の歴史を通して、それぞれの出来事が互いに影響し合っている様子を学際的な視点から分析することができる新しい分野だ。はるか昔から現在までの非常に長いスケールで見ると、変化のスピードが加速していることがわかる。それは指数関数的なテクノロジーの進歩によって、これからも続いていくだろう。偉大な未来学者レイ・カーツワイルはベストセラーになった『シンギュラリティは近い』で、こうした変化の加速について非常に詳しく説明している。だから、二一世紀の終わ

りまでの予想については彼のものをいくつか組み入れている。
興味をもった方が、この年表を未来に向けて更新していくために、直接私たちに連絡を取ってくださることを歓迎している。著者たちに寄せてくださるコメントはすべて歓迎だ。

一〇万年以上前
一三八億年前　ビッグバンが起こり、既知の宇宙が形成
一二五億年前　天の川銀河（銀河系）が形成
四六億年前　太陽系が形成
四五億年前　地球が形成
四三億年前　水蒸気が凝集し、水が発生
四〇億年前　最初の単細胞生物（細胞核のない原核細胞）
四〇億年前　ＬＵＣＡ（最終普遍共通祖先）が出現
三五億年前　大気中の酸素濃度が上昇
三〇億年前　単細胞生物が最初の光合成
二〇億年前　単細胞の原核生物（核をもたない）から真核生物（核をもつ）へと進化
一五億年前　最初の多細胞真核生物
一二億年前　最初の有性生殖（胚細胞と体細胞が出現）
六億年前　最初の海生無脊椎動物
五億四〇〇〇万年前　カンブリア爆発により多様な種が出現

五億二〇〇〇万年前　最初の海生脊椎動物
四億四〇〇〇万年前　生物が海から陸へ進出（初めて植物が陸地に）
三億六〇〇〇万年前　種をつける陸生植物とカニが出現
三億年前　　最初の爬虫類
二億五〇〇〇万年前　最初の恐竜
二億年前　　最初の哺乳類と鳥類
一億三〇〇〇万年前　最初の被子植物（花を咲かせる）
六五〇〇万年前　恐竜が絶滅し、進化により霊長類が出現
一五〇〇万年前　ヒト科（大型類人猿）が出現
三五〇万年前　最初の道具、石器が作られた
二五〇万年前　ヒト属が出現
一五〇万年前　火の使用が始まった
八〇万年前　調理が始まった
五〇万年前　着衣が始まった
二〇万年前　ホモ・サピエンスが出現
一〇万年前　ホモ・サピエンス・サピエンスがアフリカを出て、地球全体に広がり始めた
二〇〇〇**年以上前**
紀元前四万年　洞窟壁画で神や豊穣や死を示すシンボルが描かれた

紀元前二万年　太陽光が強くない地域に移住したことにより肌の色が薄い人々が出現
紀元前五〇〇〇年　新石器時代、原文字が出現
紀元前四〇〇〇年　メソポタミアで車輪が発明された可能性
紀元前三五〇〇年　エジプトでヒエログリフとシュメール・アッカド語楔形文字が発明
紀元前三三〇〇年　中国とエジプトで薬草療法と理学療法が行われたという記録
紀元前三〇〇〇年　エジプトでパピルス、メソポタミアで粘土板が発明
紀元前二八〇〇年　中国の神農帝が鍼治療に関する書物を蒐集
紀元前二六〇〇年　神官であり医師であるイムホテプがエジプトで医術の神として神格化
紀元前二五〇〇年　インドでアーユルヴェーダ医学が用いられた記録
紀元前二〇〇〇年　バビロニアでハムラビ法典により医療の実施に関する法律が制定
紀元前六五〇年　新アッシリア王国の王アシュルバニパルがニネヴェの図書館を建設し、八〇〇枚の粘土板に書かれた医学に関する文書を蒐集
紀元前四五〇年　ギリシャ、コロフォンのクセノパネスが化石を観察し、生命の進化を考察
紀元前四二〇年　ヒポクラテスが『ヒポクラテス全集』を書き、「ヒポクラテスの誓い」を定めた
紀元前三五〇年　アリストテレスが進化生物学の本を書き、動物の分類を試みた
紀元前三〇〇年　ヘロフィロスが人体の医学的解剖を行った
紀元前一〇〇年　アスクレピアデスがギリシャ医学をローマに導入し、固体病因説を提唱

西暦一〇〇〇年まで

一八〇年　ギリシャの医師ガレノスが麻痺と脊髄の関係を研究
二一九年　中国の医師、張仲景が『傷寒論』を発表
二五〇年　メキシコ、モンテアルバンに伝承医学の学校が設立
三九〇年　ギリシャの医師オリバシウスがコンスタンティノープルで『医学集成』を編纂
四〇〇年　ローマでファビオラが最初のキリスト教の病院を設立
六三〇年　セビリアのイシドールズが大作『語源』を刊行
八七〇年　ペルシャ人の医師アリ・イブン・サール・ラバン・アル・タバリがアラビア語で『医学百科』を執筆
九一〇年　ペルシャの医師アル・ラーズィーが麻疹とはしかの違いを識別

一〇〇〇年〜一七九九年

一〇三〇年　ペルシャの博学者アヴィセンナが一八世紀まで教科書として使われた『医学典範』を執筆
一二〇四年　皇帝インノケンティウスⅢ世がローマで聖霊病院を組織
一四〇三年　ヴェニスで黒死病の蔓延を防ぐために検疫が行われた（このときすでにヨーロッパでは一〇〇〇万人が死亡）
一五四一年　スイスの医師パラケルススが医学を大幅に進歩させた（外科と毒性学）
一五五三年　スペインの医師ミシェル・セルヴェが肺循環を研究（異端として火刑に処された）
一五九〇年　オランダで顕微鏡が発明され、医学が急速に進歩

一六六五年　イギリスの科学者ロバート・フックが細胞を観察（〝細胞〟という名前を広めた）
一六七五年　オランダの科学者アントニ・ファン・レーウェンフックが顕微鏡を使い微生物学を始めた
一七七四年　イギリスの科学者ジョセフ・プリーストリが酸素を発見し、近代化学が誕生
一七八〇年　アメリカの博学者ベンジャミン・フランクリンが老化の治療と人体の保存について書いた
一七九六年　イギリスの医師エドワード・ジェンナーが、天然痘を予防する最初の有効なワクチンを開発
一七九八年　イギリスの学者トマス・マルサスが食糧生産と人口過剰の関連を主張

一八〇〇年〜九九年

一八〇四年　世界の人口が一億人に達する
一八〇九年　フランスの医師ルネ・ラエンネックが聴診器を発明
一八〇九年　フランスの科学者ジャン＝バティスト・ラマルクが進化論を提唱
一八一八年　イギリスの医師ジェームズ・ブランデルが初めて輸血に成功
一八二八年　ドイツの科学者クリスチャン・エーレンベルクがバクテリアと命名（ギリシャ語で〝小さな杖〟の意味）
一八四二年　アメリカの医師クロフォード・ロングが麻酔を使用した手術を初めて成功
一八五八年　ドイツの医師ルドルフ・フィルヒョーが細胞説を発表
一八五九年　イギリスの科学者チャールズ・ダーウィンがロンドンで『種の起源』を刊行
一八六五年　オーストリアの聖職者グレゴール・メンデルが遺伝の法則を発見

一八六九年　スイスの医師フリードリヒ・ミーシェルがＤＮＡを発見
一八七〇年　科学者ルイ・パスツールとロベルト・コッホが微生物感染説を発表
一八八二年　フランスの科学者ルイ・パスツールが狂犬病ワクチンを開発
一八九〇年　ウォルター・フレミングらが細胞分裂の際の染色体の動きを示した
一八九二年　ドイツの生物学者アウグスト・ヴァイスマンが生殖細胞は〝不死〟であると主張した
一八九五年　ドイツの物理学者ヴィルヘルム・レントゲンがＸ線を発見し、医療に使用できることを示した
一八九六年　フランスの物理学者アンリ・ベクレルが放射能を発見
一八九八年　オランダの科学者マティヌス・ベイエリンクがウイルスを発見し、ウイルス学の祖となった

一九〇〇年〜五九年

一九〇五年　イギリスの生物学者ウィリアム・ベイトソンが遺伝学という言葉を考案
一九〇六年　イギリスの科学者フレデリック・ホプキンズがビタミンとそれに関連する病気を発見
一九〇六年　ドイツの医師アロイス・アルツハイマーがアルツハイマー症について論文を発表
一九〇六年　スペインの科学者サンティアゴ・ラモン・イ・カハルが神経系の研究でノーベル賞を受賞
一九一一年　トーマス・ハント・モーガンが遺伝子が染色体内に存在することを実証
一九二二年　ロシアの科学者アレクサンドル・オパーリンが地球の生命の起源に関する説を提唱
一九二五年　フランスの生物学者エドゥアール・シャットンが原核生物と真核生物という言葉を考案

一九二七年　世界の人口が二〇億人に達する
一九二八年　破傷風と結核のワクチンが開発された
一九二八年　イギリスの科学者アレクサンダー・フレミングがペニシリンを発見（初の抗生物質）
一九三三年　ポーランドの科学者タデウシュ・ライヒスタインが初めてビタミンの合成に成功（ビタミンC、アスコルビン酸）
一九三四年　コーネル大学の研究者たちが摂取カロリーを制限するとマウスの寿命が延びることを発見
一九三八年　南アフリカでシーラカンス（〝生きた化石〟）が捕獲
一九五〇年　初めて合成抗生物質が開発された
一九五一年　冷凍保存した精子によるウシの人工授精が開始
一九五一年　ＨｅＬａ細胞、つまりヘンリエッタ・ラックスのがん細胞が〝生物学的に不死〟であることを発見
一九五二年　アメリカの医師ジョナス・ソークがポリオワクチンを開発
一九五二年　アメリカの化学者スタンリー・ミラーが生命の起源の実験を行った
一九五二年　カエルの卵を用いて最初のクローン実験が行われた
一九五三年　科学者ジェームズ・ワトソンとフランシス・クリックがＤＮＡの二重らせん構造を示した
一九五四年　アメリカの医師ジョセフ・マレーが最初の腎移植を行った
一九五八年　アメリカの医師ジャック・スティールが生体工学（バイオニクス）と名づけた分野を提唱
一九五九年　世界の人口が三〇億人に達する
一九五九年　スペインの科学者セヴェロ・オチョアがＤＮＡとＲＮＡの研究でノーベル賞を受賞

一九六〇年〜九九年

一九六一年　スペインの生化学者ジュアン・ウローが生命の起源についての説を前進させた
一九六一年　アメリカの科学者レオナルド・ヘイフリックが細胞の分裂回数の限界を発見
一九六七年　アメリカの心理学者ジェームズ・ベッドフォードが人体冷蔵保存の患者第一号になった
一九六七年　南アフリカの医師クリスチャン・バーナードが世界初の心臓移植を成功
一九七二年　ヒトとゴリラのDNAの配列がほぼ九九パーセント同じであるとわかった
一九七四年　世界の人口が四〇億人に達する
一九七五年　複数の科学者たちがテロメアの構造を発見（一九三三年から検討されていた）
一九七八年　初めて人工授精によるヒトの赤ちゃんが誕生（イギリスのルイーズ・ブラウン）
一九七八年　臍帯内の血液から幹細胞を発見
一九八〇年　世界健康機関が天然痘の根絶を宣言
一九八一年　試験管内で幹細胞（マウスから）が樹立
一九八二年　FDAに認可されるバイオテクノロジー製品の第一号としてヒューマリン（糖尿病治療薬）が承認
一九八五年　オーストラリア系アメリカ人の生物学者エリザベス・ブラックバーンがテロメラーゼ酵素を発見
一九八六年　AIDSの原因であるHIV（ヒト免疫不全ウイルス）が発見された
一九八七年　世界の人口が五〇億人に達する
一九九〇年　ヒトゲノムプロジェクトが数カ国の政府の協力のもとに開始

一九九〇年　初めての遺伝子治療である免疫障害の治療が承認

一九九〇年　FDAが最初の遺伝子組換え生物（フレーバー・セイバー・トマト）を認可

一九九三年　アメリカの生物学者シンシア・ケニヨンが*C. elegans* の寿命を複数回延長

一九九五年　アメリカの科学者ケイレブ・フィンチが複数種の動物における無視できる老化について述べた

一九九六年　スコットランドの科学者イアン・ウィルムットが、最初の哺乳類のクローンであるクローン羊ドリーを誕生させた

一九九八年　若いヒトの胚から最初の胚性幹細胞（ES細胞）を分離

一九九九年　世界の人口が六〇億人に達する

二〇〇〇年～一九年

二〇〇一年　アメリカの科学者クレイグ・ヴェンターが自らのゲノム配列を発表（自らのDNAから解読）

二〇〇二年　人工ウイルス（ポリオウィルス）を完全に人の手によって合成することに成功

二〇〇三年　ヒトゲノムプロジェクトが、組織による部分も個人による部分もプロジェクト全体も完了したことが宣言

二〇〇三年　イギリスの科学者オーブリー・デ・グレイらがメトセラ財団を設立

二〇〇四年　SARSの流行が発生から一年間で制圧された（ゲノム配列を数カ月で解読）

二〇〇六年　日本の科学者、山中伸弥が京都で人工多能性幹細胞を開発

二〇〇八年　スペインの生物学者マリア・ブラスコがマドリッドのCNIOでマウスの寿命延伸の成功を発表
二〇〇九年　イギリスの科学者オーブリー・デ・グレイらがSENS研究財団を設立
二〇〇九年　テロメアとテロメラーゼの研究でノーベル生理学医学賞を受賞
二〇一〇年代　無期限の長寿へ向けての第一のブリッジに現代のテクノロジーが使われた（レイ・カーツワイル）
二〇一〇年　アメリカの科学者クレイグ・ヴェンターが世界初の人工細菌「シンシア」作製の成功を発表
二〇一〇年　ヒトの体外受精の成功がノーベル生理学医学賞を受賞
二〇一一年　世界の人口が七〇億人に達する
二〇一一年　フランスの研究チームが〝試験管内で〟ヒトの細胞の若返りに成功
二〇一二年　クローンと細胞の再プログラミング（多能性細胞）がノーベル生理学医学賞を受賞
二〇一三年　アメリカで〝試験管内で〟ラットの腎臓作製に初めて成功
二〇一三年　日本で幹細胞によりヒトの腎組織を作製することに世界で初めて成功
二〇一三年　グーグルが老化治療のためのカリコ社の設立を発表
二〇一四年　IBMが医療AI「ドクター・ワトソン」の使用を拡大
二〇一四年　韓国系アメリカ人の医師ヨン・ユンがパロ・アルト長寿賞を創設
二〇一五年　エボラ出血熱の最初の治療薬であるワクチンの開発に成功
二〇一六年　フェイスブック会長マーク・ザッカーバーグが〝すべての病気〟が治療可能になるだろう

二〇一六年　マイクロソフトの科学者チームが一〇年以内にがんの治療に成功する見込みであると発表
　と発表
二〇一六年　ドイツの起業家マイケル・グレーブがフォーエバー・ヘルシー財団を設立
二〇一七年　米ソーク研究所のスペイン人科学者ファン・カルロス・イズピスア・ベルモンテが、自らのチームがマウスを四〇パーセント若返らせることに成功したと発表
二〇一八年　CRISPRを使った最初の遺伝子治療を実施
二〇一八年　中国でHIVウイルスへの感染を防ぐためにCRISPRを使った最初の赤ちゃんが誕生
二〇一九年　FDAが寿命延伸を目的とする老化細胞の除去治療を初めて認可
二〇一九年　『ネイチャー』誌に「薬剤で生物学的時計を巻き戻せるか」というグレッグ・フェイ率いるTRIIMの実験について報告が掲載
二〇二〇年　COVID-19ウイルスのゲノム解析が数週間で完了し、mRNAワクチンが数日で完成
二〇二〇年　アルファフォールド（グーグルのディープマインドによって開発されたAI）がタンパク質の折りたたみ問題を解決
二〇二〇年　CRISPR研究がノーベル生理学医学賞を受賞
二〇二〇年　ハーバード大学のオーストラリア人生物学者デイヴィッド・シンクレアがマウスの目の細胞を若返らせて視力を回復させることに成功
二〇二一年　アメリカのジェフ・ベゾスやロシアのユーリ・ミルナーら超富裕層の人々が出資して、ヒトの老化プロセスを巻き戻すことを目標としたアルトス・ラボを創立
二〇二一年　脳死状態のヒトにブタの腎臓の移植が初めて行われ、異種移植の可能性が示された

二〇二一年　ＣＯＶＩＤ-19パンデミック制圧のため、ワクチン九〇億本以上が一年で製造され、史上最大のワクチン接種キャンペーンが行われた

二〇二二年　ブタの心臓のヒトへの移植が初めて行われ、異種移植の成功が示された

二〇二二年　ＦＤＡが血友病とアルツハイマー病に対する最初の治験を承認

二〇二二年　サウジアラビアがヘボリューション（Health+Revolution）財団を設立し、老化研究に数十億ドルを出資すると発表

二〇二二年　イギリスの科学者オーブリー・デ・グレイらがＬＥＶ（寿命脱出速度）財団を設立

二〇二二年　世界の人口が八〇億人に達する

二〇二三年〜二九年（ある程度の推測が含まれる）

二〇二三年　がん治療のためのｍＲＮＡワクチンの最初の治験が行われる

二〇二四年　マラリアとＨＩＶ治療のためのｍＲＮＡワクチンの最初の治験が行われる

二〇二五年　ＬＥＶ財団出資による研究で健康なマウスの若返りに成功する

二〇二五年　分子アセンブラ（ナノテクノロジー）が可能になる（レイ・カーツワイル）

二〇二〇年代　バイオテクノロジーを用いた無期限の寿命に向けての第二のブリッジ（レイ・カーツワイル）

二〇二〇年代　長寿のためのメトホルミンとラパマイシンのヒトでの治験が行われる

二〇二〇年代　世界中でポリオが根絶される

二〇二〇年代　世界中ではしかが根絶される

二〇二〇年代　マラリアとＨＩＶに有効なワクチンが認可される
二〇二〇年代　ほとんどのがんが治療可能になる
二〇二〇年代　パーキンソン病が治療可能になる
二〇二〇年代　ヒトの簡単な臓器の３Ｄバイオプリンティングが可能になる
二〇二〇年代　患者自身の細胞を元にヒトの臓器のクローン作製が商業目的で行われる
二〇二〇年代　幹細胞とテロメラーゼを用いた若返り治療が商業目的で始まる
二〇二〇年代　ＡＩとロボット医師が人間の医師を補助・補完する
二〇二〇年代　遠隔医療が世界中に広まる
二〇二〇年代　初めての火星への有人飛行に成功する（イーロン・マスク）
二〇二九年　寿命脱出速度（ＬＥＶ）あるいは〝メトセラリティ〟に到達する（レイ・カーツワイル）
二〇二九年　進化したＡＩがチューリングテストにパスする（レイ・カーツワイル）

二〇三〇年以降（かなりの推測が含まれる）
二〇三〇年代　ナノテクノロジーを用いた無期限の長寿に向けての第三のブリッジ（レイ・カーツワイル）
二〇三〇年代　アルツハイマー病が治療可能になる
二〇三〇年代　世界中でマラリアが根絶される
二〇三〇年代　世界中でＨＩＶが根絶される
二〇三〇年代　火星に人類初のコロニーのための基地を建設する（イーロン・マスク）
二〇三七年　世界の人口が九〇億人に達する

二〇三九年　脳から脳へ意識を転送することが可能になる（レイ・カーツワイル）
二〇四〇年代　AIを用いた無期限の寿命と不死への最後のブリッジ（レイ・カーツワイル）
二〇四〇年代　地球、月、火星、宇宙船の間で惑星間インターネットの接続が実現する
二〇四五年　老化が治療可能になり、死が必須ではなくなる（レイ・カーツワイル）
二〇四五年　AIが人類のすべての知性を超えるシンギュラリティに達する（レイ・カーツワイル）
二〇四九年　現実とバーチャルリアリティの区別が消滅する（レイ・カーツワイル）
二〇五〇年　ヒューマノイド・ロボットがサッカーのEFLカップで優勝する（ブリティッシュ・テレコム）
二〇五〇年代　冷凍保存されていた患者の最初の蘇生が行われる（レイ・カーツワイル）
二〇七二年　ピコテクノロジー（ピコはナノの一〇〇〇分の一）が始まる（レイ・カーツワイル）
二〇九九年　フェムトテクノロジー（フェムトはピコの一〇〇〇分の一）が始まる（レイ・カーツワイル）
二〇九九年　〝無死〟の世界になり、寿命という概念がなくなる

謝辞

感謝の念は高潔な魂の証である。

紀元前五世紀、イソップ

私が遠くまで見渡せたのだとしたら、それは巨人の肩の上に立っているから。

一六七六年、アイザック・ニュートン

勝利は一〇〇人の父を持つが、敗北は孤児だ。

一九六一年、ジョン・F・ケネディ

本書は、生命についての、生命のための、生命に捧げる本である。最初の感謝は我々著者ふたりがここまでやり遂げるのを許してくれたそれぞれの家族に捧げたい。しかし、その感謝は直系の親族ばかりではなく、何百万年も昔のアフリカに住んでいた最初のヒト科の祖先や、さらにずっと昔の、この小さな惑星のすべての生命の源となった最初の単細胞生物にも感謝を捧げたい。

最初に、我々が何度も訪れたことがあるすばらしい国、日本の人々に特に感謝を表明したい。ホセはジェトロ・アジア経済研究所への勤務などで美しい都市東京に二年以上住んでいたことがある。まず、日本の出版エージェントの日本ユニ・エージェンシーと、編集・出版をしてくれた化学同人の方々に感謝をしたい。彼らは、すでに多くの言語に翻訳されて各国でベストセラーになっているこの本を、日本でもベストセラーにすべく全力を尽くしてくれている。次に、日本語版に推薦文などのコメントを寄せてくれた友人たちに感謝したい。井口晃、渡辺亮、平野徳士、吉田寛、松田一敬、水田和生、齋藤和紀、ジョバン・レボレド・メンデスの各氏に非常に感謝している。さらに、そのほかにもたくさんの日本の友人たちや、日本に住んでいたことがあったり、現在住んでいる友人たちにも感謝を伝えたい。山形辰史、川島レイ、河合美宏、加藤重治、嶋津格、清水達也、清水啓典、山岡加奈子、岡田浩一、山田美和、磯田裕介、坂口安紀、井上武、荻野星珠、長谷川直之、長谷川雅彬、波多野昌昭、小林隼人、吉田宣也、中ノ瀬翔、吉田聡美、ハリー・タケダ、後藤宗明、堀尾藍、堀江愛利、浦島邦子、イグナシオ・アリスティムニョ、ホルヘ・カルボ、マルコ・チャシン、ルカ・エスコフィエ、ジャック・ハルペン（春遍雀來）、カイル・ヘクト、フェリックス・メスナー、アイリーン・ヘレーラ、ホセ・ナバーロ・デ・パブロ、ダニエル・オロスコ・ヒメネス、ホセ・アレハンドロ・パティーノ、グンター・パウリ、アルフレド・キンテーロ、ルイス・ラミレス、アルフォンソ・サンゾン、ルドビク・スカルペッティーニ、ラリッサ・シェロウコヴァ、グイド・タルキ各氏、ほかにもたくさんの日本の友人たちに。

それから、マドリッド自治大学、バルセロナ自治大学、バーミンガム大学、カリフォルニア大学バークレー校、ケンブリッジ大学、ユニバーシティ・カレッジ・ロンドン、マドリッド・コンプルテンセ大学、ジョージタウン大学、ハーバード大学、ロシア国立研究大学高等経済学院、ＩＮＳＥＡＤ（欧州経営大学院）、慶應義塾大学、ロンドン大学キングス・カレッジ、京都大学、リバプール大学、モスクワ物理工科大学、マサチューセッツ工科大学、オックスフォード大学、マドリッド工科大学、シンギュラリティ大学、ソウル大学校、シンガポール国立大学、上智大学、スタンフォード大学、モンテレイ工科大学、東京大学、早稲田大学、ウェストミンスター大学、延生大学校、それに世界各地のたくさんの大学、研究機関の同僚、友人たちにもお礼を申し上げたい。アフロロンジェビティ社、アルコー延命財団、アライアンス・フォー・ロンジェビティ・イニシアチブ、アメリカ・アンチエイジング学会、ローマクラブ、ラジカル・ライフ・エクステンション連合、クライオニクス研究所、ヨーロッパ・バイオスタシス財団、ＥｘＯ（エクスポネンシャル・オーガニゼーション）、フィットテック・サミット、フォーエバー・ヘルシー財団、インターナショナル・ロンジェビティ・アライアンス、ジェトロ（日本貿易振興機構）、クリオロス社、ＬＥＶ（ロンジェビティ・エスケープ・ヴェロシティ＝寿命脱出速度）財団、ライフ・エクステンション財団、ライフボート基金、ロンドン・フューチャリスツ、マドリッド・シンギュラリティ、メトセラ財団、ヒューマニティ＋、ＳＥＮＳ研究財団、シンギュラリティネット、サザン・クライオニクス、ミレニアム・プロジェクト、テックキャスト・グローバル、トゥモロー・バイオスタシス、トランスヒューマンコイン、トランスヒューマニスト党、VitaDAO、世界芸術科学アカデミー、世界未来協会、世界未来研究学会など、世界中の先見的な組織などの未来学者のグループのみなさんにも感謝している。

　大幅な寿命延伸のために積極的に動いている科学者、研究者、投資家、情報発信者、擁護論者、経済学者、政治家のひとりひとりのみなさんにも感謝を表明する。ラストネームのアルファベット順に、ジョニー・アダムズ、マーク・アレン、ブルース・エイムズ、オムリ・アミラフ＝ドローリー、ビル・アンドリューズ、クリスティアン・アンガーマイヤー、テーム・アリタ、ソニア・アリソン、ジョン・アッシャー、アンソニー・アタラ、ジャック・アタリ、ピーター・アッティア、スティーブン・オスタッド、チャールズ・アウジー、ムスタファ・アイクト、ラファエル・バジャッグ、ロナルド・ベイリー、ベン・ボールウェグ、ジョー・バーディン、ハル・バロン、ニール・バルジライ、ケイト・バッツ、ボリス・バウケ、アレクサンドラ・バウゼ、アンドレア・バウアー、エッカート・ビーティー、ヘイナー・ベンキング、ジョアンナ・

ベンツ、アドリアーネ・バーグ、マーク・ベルネガー、ベン・ベスト、ジェフ・ベゾス、サンティアゴ・ビリンキス、エブリン・ビショフ、ハンス・ビショップ、マルコ・ビテンク、ビクター・ビョーク、セリア・ブラック、マリア・ブラスコ、グンター・ボーデン、フェリックス・ボップ、ニック・ボストロム、アーロン・ブラウン、ニクラス・ブレンボルグ、チャールズ・ブレナー、セルゲイ・ブリン、ヤン・ブルッフ、セバスチャン・ブルネマイアー、マルタ・ブカラム、スヴェン・ブルテリス、パトリック・ビュルガマイスター、ペル・ビューランド、イスマエル・カーラ、ジュディス・カンピシ、エクトル・カサヌエバ、カルム・チェイス、アル・チャラビ、プリューシュ・ショーダリー、ネイサン・チェン、ニコラス・チェルナフスキー、ペドロ・チョムナレス、エパミノンダス・クリストフィロプーロス、ジョージ・チャーチ、ジーナ・シンカー、ギュンター・クラー、ヴィット・クラウト、スヴェン・クレマン、ジェームズ・クレメント、ディディエ・クールネル、マーガレッタ・コランジェロ、クリスティン・コメラ、キース・コミト、イリーナ・コンボイ、ニコラ・コンロン、フランコ・コルテーゼ、カット・コッター、グレン・クライプ、ウォルター・コンプトン、シャーモン・クルス、アッティラ・ソーダス、エイドリアン・カル、コーネリア・ダハイム、ステファニー・ダイナウ、スタンリー・ダオ、ラファエル・デ・カボ、ジョアン・ペドロ・デ・マガリャンイス、ピーター・デ・カイザー、エイトール・グルグリーノ・デ・ソウザ、ユーリ・デイギン、ブライアン・ディレイニー、ディノラ・デルフィン、マルコ・デマリア、ローラ・デミグ、ジョーティ・デヴァクマール、ボビー・ダドワール、ピーター・ディアマンディス、マーラ・ディ・ベラルド、エリック・ドレクスラー、アリソン・デュットマン、デイヴィッド・ユーイング・ダンカン、ジョージ・ドヴォルスキー、ビクター・ヨセフ・ザウ、アナスタシア・エゴロワ、ダン・エルトン、ニック・エンゲラー、マリア・アントラーグ＝アブラムソン、コリン・エドワルド、リサ・ファビニー＝カイザー、グレゴリー・フェイ、ビル・ファルーン、ピーター・フェディチェフ、ルベン・フィゲーレス、ザン・フレミング、クリステン・フォートニー、マイケル・フォッセル、トーマス・フレイ、ロバート・フレイタス、ピーター・フリードリヒ、パトリ・フリードマン、ギャリー・ジェイコブス、スティーブン・ガラン、エレノア・ガース、マクシミリアン・ガウブ、タイタス・ガベル、マイケル・ギア、アラン・ゲーリッヒ、アナスタシア・ジャーレッタ、セバスチャン・ギワ、ヴァディム・グラディフェフ、ジェローム・グレン、デイヴィッド・ゴベル、ベン・ゲーツェル、タイラー・ゴラト、ロバート・ゴールドマン、ヴェラ・ゴルブノワ、テッド・ゴードン、ロドルフォ・ゴヤ、マイケル・グレーブ、イヴァナ・グレグリック、アダム・グリース、グレッグ・グリンバーグ、マグダレナ・グロシェリ、ダン・グロスマン、テリー・グロスマン、レオナルド・グアランテ、ビル・ハラール、イアン・ヘイル、マーク・ハマライネン、デイヴィッド・ハンソン、ウィリアム・ヘーゼルタイン、ペトラ・ハウザー、ルー・ホーソン、ケネス・ヘイワース、ウェイ＝ウー・ヒー、ジーン・エベール、アンドリュー・ヘッセル、スティーブ・ヒル、ルディ・ホフマン、スティーブ・ホルヴァート、マチアス・ホルンベルガー、テッド・ハワード、エドワード・ハディンズ、ゲイリー・ハドソン、バリー・ヒューズ、レイハン・フセイノワ、ポール・ハイネク、ゲネロソ・イアニシエロ、ケアン・イドゥン、トム・インゴグリア、ニッコロ・インヴィディア、ローレンス・イオン、アンカ・イオヴィタ、ハビエル・イリザリー、サリム・イスマイル、ゾルタン・イスタヴァン、ファン・カルロス・イズピスア・ベルモンテ、ギャリー・ジェイコブス、ナビン・ジェイン、ラヴィ・ジェイン、アナ・ジェルコビッチ、ブライアン・ジョンソン、ターニャ・ジョーンズ、マット・ケーベルライン、ミチオ・カク、オシナカチ・アクマ・カル、チャーリー・カム、ディミトリー・カミンスキー、アレクサンダー・カラン、ナタリア・カルバソワ、スティーブ・カッツ、サンドラ・カウフマン、ピーター・カズナチェフ、エミル・ケンジョーラ、ブライアン・ケネディ、マグメド・カイダコフ、ダリア・カルトゥリナ、フランツ・カーン、メームード・カーン、ジェームズ・カークランド、ロナルド・クラッツ、リチャード・クラウスナー、エリック・クリーン、ランダル・クネ、マイケル・コープ、ダニエル・クラフト、グイド・クレーマー、アントン・クラガ、レイ・カーツワイル、マリオス・キリアジス、ヨシ・ラハド、ジェームズ・ラーク、アレッサンドロ・ラットゥアーダ、ゴードン・ラウク、ニコリーナ・ラウク、ニュートン・リー、ユージーン・レイトル、ジャン＝マルク・ルメートル、ゲルド・レオンハルト、ケイト・レフチェク、マイケル・レヴィン、モーガン・レヴィン、ケイトリン・ルイス、ジョン・ルイス、マーティン・リポフシェフ、ディラン・リビングストン、スコット・リビングストン、ブルース・ロイド、ヴァルテル・ロンゴ、カルロス・ロペス＝オチン、ミゲル・ロペス・デ・シラネス、エピ・ルドヴィク、マイケル・ルストガルテン、ロバート・コンラッド・マチェイフスキー、ディップ・マハラジ、アンドレア・Ｂ・マイアー、ポリーナ・マモシナ、ダナ・マルドゥック、ミラン・マリッチ、フアン・マルティネス＝バレア、エリック・マルティノ、ヌーノ・マルティンス、マックス・マーティ、ロバート・ルーク・メイソン、スティーブン・マトリン、ジョン・モールディン、レイモンド・マコーリー、ダニラ・メドヴェージェフ、オリバー・メドヴェディク、ジム・メロン、ジェイソン・マーキュリオ、ラルフ・マークル、ベルタラン・メスコ、ジェイミー・メッツェル、フィル・ミカンス、フィオナ・ミラー、カイ・ミカー・ミルズ、エレーナ・ミロワ、クリス・ミラビール、バルン・ミトラ、エリ・モハマド、ケルシー・ムーディ、マックス・モア、アレクセイ・モスカレフ、ヴォルフガング・ミューラー、イーロン・マスク、ロンジョン・ナグ、トルステン・ナム、ブレント・ナリー、ホセ・ナヴァロ＝ベタンコート、フィル・ニューマン、パット・ニックリン、スレシュ・ニロディ、パトリック・ノアック、グイド・ヌニェス＝ムジカ、マシュー・オコネル、マーティン・オデア、イネス・オドノヴァン、ライアン・オシェア、アレハンドロ・オカンポ、コンセプシオン・オラバリエタ、ジェイ・オルシャンスキー、デイヴィッド・オーバン、ディーン・オーニッシュ、エリク・フェルディナンド・オバーランド、ラリー・ペイジ、フランシスコ・パラオ、リズ・パリッシュ、リンダ・パートリッジ、アイラ・パストール、デイヴィッド・ピアス、ケヴィン・ペロー、マイケル・ペリー、スティーブ・ペリー、レオン・ペシュキン、クリスティン・ピーターソン、ジェイムズ・ペイヤー、マキシムス・ペト、ミリ・ポラチェク、ミラ・ポポヴィッチ、フランシズ・ポルデス、アレクサンダー・ポタポフ、ロナルド・Ａ・プリマス、ジュリオ・プリスコ、マルコ・クアルタ、アナ・クインテロ、マイケル・レイ、ブレンダ・ラモコペルワ、トーマス・ランド、アシシュ・ラジプット、リーズン、アントニオ・レガラード、トビアス・ライヒムス、ロバート・Ｊ・Ｓ・レイス、デニサ・レンセン、マイケル・リンゲル、ラモン・リスコ、エリック・リッサー、トニー・ロビンズ、エドウィーナ・ロジャース、マイケル・ローズ、トム・ロス、マウリツィオ・ロッシ、ガブリエル・ロスブラット、マーティン・ロスブラット、アビ・ロイ、ダニエル・ルイス、セルジオ・ルイス、メアリー・ルワート、マーク・サックラー、ポール・サフォー、ロベルト・サン＝マロ、アンダース・サンドバーグ、イェナ・サレナク、モーテン・シービー＝クヌーセン、ボリス・シュマルツ、マシュー・ショルツ、ケン・シューランド、フランク・シューラー、クルト・シューラー、ビョルン・シューマッハー、アンドリュー・Ｊ・スコット、ケネス・スコット、トニー・セバ、ヴィットリオ・セバスティアーノ、エレナ・シーガル、トーマス・セオ、マヌエル・セラーノ、ヤイール・シャラン、ジン・シオン・シー、エネノア・シーキー、ロリ・Ｌ・シェメク、デイヴィッド・シューメーカー、スキップ・シディキ、バーナード・シーゲル、フェリペ・シエラ、マイケル・シェヴェルスキ、ジェイソン・シルヴァ、デイヴィッド・Ａ・シンクレア、リチャード・ショウ、ハンネス・ジェーブラッド、マーク・スカウソン、ジョン・スマート、ヤツェク・スペンデル、ポール・シュピーゲル、ペトル・シュラメク、イリア・スタンブラー、ブラッド・スタンフィールド、アンドリュー・スティール、クレメンス・スタイネク、グレゴリー・ストック、ゲンナジー・ストリャロフII世、アレクサンドラ・ストルジング、ジム・ストローレ、チャバ・サボー、ピーター・ツォラキデス、アレクセイ・ターチン、ロイ・ツェザーナ、マキシミリアン・ウンフリート、イルーナ・ウルティコエチェア、アリン・ヴァハニアン、ニール・ヴァンデリー、ヨッシ・バーディ、アルバロ・バルガス=リョサ、ザック・ヴァルカリス、ハロルド・ヴァーマス、カイル・ヴァーナー、クレイグ・ヴェンター、クリス・フェルブルグ、エリック・ヴァーディン、ナターシャ・ヴィタ=モア、サーニャ・ヴラホヴィッチ、ピーター・フォス、チップ・ウォルター、ケヴィン・ワーウィック、サイモン・ワスランダー、エイミー・ウェブ、マイケル・ウェスト、トッド・ホワイト、クリステン・ヴィルマイヤー、ロバート・ウォルコット、ティナ・ウッド、ピーター・シン、山中伸弥、セルゲイ・ヤング、ピーター・ゼムスキー、アレックス・ジャーヴォロンコフ、ミコライ・ジーリンスキー、オリバー・ゾルマン、イボン・ズガスティ各氏ほか、たくさんの方々の先見的なアイデアや仕事にインスピレーションをいただいた。

最後に、この本を読んでくださった読者のみなさんに、関心を持ってくださったことを感謝したい。この本のウェブサイト（www.TheDeathOfDeath.org）の contact address からアイデアや提案や修正点やそのほかのコメントをお送りいただけるとありがたい。この本をさらに良くしていくためにどんなメッセージも歓迎であり、版を重ねた際にはメッセージをくださった方々のお名前を謝辞の中に掲載しようと考えている。あなたのコメントのおかげで新たな読者が増え、アイデアがさらに正確になっていくので、ぜひお願いしたい。この本を誰かに薦めてくださるのも科学の進歩に大いに役立つだろう。

この本は生命そのものと同じように、さらに完璧にすることができる。未来の〝不死の〟生命と同じように、ずっと進化し、変わり続けることのできる〝不死の〟本でもある。読者のみなさんのおかげで、進歩し続けることができる本なのだ。

どんな提案も歓迎している。この先ずっと！

出　典

0. https://www.visualcapitalist.com/history-of-pandemics-deadliest/
1. https://www.fightaging.org/archives/2020/08/the-reasons-to-study-aging/
2. https://www.thelancet.com/journals/lanhl/article/PIIS2666-7568(21)00303-2/fulltext
3. https://www.nationalgeographic.co.uk/history-and-civilisation201907there-are-now-more-people-over-age-65-under-five-what-means
4. https://www.thelancet.com/infographics/population-forecast
5. https://www.statista.com/chart/22378/estimated-cost-of-containing-future-pandemic/
6. http://www.sjayolshansky.com/sjo/Longevity_Dividend_Initative.html
7. https://www.amazon.com/Immortality-Quest-Forever-Drives-Civilization/dp/1510716157
8. https://www.amazon.com/Egyptian-Book-Dead-Integrated-Full-Color/dp/1452144389/
9. https://www.amazon.com/Epic-Gilgamesh/dp/014044100X
10. https://www.amazon.com/First-Emperor-China-Jonathan-Clements-ebook/dp/B00XJIQ7K2/
11. https://www.amazon.com/EUROPEAN-DISCOVERY-AMERICA-D-1492-1616/dp/B000J57YR8
12. http://www.openthemagazine.com/article/essay/the-last-days-of-death
13. https://www.youtube.com/watch?v=h6tYxQnxRj8
14. http://www.encuentroseleusinos.com/work/maria-blasco-directora-del-cnio-envejecer-es-nada-natural/
15. https://elpais.com/elpais/2016/12/15/ciencia/1481817633_464624.html
16. https://www.mfoundation.org/
17. https://web.archive.org/web/20190324131618/http://www.sens.org/outreach/conferences/methuselah-mouse-prize
18. https://www.faculty.uci.edu/profile.cfm?faculty_id=5261
19. https://uams-triprofiles.uams.edu/profiles/display/127822
20. http://time.com/574/google-vs-death/
21. http://www.telegraph.co.uk/science/2016/09/20/microsoft-will-solve-cancer-within-10-years-by-reprogramming-dis/
22. http://www.businessinsider.com/mark-zuckerberg-cure-all-disease-explained-2016-9
23. https://www.technologyreview.com/2021/09/04/1034364/altos-labs-silicon-valleys-jeff-bezos-milner-bet-living-forever/
24. https://endpoints.elysiumhealth.com/george-church-profile-4f3a8920cf7g-4f3a8920cf7f
25. http://www.amazon.com/Pleasure-Finding-Things-Out-Richard/dp/0465023959
26. https://dash.harvard.edu/bitstream/handle/1/4931360/2815757.pdf?sequence=1&isAllowed=y

27. https://home.liebertpub.com/publications/rejuvenation-research/127
28. https://www.reddit.com/r/IAmA/comments/2tzjp7/hi_reddit_im_bill_gates_and_im_back_for_my_third/co3q1lf
29. https://rejuvenaction.wordpress.com/reasons-for-rejuvenation/aubreys-trump-cards/
30. https://www.fightaging.org/archives/2004/11/strategies-for-engineered-negligible-senescence/
31. https://www.amazon.com/Advancing-Conversations-Advocate-Indefinite-Lifespan/dp/1785353969
32. http://www.un.org/es/universal-declaration-human-rights/
33. https://nickbostrom.com/fable/dragon.html
34. http://www.rationalargumentator.com/index/death-is-wrong/
35. https://www.amazon.com/Carl-Sagan-Cosmos-Utimate-Blu-ray/dp/B06X1F546N/
36. http://www.astromia.com/biografias/joanoro.htm
37. https://www.amazon.com/Molecular-Biology-Cell-Bruce-Alberts/dp/0815345240/
38. http://www.pnas.org/content/95/12/6578.full
39. https://microbewiki.kenyon.edu/index.php/Chromosomes_in_Bacteria:_Are_they_all_single_and_circular%3F
40. https://www.nytimes.com/2016/07/26/science/last-universal-ancestor.html
41. https://www.semicrobiologia.org/storage/secciones/publicaciones/semaforo/32/articulos/SEM32_16.pdf
42. http://www.cell.com/current-biology/fulltext/S0960-9822(13)00973-1
43. http://www.sciencedirect.com/science/article/pii/S0531556597001137
44. https://www.ncbi.nlm.nih.gov/pubmed/26690755
45. http://www.nytimes.com/2012/12/02/magazine/can-a-jellyfish-unlock-the-secret-of-immortality.html
46. https://www.ncbi.nlm.nih.gov/pmc/articles/PMC3306686/
47. http://onlinelibrary.wiley.com/doi/10.1016/S0014-5793(98)01357-X/abstract
48. https://www.ncbi.nlm.nih.gov/books/NBK100401/
49. http://science.time.com/2014/02/25/worlds-oldest-things/photo/08_sussman_seagrass_0910_0753_1068px/
50. https://www.nps.gov/brca/learn/nature/quakingaspen.htm
51. https://phys.org/news/2013-08-soil-beneath-ocean-harbor-bacteria.html
52. http://www.rmtrr.org/oldlist.htm
53. https://elpais.com/elpais/2017/08/16/ciencia/1502878116_747823.html
54. http://www.dendrology.org/site/images/web4events/pdf/Tree%20info%20IDS_05_pp41_p46_AgeingYew.pdf
55. http://www.srimahabodhi.org/mahavamsa.htm
56. http://genomics.senescence.info/species/nonaging.php
57. http://www.sciencemag.org/news/2016/08/greenland-shark-may-live-400-years-smashing-longevity-record
58. https://listas.20minutos.es/lista/las-personas-mas-ancianas-de-la-historia-254001/
59. https://www.amazon.com/Immortal-Life-Henrietta-Lacks/dp/1400052181/

60. http://hamptonroads.com/2010/05/cancer-cells-killed-her-then-they-made-her-immortal
61. http://www.imminst.org/SCOD.pdf
62. http://www.ndhealthfacts.org/wiki/Aging
63. https://www.sciencedaily.com/releases/2009/07/090701131314.htm
64. https://www.livescience.com/33179-does-human-body-replace-cells-seven-years.html
65. https://www.amazon.com/Brecha-Envejecimiento-Entre-Especies-Spanish/dp/1547506407
66. http://www.esp.org/books/weismann/germ-plasm/facsimile/
67. http://www.longevityhistory.com/book/indexb.html#_ednref1119
68. https://www.leafscience.org/dr-elie-metchnikoff/
69. https://www.ncbi.nlm.nih.gov/pubmed/13905658
70. https://www.amazon.com/History-Life-Extensionism-Twentieth-Century/dp/1500818577
71. http://mcb.berkeley.edu/courses/mcb135k/BrianOutline.html
72. http://www.senescence.info/aging_theories.html
73. http://www.crionica.org/carta-abierta-de-cientificos-sobre-la-investigacion-del-envejecimiento/
74. https://www.ncbi.nlm.nih.gov/pmc/articles/PMC4410392/
75. https://www.ncbi.nlm.nih.gov/pmc/articles/PMC2995895/
76. https://itp.nyu.edu/classes/germline-spring2013/files/2013/01/Time-to-Talk-SENS-Critiquing-the-Immutability-of-Human-Aging.pdf
77. https://www.amazon.es/Fin-Del-Envejecimiento-Aubrey-Grey/dp/394420302X
78. https://www.technologyreview.com/s/404453/the-sens-challenge/
79. https://web.archive.org/web/20130606111748/http://www.mprize.com/index.php?pagename=newsdetaildisplay&ID=0104
80. https://www.smithsonianmag.com/innovation/human-mortality-hacked-life-extension-180963241/
81. http://www.sens.org/research/introduction-to-sens-research
82. https://www.bbvaopenmind.com/wp-content/uploads/2017/01/BBVA-OpenMind-Undoing-Aging-with-Molecular-and-Cellular-Damage-Repair-Aubrey-De-Grey.pdf
83. https://www.leafscience.org/sens-where-are-we-now/
84. http://www.cell.com/cell/fulltext/S0092-8674(13)00645-4
85. https://www.ncbi.nlm.nih.gov/pmc/articles/PMC4852871/
86. http://youtu.be/xI38YRz1bbQ
87. https://www.buckinstitute.org/news/leading-scientists-identify-research-strategy-for-highly-intertwined-pillars-of-aging/
88. https://www.libertaddigital.com/ciencia-tecnologia/ciencia/2018-01-19/gines-morata-el-ser-humano-podra-llegar-a-vivir-entre-350-y-400-anos-1276612414/
89. https://www.longecity.org/forum/page/index2.html/_/feature/book
90. https://www.britannica.com/science/aging-life-process
91. https://www.amazon.com/Handbook-Biology-Aging-Eighth-Handbooks/dp/

0124115969
92. http://www.who.int/classifications/icd/en/HistoryOfICD.pdf
93. https://www.who.int/news-room/detail/18-06-2018-who-releases-new-international-classification-of-diseases-(icd-11)
94. http://www.who.int/about/what-we-do/gpw-thirteen-consultation/en/#
95. https://www.ncbi.nlm.nih.gov/pmc/articles/PMC4471741/
96. https://www.frontiersin.org/articles/10.3389/fgene.2015.00326/full
97. https://www.amazon.com/-/es/David-Sinclair-ebook/dp/B07N4C6LGR
98. https://books.google.com/books?id=JQ8Gtv4A5tMC&dq=palpably&q=palpably#v=snippet&q=palpably&f=false
99. http://rinkworks.com/said/predictions.shtml
100. https://hbr.org/2011/08/henry-ford-never-said-the-fast
101. http://scienceworld.wolfram.com/biography/Kelvin.html
102. https://en.wikiquote.org/wiki/William_Thomson
103. https://en.wikiquote.org/wiki/Incorrect_predictions
104. http://rinkworks.com/said/predictions.shtml
105. http://www.nytimes.com/2001/11/14/news/150th-anniversary-1851-2001-the-facts-that-got-away.html
106. https://www.youtube.com/watch?v=MypSliQOv2M
107. https://www.pcworld.com/article/155984/worst_tech_predictions.html
108. http://www.popularmechanics.com/technology/a8562/inside-the-future-how-popmech-predicted-the-next-110-years-14831802/
109. https://usatoday30.usatoday.com/money/companies/management/2007-04-29-ballmer-ceo-forum-usat_N.htm
110. http://www.bbc.com/future/story/20141015-will-we-fear-tomorrows-internet
111. https://www.juvenescence-book.com/book-overview/
112. http://www.rejuvenatebio.com/
113. https://www.washingtonpost.com/news/achenblog/wp/2015/12/02/professor-george-church-says-he-can-reverse-the-aging-process/?utm_term=.4c5b1bf512fd
114. https://www.amazon.com/Regenesis-Synthetic-Biology-Reinvent-Ourselves/dp/0465075703
115. https://www.youtube.com/watch?v=hC3OfWFjdXo
116. http://longevityreporter.org/blog/2016/8/8/the-renaissance-of-rejuvenation-biotechnology
117. https://www.amazon.es/Life-Speed-Light-Double-Digital-ebook/dp/B00C1N5WRK
118. https://www.calicolabs.com/people/cynthia-kenyon
119. https://www.sfgate.com/magazine/article/Finding-the-Fountain-of-Youth-Where-will-UCSF-2667274.php
120. https://www.project-syndicate.org/commentary/aging--the-final-frontier?barrier=accesspaylog
121. http://genomics.senescence.info/
122. http://www.senescence.info/

123. https://www.storehouse.co/stories/c8xm-laura-deming
124. https://longevity.vc/
125. https://data.longevity.international/press-release.pdf
126. http://longevity.international/
127. https://www.fightaging.org/archives/2017/10/longevity-industry-whitepapers-from-the-aging-analytics-agency/
128. https://www.longevity.international/longevity-ecosystem-by-country
129. https://sub.longevitymarketcap.com/p/037-jan-11th-2022-longevity-marketcap
130. https://www.redbull.com/int-en/theredbulletin/michael-greve-biohacking-longevity
131. https://www.amazon.com/Principle-Population-Oxford-Worlds-Classics/dp/0199540454
132. https://www.amazon.com/Leviathan-Oxford-Worlds-Classics-Paperback/dp/B00IIASMRC
133. http://www.diamandis.com/
134. https://www.amazon.com/dp/145161683X
135. http://www.worldbank.org/en/news/feature/2014/04/10/prosperity-for-all-ending-extreme-poverty
136. https://sustainabledevelopment.un.org/post2015/transformingourworld
137. https://www.amazon.com/Better-Angels-Our-Nature-Violence/dp/0143122010
138. https://www.amazon.com/Enlightenment-Now-Science-Humanism-Progress/dp/0525427570/
139. http://bigthink.com/in-their-own-words/why-we-love-bad-news-understanding-negativity-bias
140. https://www.amazon.com/Sapiens-Humankind-Yuval-Noah-Harari-ebook/dp/B00ICN066A
141. https://www.amazon.com/population-bomb-Paul-R-Ehrlich-ebook/dp/B071RXJ697
142. https://esa.un.org/unpd/wpp/Download/Standard/Population/
143. https://www.census.gov/data-tools/demo/idb/informationGateway.php
144. https://ourworldindata.org/future-population-growth
145. http://www.rayandterry.com/
146. https://www.amazon.es/Fantastic-Voyage-Live-Enough-Forever/dp/0452286670
147. https://www.amazon.es/Fantastic-Voyage-Live-Enough-Forever/dp/0452286670
148. https://www.juvenescence-book.com/book-overview/
149. http://www.mathscareers.org.uk/article/escape-velocities/
150. https://ourworldindata.org/life-expectancy
151. https://singularityhub.com/2017/11/10/3-dangerous-ideas-from-ray-kurzweil/
152. http://www.singularity2050.com/2008/03/actuarial-escap.html
153. http://www.sens.org/files/pdf/FHTI07-deGrey.pdf
154. http://hplusmagazine.com/2009/09/28/aubrey-de-grey-singularity-and-methuselarity/
155. https://en.wikiquote.org/wiki/Gordon_Moore
156. https://www.amazon.co.uk/Singularity-Near-Humans-Transcend-Biology-ebook/dp/

B000QCSA7C
157. http://www.kurzweilai.net/the-law-of-accelerating-returns
158. https://singularityhub.com/2016/04/05/how-to-think-exponentially-and-better-predict-the-future/#sm.0009rack7rg0e9r11g52cg8lqb1cb
159. https://singularityhub.com/2016/03/22/technology-feels-like-its-accelerating-because-it-actually-is/#sm.0009rack7rg0e9r11g52cg8lqb1cb
160. https://www.amazon.co.uk/How-Create-Mind-Thought-Revealed/dp/1491518839
161. https://www.weforum.org/agenda/2018/01/18-technology-predictions-for-2018/
162. https://www.amazon.de/Bold-Create-Wealth-Impact-World/dp/1476709580
163. https://singularityhub.com/2016/04/05/how-to-think-exponentially-and-better-predict-the-future/#sm.0009rack7rg0e9r11g52cg8lqb1cb
164. https://www.cnet.com/news/new-results-show-ai-is-as-good-as-reading-comprehension-as-we-are/
165. https://en.wizbii.com/company/ibm/job/watson-health-business-development-representative-inside-sales-7
166. https://www.theverge.com/2018/1/19/16911354/google-ceo-sundar-pichai-ai-artificial-intelligence-fire-electricity-jobs-cancer
167. https://medium.com/backchannel/were-hoping-to-build-the-tricorder-12e1822e5e6a#
168. https://www.nature.com/articles/d41586-020-03348-4
169. https://www.technologyreview.com/s/609038/chinas-ai-awakening/
170. https://www.cbinsights.com/research/artificial-intelligence-startups-healthcare/
171. http://scopeblog.stanford.edu/2015/05/11/vinod-khosla-shares-thoughts-on-disrupting-health-care-with-data-science/
172. https://www.technologyreview.com/s/609897/500000-britons-genomes-will-be-public-by-2020-transforming-drug-research/
173. https://allofus.nih.gov/
174. http://dkv.global/
175. http://www.perseus.tufts.edu/hopper/text?doc=Apollod.+3.14.3
176. https://www.amazon.co.uk/Homo-Deus-Brief-History-Tomorrow/dp/1910701874
177. https://www.amazon.com/Theory-Human-Motivation-Abraham-Maslow/dp/1614274371
178. https://www.amazon.fr/Esquisse-tableau-historique-Fragment-lAtlantide/dp/2080704842
179. https://www.amazon.com/Hamlet-Annotated-Introduction-Charles-Herford/dp/1420952145
180. http://www.theguardian.com/world/2008/nov/27/japan
181. http://www.theguardian.com/world/2013/jan/22/elderly-hurry-up-die-japanese
182. http://www.nytimes.com/1984/03/29/us/gov-lamm-asserts-elderly-if-very-ill-have-duty-to-die.html
183. http://www.theatlantic.com/magazine/archive/2014/10/why-i-hope-to-die-at-75/379329/

184. http://www.amazon.com/Reinventing-American-Health-Care-Outrageously/dp/1610393457
185. https://web.archive.org/web/20110110154034/http:/www.sagecrossroads.net/files/transcript01.pdf
186. http://www.ncbi.nlm.nih.gov/pmc/articles/PMC1361028/
187. http://sjayolshansky.com/sjo/Background_files/TheScientist.pdf
188. http://scholar.harvard.edu/cutler/publications/substantial-health-and-economic-returns-delayed-aging-may-warrant-new-focus
189. http://www.reuters.com/article/us-imf-aging-idUSBRE83A1C020120412
190. http://www.brookings.edu/research/books/2013/closing-the-deficit
191. http://articles.latimes.com/2014/jan/08/business/la-fi-mo-sure-you-have-to-work-in-retirement-but-look-on-the-bright-side-20140108
192. http://www.nber.org/papers/w8818
193. https://web.archive.org/web/20061018172529/http://www.econ.yale.edu/seminars/labor/lap04-05/topel032505.pdf
194. http://www.northbaybusinessjournal.com/northbay/marincounty/4138872-181/quest-to-redefine-aging#page=0
195. https://report.nih.gov/categorical_spending.aspx
196. http://www.forbes.com/sites/alexknapp/2012/07/05/how-much-does-it-cost-to-find-a-higgs-boson/
197. http://waterwaysproducts.com.au/2017/03/water-affect-human-body/
198. https://www.nestle-waters.com/healthy-hydration/water-body
199. https://www.amazon.co.uk/Natures-Building-Blocks-Z-Elements/dp/0199605637
200. https://www.amazon.com/Carl-Sagan-Cosmos-Utimate-Blu-ray/dp/B06X1F546N
201. https://www.amazon.com/nanotecnologia-Engines-creation-Surgimiento-Nanotechnology/dp/8474324947
202. https://www.youtube.com/watch?v=NV3sBlRgzTI&feature=youtu.be
203. http://www.digitalfrontiersmen.com/portfolio/elon-musk/
204. http://edition.cnn.com/2006/TECH/science/06/12/introduction/
205. http://sensproject21.org/
206. https://medium.com/@arielf/wake-up-people-its-time-to-aim-high-b0c2bcac53f1
207. http://www.happinesshypothesis.com/happiness-hypothesis-ch1.pdf
208. http://righteousmind.com/about-the-book/introductory-chapter/
209. http://www.amazon.com/Denial-Death-Ernest-Becker/dp/0684832402/
210. http://www.amazon.com/Worm-Core-Role-Death-Life/dp/1400067472/
211. http://www.amazon.com/Varieties-Religious-Experience-William-James/dp/1482738295/
212. http://ernestbecker.org/?page_id=60
213. https://www.youtube.com/watch?v=biNF_a5QbwE
214. http://www.amazon.com/Ending-Aging-Rejuvenation-Breakthroughs-Lifetime/dp/0312367074/
215. https://www.youtube.com/watch?v=RITCdrOEO9Y

216. https://www.fightaging.org/archives/2014/07/an-anti-deathist-faq.php
217. http://www.amazon.com/Righteous-Mind-Divided-Politics-Religion/dp/0307455777/
218. http://www.amazon.com/gp/product/0062292986/
219. http://www.amazon.com/Diffusion-Innovations-5th-Everett-Rogers/dp/0743222091/
220. https://www.youtube.com/watch?v=vg4lTZvfIz8
221. http://mathworld.wolfram.com/Rabbit-DuckIllusion.html
222. http://www.moillusions.com/vase-face-optical-illusion/
223. http://well.blogs.nytimes.com/2008/04/28/the-truth-about-the-spinning-dancer/?_r=0
224. http://www.amazon.com/Alfred-Wegener-Creator-Continetal-Science/dp/0816061742/
225. https://www.smithsonianmag.com/science-nature/when-continental-drift-was-considered-pseudoscience-90353214/
226. https://www.e-education.psu.edu/earth520/content/l2_p12.html
227. http://folk.ntnu.no/krill/krilldrift.pdf
228. http://www.mantleplumes.org/WebDocuments/Oreskes2002.pdf
229. https://www.macleans.ca/society/science/the-meaning-of-alphago-the-ai-program-that-beat-a-go-champ/
230. http://geologylearn.blogspot.com/2016/02/paleomagnetism-and-proof-of-continental.html
231. http://semmelweis.org/about/dr-semmelweis-biography/
232. https://en.wikipedia.org/wiki/Carl_Braun_(obstetrician)#Views_on_puerperal_fever
233. http://jama.jamanetwork.com/article.aspx?articleid=400956
234. http://www.amazon.com/Effectiveness-Efficiency-Random-Reflections-Services/dp/185315394X/
235. https://www.nuffieldtrust.org.uk/files/2017-01/effectiveness-and-efficiency-web-final.pdf
236. http://www.amazon.com/Taking-Medicine-Medicines-Difficulty-Swallowing/dp/1845951506/
237. http://www.cochrane.org/about-us
238. http://community-archive.cochrane.org/cochrane-reviews
239. http://www.cochrane.org/evidence
240. https://www.rcpe.ac.uk/sites/default/files/thomas_0.pdf
241. http://www.bcmj.org/premise/history-bloodletting
242. https://www.mtechnologies.com/n1fn/bcramps.htm
243. https://www.cryonics.org/images/uploads/misc/Prospect_Book.pdf
244. http://www.bbc.com/future/story/20140821-i-will-be-frozen-when-i-die
245. https://www.longecity.org/forum/page/index.html/_/articles/cryonics
246. https://www.kurzweilai.net/playboy-reinvent-yourself-the-playboy-interview
247. https://www.biostasis.com/scientists-open-letter-on-cryonics/
248. http://cryonics-research.org.uk/

249. http://sociedad-crionica.org/
250. http://www.thelancet.com/journals/lancet/article/PIIS0140-6736(00)01021-7/
251. https://www.theguardian.com/science/blog/2013/dec/10/life-death-therapeutic-hypothermia-anna-bagenholm
252. https://www.amazon.com/Extreme-Medicine-Exploration-Transformed-Twentieth/dp/1594204705
253. https://www.rd.com/true-stories/survival/hypothermia-cheat-death/
254. https://www.newscientist.com/article/dn23107-zoologger-supercool-squirrels-go-into-the-deep-freeze/
255. https://www.sciencedaily.com/releases/2011/04/110411152533.htm
256. http://jeb.biologists.org/content/213/3/502.full
257. http://www.bbc.co.uk/earth/story/20150313-the-toughest-animals-on-earth
258. http://www.ncbi.nlm.nih.gov/pmc/articles/PMC4620520/
259. https://www.technologyreview.com/s/542601/the-science-surrounding-cryonics/
260. http://www.alcor.org/Library/html/vitrification.html
261. http://www.bbc.com/future/story/20140224-can-we-ever-freeze-our-organs
262. http://www.kurzweilai.net/alcor-update-from-max-more-new-ceo
263. http://waitbutwhy.com/2016/03/cryonics.html
264. http://www.alcor.org/book/index.html
265. https://www.brainpreservation.org/faq-items/17-what-problems-currently-exist-for-chemopreservation/
266. https://www.amazon.co.uk/How-Create-Mind-Ray-Kurzweil/dp/0715647334
267. http://blogs.discovermagazine.com/crux/2016/03/23/nuclear-fusion-reactor-research/
268. http://www.jstor.org/stable/2118559
269. http://www.dndi.org/about-dndi/
270. https://www.techdirt.com/articles/20140124/09481025978/big-pharma-ceo-we-develop-drugs-rich-westerners-not-poor.shtml
271. https://todayinsci.com/M/Merck_George/MerckGeorge-Quotations.htm
272. https://www.newyorker.com/contributors/john-cassidy
273. http://www.amazon.com/How-Markets-Fail-Economic-Calamities/dp/0374173206/
274. http://www.williammacaskill.com/#book
275. https://www.youtube.com/watch?v=jDJ_IjMwT20
276. http://www.npr.org/templates/story/story.php?storyId=104302141
277. https://www.youtube.com/watch?v=GoJsr4IwCm4
278. https://www.youtube.com/watch?v=kJQP7kiw5Fk
279. http://www.nickbostrom.com/fable/dragon.html
280. https://www.youtube.com/watch?v=cZYNADOHhVY
281. http://strategicphilosophy.blogspot.com.es/2009/05/its-about-ten-years-since-i-wrote.html
282. https://www.amazon.com/Inhuman-Bondage-Rise-Slavery-World/dp/0195339444
283. http://www.bu.edu/historic/london/conf.html

284. https://www.lifespan.io/
285. https://www.forever-healthy.org/
286. https://parteifuergesundheitsforschung.de/
287. https://en.wikipedia.org/wiki/Citizen_science
288. https://babel.hathitrust.org/cgi/pt?id=chi.087603619;view=1up;seq=67
289. https://www.amazon.co.uk/History-Crime-Victor-Hugo/dp/384967696X
290. http://longevityalliance.org/?q=history-international-longevity-alliance
291. https://quoteinvestigator.com/2017/11/12/change-world/
292. https://quoteinvestigator.com/2017/06/13/acceptance/

参考文献

本を少し読んだだけで、別の人の声が聞こえてくる。それは1000年も前に死んだ人の声かもしれない。読書は時間を超える旅だ。……本は時間のくびきから我々を解放し、人間が魔法を使えると証明してくれる。

1980年，カール・セーガン

本を読むことで人生の新時代を切り拓いた人がどれだけいることか。

1854年，ヘンリー・デイヴィッド・ソロー

Alberts, Bruce (2014), *Molecular Biology of the Cell, 6th Edition*, Garland Science. 邦訳：Bruce Albertsほか著，中村桂子，松原謙一監訳，『細胞の分子生物学　第6版』，ニュートンプレス（2017）.

Alexander, Brian (2004), *Rapture: A Raucous Tour of Cloning, Transhumanism, and the New Era of Immortality*, Basic Books.

Alexandre, Laurent (2011), *La mort de la mort: Comment la technomédicine va bouleverser l'humanité*, Editions Jean-Claude Lattès.

Alighieri, Dante (2008[1321]), *The Divine Comedy*, Chartwell Books. 邦訳：ダンテ・アリギエリ著，原基晶訳，『神曲（第1-3巻）』，講談社学術文庫（2014）ほか.

Andrews, Bill & Cornell, Jon (2017), *Telomere Lengthening: Curing All Disease Including Aging and Cancer*, Sierra Sciences.

Andrews, Bill & Cornell, Jon (2014), *Curing Aging: Bill Andrews on Telomere Basics*, Sierra Sciences.

Arking, Robert (2006), *The Biology of Aging: Observations and Principles*, Oxford University Press.

Arrison, Sonia (2011), *100 Plus: How the Coming Age of Longevity Will Change Everything, From Careers and Relationships to Family and Faith*, Basic Books. 邦訳：ソニア・アリソン著，土屋晶子訳，『寿命100歳以上の世界――20XX年，仕事・家族・社会はこう変わる』，阪急コミュニケーションズ（2013）.

Asimov, Isaac (1993), *Asimov's New Guide to Science*, Penguin Books Limited.

Austad, Steven N. (2022), *Methuselah's Zoo: What Nature Can Teach Us about Living Longer, Healthier Lives*, The MIT Press. 邦訳：スティーヴンN. オースタッド著，黒

木章人訳,『「老いない」動物がヒトの未来を変える』, 原書房 (2022).

Austad, Steven N.(1997), *Why We Age: What Science Is Discovering About the Body's Journey Through Life*, John Wiley & Sons, Inc. 邦訳:スティーヴン N. オースタッド著, 吉田利子訳,『老化はなぜ起こるか——コウモリは老化が遅く, クジラはガンになりにくい』, 草思社 (1999).

Bailey, Ronald(2005), *Liberation Biology: The Scientific and Moral Case for the Biotech Revolution*, Prometheus Books.

Barzilai, Nir(2020), *Age Later: Health Span, Life Span, and the New Science of Longevity*, St. Martin's Press. 邦訳:ニール・バルジライ, トニー・ロビーノ著, 牛原眞弓訳,『SUPERAGERS——老化は治療できる』, CCCメディアハウス (2021).

BBVA, OpenMind(2017), *The Next Step: Exponential Life*, BBVA, OpenMind.

Becker, Ernest(1973), *The Denial of Death*, Free Press. 邦訳:アーネスト・ベッカー著, 今防人訳,『死の拒絶』, 平凡社 (1989).

Blackburn, Elizabeth & Epel, Elissa(2018), *The Telomere Effect: A Revolutionary Approach to Living Younger, Healthier, Longer*, Grand Central Publishing. 邦訳:エリザベス・ブラックバーン, エリッサ・エペル著, 森内薫訳,『細胞から若返る!テロメア・エフェクト——健康長寿のための最強プログラム』, NHK出版 (2017).

Blasco, María & Salomone, Mónica G.(2016), *Morir joven, a los 140: El papel de los telómeros en el envejecimiento y la historia de cómo trabajan los científicos para conseguir que vivamos más y mejor*, Paidós.

Bostrom, Nick(2005), "A History of Transhumanist Thought," *Journal of Evolution and Technology*, Vol. 14 Issue 1, April 2005.

Bova, Ben(1998), *Immortality: How Science is Extending Your Life Span, and Changing the World*, Avon Books.

Brendborg, Nicklas(2023), *Jellyfish Age Backwards: Nature's Secrets to Longevity*, Little, Brown and Company. 邦訳:ニクラス・ブレンボー著, 野中香方子訳,『寿命ハック——死なない細胞, 老いない身体』, 新潮新書 (2022).

Bulterijs, Sven; Hull, Raphaella S.; Bjork, Victor C. & Roy, Avi G.(2015), "It is time to classify biological aging as a disease," *Frontiers in Genetics*, 6:205.

Carlson, Robert H.(2010), *Biology is Technology: The promise, peril, and new business of engineering life*, Harvard University Press.

Cave, Stephen(2012), *Immortality: The Quest to Live Forever and How It Drives Civilization*, Crown. 邦訳:スティーヴン・ケイヴ著, 柴田裕之訳,『ケンブリッジ大学・人気哲学者の「不死」の講義——「永遠の命」への本能的欲求が, 人類をどう進化させたのか?』, 日経BP (2021).

Chaisson, Eric(2005), *Epic of Evolution: Seven Ages of the Cosmos*, Columbia University Press.

Church, George M. and Regis, Ed(2012), *Regenesis: How Synthetic Biology will Reinvent Nature and Ourselves*, Basic Books.

Clarke, Arthur C.(1984[1962]), *Profiles of the Future: An Inquiry into the Limits of the Possible*, Henry Holt and Company.

Comfort, Alex(1964), *Ageing: The Biology of Senescence*, Routledge & Kegan Paul.

Condorcet, Marie-Jean-Antoine-Nicolas de Caritat(1979[1795]), *Sketch for a Historical Picture of the Progress of the Human Mind*, Greenwood Press.

Cordeiro, José(ed.)(2014), *Latinoamérica 2030: Estudio Delphi y Escenarios*, Lola Books.

Cordeiro, José(2010), *Telephones and Economic Development: A Worldwide Long-Term Comparison*, Lambert Academic Publishing.

Cordeiro, José(2007), *El Desafío Latinoamericano... y sus Cinco Grandes Retos*, McGraw-Hill Interamericana.

Coeurnelle, Didier(2013), *Et si on arrêtait de vieillir!* FYP éditions.

Critser, Greg(2010), *Eternity Soup: Inside the Quest to End Aging*, Crown.

Danaylov, Nikola(2016), *Conversations with the Future: 21 Visions for the 21st Century*, Singularity Media, Inc.

Darwin, Charles(2003[1859]), The *Origin of the Species*, Fine Creative Media. 邦訳：ダーウィン著，渡辺政隆訳，『種の起源（上下）』，光文社古典新訳文庫（2009）ほか.

Dawkins, Richard(1976), *The Selfish Gene*, Oxford University Press. 邦訳：リチャード・ドーキンス著，日高敏隆，岸由二，羽田節子，垂水雄二訳，『利己的な遺伝子　40周年記念版』，紀伊國屋書店（2018）.

De Grey, Aubrey & Rae, Michael(2008), *Ending Aging: The Rejuvenation Breakthroughs That Could Reverse Human Aging in Our Lifetime*, St. Martin's Press. 邦訳：オーブリー・デグレイ，マイケル・レイ著，高橋則明訳，『老化を止める７つの科学――エンド・エイジング宣言』，日本放送出版協会（2008）.

De Grey, Aubrey; Ames, Bruce N.; Andersen, Julie K.; Bartke, Andrzej; Campisi, Judith; Heward, Christopher B.; McCarter, Roger J.M. & Stock, Gregory(2002), "Time to talk SENS: critiquing the immutability of human aging." *Annals of the New York Academy of Sciences*, Vol. 959; pp. 452-462.

De Grey, Aubrey(1999), *The mitochondrial free radical theory of aging*, Landes Bioscience.

De Magalhães, João Pedro, Curado, J. & Church, George M.(2009), "Meta-analysis of age-related gene expression profiles identifies common signatures of aging," *Bioinformatics*, 25(7), pp, 875-881.

Deep Knowledge Ventures(2018), *AI for Drug Discovery, Biomarker Development and Advanced R&D*, Deep Knowledge Ventures.

DeLong, J. Brad(2000), "Cornucopia: The Pace of Economic Growth in the Twentieth Century," *NBER Working Papers*, 7602.

Diamandis, Peter H. & Kotler, Steven(2016), *Bold: How to Go Big, Create Wealth and Impact the World*, Simon & Schuster. 邦訳：ピーター H. ディアマンディス，スティーブン・コトラー著，土方奈美訳，『ボールド 突き抜ける力――超ド級の成長と富を手

に入れ，世界を変える方法』，日経BP（2015）．

Diamandis, Peter H. & Kotler, Steven(2012), *Abundance: The Future is Better Than You Think*, Free Press. 邦訳：ピーター H. ディアマンディス，スティーヴン・コトラー著，熊谷玲美訳，『楽観主義者の未来予測——テクノロジーの爆発的進化が世界を豊かにする（上下）』，早川書房（2014）．

Diamond, Jared M.(1997), *Guns, Germs, and Steel: The Fates of Human Societies*, W.W. Norton & Co. 邦訳：ジャレド・ダイアモンド著，倉骨彰訳，『銃・病原菌・鉄（上下）』，草思社文庫（2012）．

Drexler, K. Eric(2013), *Radical Abundance: How a Revolution in Nanotechnology Will Change Civilization*, PublicAffairs.

Drexler, K. Eric(1987), *Engines of Creation: The Coming Age of Nanotechnology*, Anchor Books. 邦訳：K. エリック・ドレクスラー著，相沢益男訳，『創造する機械——ナノテクノロジー』，パーソナルメディア（1992）．

Dyson, Freeman J.(2004[1984]), *Infinite in All Directions*, Harper Perennial. 邦訳：フリーマン・ダイソン著，鎮目恭夫訳，『多様化世界——生命と技術と政治　新装』，みすず書房（2000）．

Ehrlich, Paul(1968), *The Population Bomb*, Sierra Club/Ballantine Books.

Emsley, John(2011), *Nature's Building Blocks: An A-Z Guide to the Elements*, Oxford University Press. 邦訳：John Emsley 著，山崎昶訳，『元素の百科事典』，丸善（2003）．

Ettinger, Robert(1972), *Man into Superman*, St. Martin's Press.

Ettinger, Robert(1964), *The Prospect of Immortality*, Doubleday.

Fahy, Gregory et al(ed.)(2010), *The Future of Aging: Pathways to Human Life Extension*, Springer.

Farmanfarmaian, Robin(2015), *The Patient as CEO: How Technology Empowers the Healthcare Consumer*, Lioncrest Publishing.

Feynman, Richard(2005), *The Pleasure of Finding Things Out: The Best Short Works of Richard P. Feynman*, Basic Books. 邦訳：R. P. ファインマン著，大貫昌子，江沢洋訳，『聞かせてよ，ファインマンさん』，岩波現代文庫（2009）．

Finch, Caleb E.(1990), *Senescence, Longevity, and the Genome*, University of Chicago Press.

Fogel, Robert William(2004), *The Escape from Hunger and Premature Death, 1700-2100: Europe, America, and the Third World*, Cambridge University Press.

Fossel, Michael(2015), *The Telomerase Revolution: The Enzyme That Holds the Key to Human Aging and Will Soon Lead to Longer, Healthier Lives*, BenBella Books.

Fossel, Michael(1996), *Reversing Human Aging*, William Morrow and Company. 邦訳：マイケル・フォッセル著，佐々木龍二監修，仙名紀訳，『不老革命』，アスキー（1997）．

Freitas, Robert A. Jr.(2022), *Cryostasis Revival: The Recovery of Cryonics Patients through Nanomedicine*, Alcor Life Extension Foundation.

Friedman, David M.(2007), *The Immortalists: Charles Lindbergh, Dr. Alexis Carrel, and*

Their Daring Quest to Live Forever, Ecco.
Fumento, Michael (2003), *BioEvolution: How Biotechnology Is Changing the World,* Encounter Books.
García Aller, Marta (2017), *El fin del mundo Tal y como lo conocemos: Las grandes innovaciones que van a cambiar tu vida,* Planeta.
Garreau, Joel (2005), *Radical Evolution: The Promise and Peril of Enhancing Our Minds, Our Bodies, and What It Means to Be Human,* Doubleday.
Glenn, Jerome, et al. (2018), *State of the Future 19.1,* The Millennium Project.
Gosden, Roger (1996), *Cheating Time,* W. H. Freeman & Company. 邦訳：ロジャー・ゴスデン著，田中啓子訳，『老いをあざむく――〈老化と性〉への科学の挑戦』，新曜社（2003）.
Green, Ronald M. (2007), *Babies by Design: The Ethics of Genetic Choice,* Yale University Press.
Gupta, Sanjay (2009), *Cheating Death: The Doctors and Medical Miracles that Are Saving Lives Against All Odds,* Wellness Central.
Halal, William E. (2008), *Technology's Promise: Expert Knowledge on the Transformation of Business and Society,* Palgrave Macmillan.
Haldane, John Burdon Sanderson (1924), *Daedalus or Science and the Future,* K. Paul, Trench, Trubner & Co.
Hall, Stephen S. (2003), *Merchants of Immortality: Chasing the Dream of Human Life Extension,* Houghton Mifflin Harcourt. 邦訳：スティーヴン S. ホール著，松浦俊輔訳，『不死を売る人びと――「夢の医療」とアメリカの挑戦』，阪急コミュニケーションズ（2004）.
Halperin, James L. (1998), *The First Immortal,* Del Rey, Random House. 邦訳：ジェイムズ L. ハルペリン著，内田昌之訳，『誰も死なない世界』，角川文庫（2002）.
Harari, Yuval Noah (2017), *Homo Deus: A Brief History of Tomorrow,* Harper. 邦訳：ユヴァル・ノア・ハラリ著，柴田裕之訳，『ホモ・デウス――テクノロジーとサピエンスの未来（上下）』，河出文庫（2022）.
Harari, Yuval Noah (2015), *Sapiens: A Brief History of Humankind,* Harper. 邦訳：ユヴァル・ノア・ハラリ著，柴田裕之訳，『サピエンス全史――文明の構造と人類の幸福（上下）』，河出文庫（2023）.
Hawking, Stephen (2002), *The Theory of Everything: The Origin and Fate of the Universe,* New Millennium Press. 邦訳：スティーヴン W. ホーキング著，向井国昭監訳，倉田真木訳，『ホーキング 宇宙の始まりと終わり――私たちの未来』，青志社（2008）.
Hayflick, Leonard (1994), *How and Why We Age,* Ballantine Books. 邦訳：レオナード・ヘイフリック著，今西二郎，穂北久美子訳，『人はなぜ老いるのか――老化の生物学』，三田出版会（1996）.
Hébert, Jean M. (2020), *Replacing Aging,* Science Unbound.
Hessel, Andrew & Webb, Amy (2022), *The Genesis Machine: Our Quest to Rewrite Life in the Age of Synthetic Biology,* Public Affairs. 邦訳：エイミー・ウェブ，アンドリュー・

ヘッセル著，関谷冬華訳，『ジェネシス・マシン――合成生物学が開く人類第2の創世記』，日経ナショナルジオグラフィック（2022）．

Hobbes, Thomas (2008[1651]), *Leviathan*, Oxford World's Classics, Oxford University Press. 邦訳：トマス・ホッブズ著，加藤節訳，『リヴァイアサン（上下)』，ちくま学芸文庫（2022）ほか．

Hoffman, Rudi (2018), *The Affordable Immortal: Maybe You Can Beat Death and Taxes*, Createspace Independent Publishing Platform.

Hughes, James (2004), *Citizen Cyborg: Why Democratic Societies Must Respond to the Redesigned Human of the Future*, Westview Press.

Huxley, Julian (1957), "Transhumanism," *New Bottles for New Wine*, Chatto & Windus.

Immortality Institute (ed.) (2004), *The Scientific Conquest of Death: Essays on Infinite Lifespans*, Libros En Red.

International Monetary Fund (Annual), *World Economic Outlook*, International Monetary Fund.

Ioviţă, Anca (2015), *The Aging Gap Between Species*, CreateSpace.

Jackson, Moss A. (2016), *I Didn't Come to Say Goodbye! Navigating the Psychology of Immortality*, D&L Press.

Jain, Naveen (2018), *Moonshots: Creating a World of Abundance*, Moonshots Press.

Kahn, Herman (1976), *The Next 200 Years: A Scenario for America and the World*, Quill.

Kaku, Michio (2018), *The Future of Humanity: Terraforming Mars, Interstellar Travel, Immortality, and Our Destiny Beyond Earth*, Doubleday. 邦訳：ミチオ・カク著，斉藤隆央訳，『人類，宇宙に挑む――実現への3つのステップ』，NHK出版（2019）．

Kaku, Michio (2012), *Physics of the Future: How Science Will Shape Human Destiny and Our Daily Lives by the Year 2100*, Anchor Books. 邦訳：ミチオ・カク著，斉藤隆央訳，『2100年の科学ライフ』，NHK出版（2012）．

Kanungo, Madhu Sudan (1994), *Genes and Aging*, Cambridge University Press.

Kaufmann, Sandra (2022), *The Kaufmann Protocol: Aging Solutions*, Independently published.

Kennedy, Brian K.; Berger, Shelley, L.; Brunet, Anne; Campisi, Judith; Cuervo, Ana Maria; Epel, Elissa S.; Franceschi, Claudio; Lithgow, Gordon J.; Morimoto, Richard I.; Pessin, Jeffrey E.; Rando, Thomas A.; Arlan Richardson, Arlan; Schadt, Eric E.; Wyss-Coray, Tony & Sierra, Felipe (2014), "Aging: a common driver of chronic diseases and a target for novel interventions," *Cell*, 2014 Nov 6; 159(4): pp. 709-713.

Kenyon, Cynthia J. (2010), "The genetics of ageing," *Nature*, 464(7288), pp. 504-512.

Kuhn, Thomas S. (1962), *The Structure of Scientific Revolutions*, University of Chicago Press. 邦訳：トマス S. クーン著，青木薫訳，『科学革命の構造　新版』，みすず書房(2023)．

Kurian, George T. and Molitor, Graham T.T. (1996), *Encyclopedia of the Future*, Macmillan.

Kurzweil, Ray (2012), *How to Create a Mind: The Secret of Human Thought Revealed*,

Viking Books.
Kurzweil, Ray (2005), *The Singularity Is Near: When Humans Transcend Biology*, Viking Press Inc. 邦訳：レイ・カーツワイル著，井上健監訳，小野木明恵，野中香方子，福田実訳，『ポスト・ヒューマン誕生——コンピュータが人類の知性を超えるとき』，日本放送出版協会（2007）.
Kurzweil, Ray (1999), *The Age of Spiritual Machines*, Penguin Books. 邦訳：レイ・カーツワイル著，田中三彦，田中茂彦訳，『スピリチュアル・マシーン——コンピュータに魂が宿るとき』，翔泳社（2001）.
Kurzweil, Ray & Grossman, Terry (2009), *TRANSCEND: Nine Steps to Living Well Forever*, Rodale Books.
Kurzweil, Ray & Grossman, Terry (2004), *Fantastic Voyage: Live Long Enough to Live Forever*, Rodale Books.
Lents, Nathan (2018), *Human Errors: A Panorama of Our Glitches, from Pointless Bones to Broken Genes*, Houghton Mifflin Harcourt. 邦訳：ネイサン・レンツ著，久保美代子訳，『人体，なんでそうなった？——余分な骨，使えない遺伝子，あえて危険を冒す脳』，化学同人（2019）.
Lieberman, Daniel E. (2013), *The Story of the Human Body: Evolution, Health, and Disease*, Vintage. 邦訳：ダニエル E. リーバーマン著，塩原通緒訳，『人体600万年史——科学が明かす進化・健康・疾病（上下）』，ハヤカワ文庫（2017）.
Lima, Manuel (2014), *The book of Trees: Visualizing Branches of Knowledge*, Princeton Architectural Press. 邦訳：マニュエル・リマ著，三中信宏訳，『系統樹大全——知の世界を可視化するインフォグラフィックス』，ビー・エヌ・エヌ新社（2015）.
Longevity.International (2017), *Longevity Industry Analytical Report 1: The Business of Longevity,* Longevity.International.
Longevity.International (2017), *Longevity Industry Analytical Report 2: The Science of Longevity*, Longevity.International.
López-Otín, Carlos; Blasco, Maria A.; Partridge, Linda; Manuel Serrano, Manuel & Kroemer, Guido (2023), "The Hallmarks of Aging: An Expanding Universe," *Cell*, 2023 January 19; 186 (2): pp. 243-278.
López-Otín, Carlos; Blasco, Maria A.; Partridge, Linda; Manuel Serrano, Manuel & Kroemer, Guido (2013), "The Hallmarks of Aging," *Cell*, 2013 June 6; 153 (6): pp. 1194-1217.
Maddison, Angus (2007), *Contours of the World Economy 1-2030 AD: Essays in Macro-Economic History*, Oxford University Press. 邦訳：アンガス・マディソン著，政治経済研究所監訳，『世界経済史概観——紀元1年-2030年』，岩波書店（2015）.
Maddison, Angus (2004), *Historical Statistics for the World Economy: 1-2003 AD*, OECD Development Center.
Maddison, Angus (2001), *The World Economy: A Millennial Perspective*, OECD Development Center. 邦訳：アンガス・マディソン著，金森久雄監訳，政治経済研究

所訳，『経済統計で見る世界経済 2000 年史』，柏書房（2004）.

Malthus, Thomas Robert (2008[1798]), *An Essay on the Principle of Population,* Oxford World's Classics, Oxford University Press. 邦訳：マルサス著，斉藤悦則訳，『人口論』，光文社古典新訳文庫（2011）ほか.

Martinez, Daniel E. (1998), "Mortality patterns suggest lack of senescence in hydra," *Experimental Gerontology,* 1998 May; 33(3), pp. 217-225.

Martínez-Barea, Juan (2014), *El mundo que viene: Descubre por qué las pròximas décadas serán las más apasionantes de la historia de la humanidad,* Gestión 2000.

Medawar, Peter (1952), *An Unsolved Problem of Biology,* H. K. Lewis.

Mellon, Jim & Chalabi, Al (2017), *Juvenescence: Investing in the Age of Longevity,* Fruitful Publications.

Metzl, Jamie (2019), *Hacking Darwin: Genetic Engineering and the Future of Humanity,* Sourcebooks.

Miller, Philip Lee & Life Extension Foundation (2005), *The Life Extension Revolution: The New Science of Growing Older Without Aging,* Bantam Books.

Minsky, Marvin (1994), "Will robots inherit the Earth?" *Scientific American,* October 1994.

Minsky, Marvin (1987), *The Society of Mind,* Simon and Schuster. 邦訳：マーヴィン・ミンスキー著，安西祐一郎訳，『心の社会』，産業図書（1990）.

Mitteldorf, Josh & Sagan, Dorion (2016), *Cracking the Aging Code: The New Science of Growing Old, and What it Means for Staying Young,* Flatiron Books. 邦訳：ジョシュ・ミッテルドルフ，ドリオン・セーガン著，矢口誠訳，『若返るクラゲ 老いないネズミ 老化する人間』，集英社インターナショナル（2018）.

Moore, Geoffrey (1995), *Crossing the Chasm: Marketing and Selling High-tech Products to Mainstream Customers,* Harperbusiness. 邦訳：ジェフリー・ムーア著，川又政治訳，『キャズム――新商品をブレイクさせる「超」マーケティング理論　Ver. 2 増補改訂版』，翔泳社（2014）.

Moravec, Hans (1999), *Robot: Mere Machine to Transcendent Mind,* Oxford University Press. 邦訳：ハンス・モラベック著，夏目大訳，『シェーキーの子どもたち――人間の知性を超えるロボット誕生はあるのか』，翔泳社（2001）.

Moravec, Hans (1988), *Mind Children,* Harvard University Press. 邦訳：H. モラヴェック著，野崎昭弘訳，『電脳生物たち――超 AI による文明の乗っ取り』，岩波書店（1991）.

More, Max (2003), *The Principles of Extropy, Version 3.11,* The Extropy Institute.

More, Max & Vita-More, Natasha (2013), *The Transhumanist Reader: Classical and Contemporary Essays on the Science, Technology, and Philosophy of the Human Future,* Wiley-Blackwell.

Mulhall, Douglas (2002), *Our Molecular Future: How Nanotechnology, Robotics, Genetics, and Artificial Intelligence will Transform our World,* Prometheus Books. 邦訳：ダグラス・マルホール著，長尾力訳，『ナノテクノロジー・ルネッサンス――ナノテクノロ

ジー・ロボット工学・遺伝子工学・人工知能が拓く輝ける人類の未来』, アスペクト(2003).
Musi, Nicolas & Hornsby, Peter(ed.)(2015), *Handbook of the Biology of Aging, 8th Edition*, Academic Press.
Naam, Ramez(2005), *More Than Human: Embracing the Promise of Biological Enhancement*, Broadway Books. 邦訳:ラメズ・ナム著, 西尾香苗訳,『超人類へ! ——バイオとサイボーグ技術がひらく衝撃の近未来社会』, インターシフト (2006).
Navajas, Santiago(2016), *El hombre tecnològico y el síndrome Blade Runner*, Editorial Berenice.
Ocampo, Alejandro; Reddy, Pradeep; Martinez-Redondo, Paloma; Platero-Luengo, Aida; Hatanaka, Fumiyuki; Hishida, Tomoaki; Li, Mo; Lam, David; Kurita, Masakazu; Beyret, Ergin; Araoka, Toshikazu; Vazquez-Ferrer, Eric; Donoso, David; Roman, José Luis; Xu, Jinna; Rodriguez Esteban, Concepcion; Gabriel Nuñez, Gabriel; Nuñez Delicado, Estrella; Campistol, Josep M.; Guillen, Isabel; Guillen, Pedro & Izpisua Belmonte, Juan Carlos(2016), "In Vivo Amelioration of Age-Associated Hallmarks by Partial Reprogramming," *Cell*, 2016 Dec 15; 167(7): pp. 1719-1733.
United Nations(Annual), *Statistical Yearbook*, United Nations.
Paul, Gregory S. & Cox, Earl(1996), *Beyond Humanity: Cyberevolution and Future Minds*, Charles River Media. 邦訳:グレゴリー S. ポール, アール D. コック著, 横山亮訳,『さよなら, ニンゲンたち——サイバー=オズの未来』, 河出書房新社 (1998).
Perry, Michael(2001), *Forever for All: Moral Philosophy, Cryonics, and the Scientific Prospects for Immortality*, Universal Publishers.
Pickover, Clifford A.(2007), *A Beginner's Guide to Immortality: Extraordinary People, Alien Brains, and Quantum Resurrection*, Thunder's Mouth Press.
Pinker, Steven(2018), *Enlightenment Now: The Case for Reason, Science, Humanism, and Progress*, Viking. 邦訳:スティーブン・ピンカー著, 橘明美, 坂田雪子訳,『21世紀の啓蒙——理性, 科学, ヒューマニズム, 進歩 (上下)』, 草思社文庫 (2023).
Pinker, Steven(2012), *The Better Angels of Our Nature: Why Violence Has Declined*, Penguin Books. 邦訳:スティーブン・ピンカー著, 幾島幸子, 塩原通緒訳,『暴力の人類史 (上下)』, 青土社 (2015).
United Nations Development Programme(Annual), *Human Development Report*, United Nations Development Programme.
Regis, Edward(1991), *Great Mambo Chicken and the Transhuman Condition: Science Slightly over the Edge*, Perseus Publishing. 邦訳:エド・レジス著, 大貫昌子訳,『不死テクノロジー——科学がSFを超える日』, 工作舎 (1993).
Ridley, Matt(1995), *The Red Queen: Sex and the Evolution of Human Nature*, Harper Perennial. 邦訳:マッド・リドレー著, 長谷川眞理子訳,『赤の女王——性とヒトの進化』, ハヤカワ文庫 (2014).
Roco, Mihail C. & Bainbridge, William Sims(eds.)(2003), *Converging Technologies for Improving Human Performance*, Kluwer.

Rogers, Everett M.(2003), *Diffusion of Innovations, 5th Edition*, Free Press.
Rose, Michael(1991), *Evolutionary Biology of Aging*, Oxford University Press.
Rose, Michael; Rauser, Casandra L. & Mueller, Laurence D.(2011), *Does Aging Stop?* Oxford University Press.
Sagan, Carl(1977), *The Dragons of Eden: Speculations on the Evolution of Human Intelligence*, Random House.
Scott, Andrew; Ellison, Martin & Sinclair, David A.(2021), "The economic value of targeting aging," *Nature Aging*, 1, 616-623 (2021).
Serrano, Javier(2015), *El hombre biónico y otros ensayos sobre tecnologías, robots, máquinas y hombres*, Editorial Guadalmazán.
Shakespeare, William(2017[1601]), *Hamlet*, Amazon Classics. 邦訳：シェイクスピア著, 福田恒存訳, 『ハムレット』, 新潮文庫（1967）ほか.
Shermer, Michael(2018), *Heavens on Earth: The Scientific Search for the Afterlife, Immortality, and Utopia*, Henry Holt and Co.
Simon, Julian L.(1998), *The Ultimate Resource 2*, Princeton University Press.
Sinclair, David A.(2019), *Lifespan: Why We Age — and Why We Don't Have To*, Thorsons. 邦訳：デビッド A. シンクレア, マシュー D. ラプラント著, 梶山あゆみ訳, 『LIFESPAN——老いなき世界』, 東洋経済新報社（2020）.
Skloot, Rebecca(2010), *The Immortal Life of Henrietta Lacks*, Random House. 邦訳：レベッカ・スクルート著, 中里京子訳, 『ヒーラ細胞の数奇な運命——医学の革命と忘れ去られた黒人女性』, 河出文庫（2021）.
Stambler, Ilia(2017), *Longevity Promotion: Multidisciplinary Perspectives*, CreateSpace Independent Publishing Platform.
Stambler, Ilia(2014), *A History of Life-Extensionism in the Twentieth Century*, CreateSpace Independent Publishing Platform.
Steele, Andrew(2021), *Ageless: The New Science of Getting Older Without Getting Old*, Doubleday. 邦訳：アンドリュー・スティール著, 依田卓巳, 草次真希子, 田中均訳, 『AGELESS——「老いない」科学の最前線』, ニューズピックス（2022）.
Stipp, David(2010), *The Youth Pill: Scientists at the Brink of an Anti-Aging Revolution*, Current. 邦訳：デイヴィッド・スティップ著, 寺町朋子訳, 『長寿回路を ON にせよ！——見えてきた抗老化薬』, シーエムシー出版（2012）.
Stock, Gregory(2002), *Redesigning Humans: Our Inevitable Genetic Future*, Houghton Mifflin Company. 邦訳：グレゴリー・ストック著, 垂水雄二訳, 『それでもヒトは人体を改変する——遺伝子工学の最前線から』, 早川書房（2003）.
Stolyarov II, Gennady(2013), *Death is Wrong*, Rational Argumentators Press.
Strehler, Bernard(1999), *Time, Cells, and Aging*, Demetriades Brothers.
Teilhard de Chardin, Pierre(1964), *The Future of Man*, Harper & Row.
Topol, Eric(2019), *Deep Medicine: How Artificial Intelligence Can Make Healthcare Human Again*, Basic Books. 邦訳：エリック・トポル著, 中村祐輔監訳, 柴田裕之訳,

『ディープメディスン――AIで思いやりのある医療を！』，NTT出版（2020）．
United Nations (2022), *World Population Prospects 2022*, United Nations.
Venter, J. Craig (2014), *Life at the Speed of Light: From the Double Helix to the Dawn of Digital Life*, Penguin Books.
Venter, J. Craig (2008), *A Life Decoded: My Genome: My Life*, Penguin Books. 邦訳：J.クレイグ・ベンター著，野中香方子訳，『ヒトゲノムを解読した男――クレイグ・ベンター自伝』，化学同人（2008）．
Verburgh, Kris (2018), *The Longevity Code: The New Science of Aging*, The Experiment.
Vinge, Vernor (1993), "The Coming Technological Singularity," *Whole Earth Review*, Winter 1993.
Walter, Chip (2020), *Immortality, Inc.: Renegade Science, Silicon Valley Billions, and the Quest to Live Forever*, National Geographic. 邦訳：チップ・ウォルター著，関谷冬華訳，『不老不死ビジネス 神への挑戦――シリコンバレーの静かなる熱狂』，日経ナショナルジオグラフィック（2021）．
Warwick, Kevin (2002), *I, Cyborg*, Century.
Weindruch, Richard & Walford, Roy (1988), *The Retardation of Aging and Disease by Dietary Restriction*, Charles C. Thomas.
Weiner, Jonathan (2010), *Long for This World: The Strange Science of Immortality*, HarpersCollins Publishers. 邦訳：ジョナサン・ワイナー著，鍛原多惠子訳，『寿命1000年――長命科学の最先端』，早川書房（2012）．
Weismann, August (1892), *Essays Upon Heredity and Kindred Biological Problems, Volumes 1 & 2*, Claredon Press.
Wells, H.G. (1902), "The Discovery of the Future," *Nature*, 65, pp. 326-331.
West, Michael (2003), *The Immortal Cell*, Doubleday.
Wood, David W. (2019), *Sustainable Superabundance: A Universal Transhumanist Invitation*, Delta Wisdom.
Wood, David W. (2018), *Transcending Politics: A Technoprogressive Roadmap to a Comprehensively Better Future*, Delta Wisdom.
Wood, David W. (2016), *The Abolition of Aging: The forthcoming radical extension of healthy human longevity*, Delta Wisdom.
Woods, Tina (2020), *Live Longer with AI*, Packt Publishing.
World Bank (Annual), *World Development Report*, World Bank.
World Health Organization (2011), *International Statistical Classification of Diseases and Related Health Problems, 10th Revision, Edition 2010*, World Health Organization.
World Health Organization (2006), *History of the Development of the ICD*, World Health Organization.
World Health Organization (1992), *The ICD-10 Classification of Mental and Behavioural Disorders: Clinical Descriptions and Diagnostic Guidelines*, World Health Organization.
World Health Organization (1948), *Constitution of the World Health Organization*, World

Health Organization.

Young, Sergey (2021), *The Science and Technology of Growing Young: An Insider's Guide to the Breakthroughs that Will Dramatically Extend Our Lifespan... and What You Can Do Right Now*, BenBella Books.

Zendell, David (1992), *The Broken God*, Spectra.

Zhavoronkov, Alex (2013), *The Ageless Generation: How Advances in Biomedicine Will Transform the Global Economy*, Palgrave Macmillan. 邦訳：アレックス・サヴォロンコフ著，仙名紀訳，『平均寿命 105 歳の世界がやってくる——喜ぶべきか，憂うべきか』，柏書房（2014）.

Zhavoronkov, Alex & Bhullar, Bhupinder (2015), Classifying aging as a disease in the context of ICD-11, *Frontiers in Genetics*.

【訳者紹介】

仁木　めぐみ（にき　めぐみ）

翻訳家。東京都出身。訳書に、デニス・マッカーシー『なぜシロクマは南極にいないのか』、マリス・ウィックス『からだのしくみがまるごとわかる　人体シアターへようこそ！』（以上、化学同人）、ミキータ・ブロットマン『刑期なき殺人犯——司法精神病院の「塀の中」』、サム・ナイト『死は予知できるか——一九六〇年代のサイキック研究』（以上、亜紀書房）、ヘレン・トムソン『９つの脳の不思議な物語』（文藝春秋）、ブロニー・ウェア『死ぬ瞬間の５つの後悔』（新潮社）、オスカー・ワイルド『ドリアングレイの肖像』（光文社）など。

死の終わり —— 不死の科学的可能性と倫理

2024年７月20日　第１刷　発行

訳　者　仁木めぐみ
発行者　曽根　良介
発行所　（株）化学同人

検印廃止

〒600-8074　京都市下京区仏光寺通柳馬場西入ル
編　集　部　Tel 075-352-3711　Fax 075-352-0371
企画販売部　Tel 075-352-3373　Fax 075-351-8301
振替　01010-7-5702
e-mail　webmaster@kagakudojin.co.jp
URL　https://www.kagakudojin.co.jp

印刷・製本　西濃印刷（株）

Printed in Japan Ⓒ Megumi Niki 2024
ISBN 978-4-7598-2347-9